面向新工科普通高等教育系列教材

台达变频器技术及应用

陈　松　李建平　编著

机 械 工 业 出 版 社

本书从应用角度出发，结合台达 C2000/MS300 系列变频器，阐述了变频器发展和分类、变频器原理与控制方式、变频器的安装与正确使用、变频器运行与功能、内置 PLC 功能应用、变频器的通信以及变频器维修与检查。编写过程中充分考虑零基础自学读者的广泛需求，整体内容层次分明、通俗易懂，使读者能快速掌握变频器基本知识，并且能熟练使用台达 C2000/MS300 系列变频器。

本书可以作为高等院校机电一体化、智能制造、自动化等专业的教材，同时也适用于台达变频器用户、变频器零基础读者和具有一定基础的工程技术人员。

图书在版编目（CIP）数据

台达变频器技术及应用/陈松，李建平编著．—北京：机械工业出版社，2021.7（2025.1 重印）
面向新工科普通高等教育系列教材
ISBN 978-7-111-68584-5

Ⅰ．①台…　Ⅱ．①陈…　②李…　Ⅲ．①变频器-高等学校-教材
Ⅳ．①TN773

中国版本图书馆 CIP 数据核字（2021）第 128008 号

机械工业出版社（北京市百万庄大街 22 号　邮政编码　100037）
策划编辑：李馨馨　　责任编辑：李馨馨
责任校对：张艳霞　　责任印制：郜　敏

北京富资园科技发展有限公司印刷

2025 年 1 月第 1 版·第 3 次印刷
184mm×260mm·18.5 印张·456 千字
标准书号：ISBN 978-7-111-68584-5
定价：69.90 元

电话服务　　　　　　　　　　网络服务
客服电话：010-88361066　　机　工　官　网：www.cmpbook.com
　　　　　010-88379833　　机　工　官　博：weibo.com/cmp1952
　　　　　010-68326294　　金　　书　　网：www.golden-book.com
封底无防伪标均为盗版　　机工教育服务网：www.cmpedu.com

前　言

变频器技术是一门综合性的技术，其建立在控制技术、电力电子技术、微电子技术和计算机技术的基础上，广泛应用于纺织、电力、机床、家用电器等行业。变频器具有节能、调速范围宽、动态响应好等优点，随着相关技术的进步，应用范围也越来越广。台达 C2000 和 MS300 变频器作为台达变频器的主流产品，市场占有率高，为了帮助读者快速掌握台达 C2000 和 MS300 系列变频器的特点和功能应用，作者从实际应用的角度出发编著了本书。

本书共 8 章。第 1 章绪论，从变频器概述、变频器的选择以及台达变频器简介三方面进行编写，让读者初步认识变频器、掌握不同应用场合的变频器选择；第 2 章变频器原理与控制方式，包括交流调速基础、变频器工作原理以及变频器的控制方式，主要让读者了解变频器的基本原理和构成以及控制方式，为读者熟练使用变频器奠定基础；第 3 章 C2000/MS300 变频器的安装与正确使用，包括台达 C2000/MS300 系列变频器安装前的操作、变频器的安装、配线以及外围设备的选择，为读者详细介绍了变频器的安装与使用；第 4 章和第 5 章分别为台达 C2000 和 MS300 变频器的运行与功能，重点讲述了变频器的快速调节以及变频器常用参数说明和设定，同时引入变频器的应用实例，让零基础读者快速入门；第 6 章内置 PLC 功能应用，介绍了 PLC 概要、使用注意事项、开始起动、阶梯图基本原理，最后给出了 PLC 常用基本程序设计案例和错误显示及处理；第 7 章 C2000/MS300 变频器通信，介绍了变频器通信的基础知识，基于 C2000/MS300 变频器，介绍了 CANopen/PROFIBUS-DP 通信，以及常用的 HMI 与变频器直接通信，让读者对变频器的通信有全面的了解，同时为零基础读者提供了常用的 HMI 与变频器通信的实例，帮助他们快速上手；第 8 章变频器的维修与检查，基于 C2000/MS300 变频器，主要介绍变频器的定期维护和保养，以及变频器的故障处理。

本书为教育部产学合作、协同育人项目成果，结合中达电通股份有限公司的教材出版项目需求，由浙江师范大学陈松、李建平编著，另外浙江师范大学的钱超平、俞迈和刘海东也为本书的编写提供了帮助。在编写过程中得到了中达电通股份有限公司机电事业部肖玲、郝春辉的大力支持。在编写过程中，参阅了大量的文献资料，在此对原作者表达感谢。

本书的编写也得到了有关领导和同仁的支持，在此一并致谢。

由于水平和时间有限，疏漏和不足之处在所难免，恳请广大读者批评指正。

编　者

目　录

第 1 章

绪　　论

1.1　变频器概述

将电压和频率固定不变的交流电变换为电压和频率可变的交流电的装置被称作"变频器"。变频器技术是一门综合性的技术，它是建立在控制技术、电力电子技术、微电子技术和计算机技术的基础上的。随着各种复杂控制技术在变频器技术中的应用，变频器的性能不断得到提高而且应用范围越来越广。

与传统交流传动系统相比，利用变频器对交流电动机进行调速具有节能、调速范围宽、电动机可正反转切换等优点。变频器技术发展的主要推动力是市场，近年来，国内外变频器市场的增长速度逐年加快，使得变频器的应用越来越广泛。据统计，在占工业用电 50%~60% 的风机、泵等通用机械上使用变频调速装置，可以节电 30% 左右。这类通用机械的驱动电机的工作频率大多在 400 Hz 以下，而具有各种驱动功能的通用变频器的输出频率在 0~400 Hz 之间，正好能满足通用机械的工作条件。因此，通用变频器市场潜力大且应用范围非常广泛，目前已经形成规模化生产，相对成本也较低，如图 1-1 所示为台达系列变频器。相对于通用变频器而言，专用变频器是专门为某些具有特殊要求或工作于特定场合的专用机械而设计制造的。专用变频器在国民经济各部门中也是必不可少的，但由于市场需求相对较小，专用变频器的生产规模不大，因此成本偏高。

图 1-1　台达系列变频器

本节从应用的角度出发，主要介绍变频器的产生、发展、基本类型以及其主要应用范围。

1.1.1 变频器的产生与发展趋势

自 19 世纪 70 年代的电力机车出现，直流电供电传动方式就以其良好的调试性能占据电气控制的主要地位。1891 年，德国西门子公司尝试将绕线式转子异步电动机应用于机车系统，标志着交流供电传动的开始。1917 年，德国又通过"劈相机"将单相交流电变换为三相交流电用于机车牵引。以上技术的发展使得交流电动机传动成为可能。

电动机转子运动方程式为

$$J \frac{\mathrm{d}^2 \theta}{\mathrm{d}t^2} = T_a \tag{1-1}$$

式中，J 是附加在转子轴上的所有转动质量的转动惯量；θ 是转子轴关于一个固定参考轴的机械角；T_a 是作用于转子轴上的加速转矩。由此可知，直流电动机良好的调试性能在于它的磁链和转矩都是可独立调节的。但反观交流电动机，由于交流电动机是一个多变量且非线性的控制对象，其磁链和转矩并不可以独立调控而是存在耦合关系，这也使得交流电动机的调速控制成为其进一步发展的难题之一。介于以上原因，电动机的调速控制发展到 20 世纪 80 年代，高性能可调速传动仍然大都采用直流电动机，而在不变速传动中交流电动机的使用较为常见。

然而，在工业生产的不断发展过程中，由于直流电机中电刷和换向器的存在，使得直流电机的应用大多存在运行维护难度大、机械换向困难和单台电机存在容量小、转速低、环境适应性差以及体积大、故障率高等缺点，一直制约着直流电机的应用，这也使得直流电动机传动很难向着高速和大容量方向发展。为此，人们开始将目光又重新投放到可调速的交流传动市场，并提出了迫切需求。加之 20 世纪 70 年代的能源危机的出现，人们再一次认识到了节能的重要性，世界各国纷纷开始重视交流调速技术。首先得到发展的就是在交流传动调速系统中占很大比重的风机、泵类等，通过对该领域中的交流传动实现了节能减排，为进一步加强交流调速技术的研究开发工作奠定了良好的基础。

为了满足交流传动过程中电机无级调速的要求，变频技术也应运而生。变频器就是应用变频技术与微电子技术，通过改变电机工作电源频率的方式来控制交流电动机。变频器的发展，主要以变频器电力电子器件的发展和控制方式的发展作为基础。

20 世纪 50 年代，以第一代晶闸管（SCR）为代表的电力电子器件的出现为变频器技术的发展拉开了新的序幕。第一代晶闸管（SCR）主要是以电流控制型开关器件为主，它的优势在于能凭借小电流达到控制大电流变换的目的，但是其缺点也很明显，例如开关频率较低，导通后无法自行关断。到 20 世纪 60 年代，在改进第一代晶闸管无法实现自关断的基础上，推出了电流型自关断电力电子开关器件的门极关断晶闸管（CTO）以及双极型电力晶体管（CTR）。为解决开关频率低的问题，20 世纪 70 年代变频器开始应用一种电压型自关断电力电子器件，如金属氧化物半导体场效应晶体管（MOSFET）、MOS 控制晶体管（MCT）、绝缘栅双极型晶体管（ICBT），它们的开关频率高达 20 kHz 甚至更高。20 世纪 90 年代末，内部含有 IGBT 芯片以及外部集成了驱动电路和保护电路的智能模块（IPM）的出现进一步加快了变频器技术在交流电动机的传动控制中的应用发展。电力电子器件的发展也确实使得变频器的性能有了极大的提升。

变频器的产生和发展与大功率器件的进步是密不可分的。而作为变频器技术发展的另一个基础，变频器的控制方式同样也经历了 30 多年的发展历程。首先在 1964 年，来自法国的 A. schcnung 提出了将脉宽调制技术（PWM）应用于交流调速系统中，PWM 控制技术开始引起人们的注意。20 世纪 80 年代初，日本学者提出了电压空间矢量控制法，该方法以三相波形的整体生成效果为前提，以逼近电动机气隙的理想圆形旋转磁场轨迹为目的，一次生成二相调制波形，但由于没有引入转矩的调节，系统性能没有从根本上得到改善。

1968 年，磁场定向控制理论由哈斯博士首次提出。随后 1971 年德国西门子公司的伯拉斯切克在此基础上提出了异步电动机转子磁场定向矢量控制技术。他通过对交流电动机转子的磁链和磁通分别采用闭环控制，实现了相应转矩和磁场的解耦控制，与直流电动机磁链和转矩的直接控制相类似，进一步实现了转子的定向矢量控制，从而使交流电动机获得和直流电动机一样的高动态性能。但由于实际控制过程中转子磁链状态无法准确检测，并不能达到理论上的可控制效果，使得矢量控制技术存在一定的精度缺陷。为将这一发现进行实用化，人们对此进行了深入研究并提出了矢量控制变频器，其基础就是转差频率矢量控制，即一般异步电动机可以采用较简单的转子磁场定向矢量控制用于调速控制，这种变频器在动态性能上相较于之前有了很大的提升。

1985 年，来自德国鲁尔大学的迪普布罗克提出了直接转矩控制理论（Direct Torque Control，DTC），与矢量控制技术通过控制转子磁链从而间接控制转矩和磁场不同，DTC 的控制方式实质上是把转矩直接作为控制量进行控制，减少了通过电流、磁链等间接控制手段，有效提高了控制精度与变频器性能。随后 1987 年，他们又把该理论推广到弱磁调速范围。其思路是把电动机与逆变器看作一个整体，采用空间电压矢量分析方法在定子坐标系进行磁通、转矩计算，通过磁通跟踪型 PWM 逆变器的开关状态直接控制转矩。总体来说，这种方法仍是基于空间矢量的控制方法，通过对磁链和转矩直接控制从而达到高精度调速控制的效果。不同的是，直接转矩控制理论是用直接控制转矩替代了矢量控制变换中复杂的计算过程，简化了控制过程，该交流调速方法具有动、静态性能较高等优点，为后来的全数字化控制，以及复杂的电动机控制技术、硬件集成化、高控制精度、低成本化的实现提供了便利途径，进一步拓宽了交流调速的应用领域。

伴随着电力电子技术、自动控制技术及交流调速应用领域的不断拓展，交流电动机在电气传动领域中地位越来越重要。高性能交流电动机已逐渐取代可调速直流电动机。

作为当今运动控制系统中的功率变换器的变频器，其总体发展趋势是：驱动的交流化功率变换器的高频化、控制的数字化、智能化和网络化、对环境的噪声和电磁污染更加友好。因此，变频器作为系统的重要功率变换部件，因可提供可控的高性能变压变频的交流电源而得到迅猛发展。

1.1.2 变频器的基本类型

1. 变频器按照用途分类

（1）通用变频器

通用变频器是目前工业领域中应用数量最多、最普遍的一种变频器。该类变频器适用于工业通用电动机和一般变频电动机，且一般由交流电 220 V/380 V（50 Hz）供电，对使环境没有严格的要求，以简便的控制方式为主。通用变频器是指通用性很强的变频器。该类变频器简化了一些系统功能，并以节能为主要目的，多为中小容量变频器，一般应用在水泵、风扇、鼓风机等对于系统调速性能要求不高的场合，如图1-2所示。

图1-2　通用变频器

a）台达 MH300/MS300　b）台达 C2000

电力电子器件的自关断化、模块化、变流电路开关模式的高频化和控制手段的全数字化促进了变频电源装置的小型化、多功能化、高性能化。尤其是控制手段的全数字化，利用了微型计算机强大的信息处理能力，其软件功能不断强化，使变频装置的灵活性和适应性不断增强。现在中小容量的一般用途的变频器已经实现了通用化。采用大功率自关断开关器件（GTO、BJT、IGBT）作为主开关器件的正弦脉宽调制式（SPWM）变频器，已成为通用变频器的主流。

台达通用变频器的特点如下。

1）使用范围广，通用性强，高速停机时响应快，丰富灵活的输入、输出接口和控制方式。

2）低频转矩输出180%，低频运行特性良好，输出频率最大600 Hz，可控制高速电动机。

3）具有加速、减速、运转中失速防止等保护功能，全方位的侦测保护功能（过电压、欠电压、过载），瞬间停电再起动。

4）精确度偏低，适用于对调速性能要求不高的各种场合。

5）体积小、价格低。

随着通用变频器的发展，目前市场上还出现了许多采用转矩矢量控制方式的高性能多功能变频器，它们在软件和硬件方面进行了改进，除具有普通通用变频器的特点外，还具有较高的转矩控制性能，可用于传动带、升降装置及机床、电动车辆等对调速系统性能和功能要求较高的场合。

（2）专用变频器

专用变频器是指专门针对某一方面或某一领域而设计研发的变频器。该类变频器针对性较强，具有适用于所针对领域独有的功能和优势，从而能够更好地发挥变频调速的作用。目前，较常见的专用变频器主要有风机专用变频器、恒压供水（水泵）专用变频器、机床类专用变频器、重载专用变频器、注塑机专用变频器、电梯专用变频器、纺织专用变频器等，如图1-3所示。

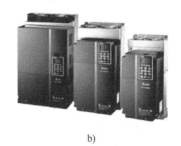

a)   b)

图 1-3 专用变频器

a) 台达电梯专用变频器   b) 台达纺织专用变频器

常用的专用变频器有以下几种。

1）风机专用变频器。风机专用变频器是专门针对风机节能控制而设计的一类变频器，一般内置 PID，可通过各种传感器轻松实现闭环控制，具有高效节能、简便管理、安全保护、延长风机设备寿命、保护电网稳定及故障率低等特点。

2）恒压供水专用变频器。恒压供水专用变频器是专门针对变频恒压供水系统设计的，具有恒压节能控制功能，内置 PID 和先进的节能软件，使用该类变频器设计变频恒压供水系统时，无须另配 PLC 或 PID，大大降低了设计该类系统的难度。另外，将该类变频器用于恒压供水系统时，不仅可实现软起动、制动等基本功能，还具有高效节能（节电效果可达 20%~60%）、延长设备寿命、保护电网稳定、减少磨损及降低故障率等特点，使系统自动化控制特点突出，管理更加简便。

3）电梯专用变频器。电梯专用变频器是根据电梯使用特点而设计的一类变频器，在普通变频器传统速度控制上，增加了灵活的 S 曲线设计，可有效防止电梯的起停冲击，增加电梯舒适感；另外，该类变频器一般具有精确的距离控制模式，可有效实现直接停靠、高效、平稳、安全等特点。

4）高性能专用变频。高性能专用变频器是一种采用矢量控制的变频器，控制对象都是变频器厂家指定的专用电动机，可应用于对电动机的控制性能要求较高的系统，目前正在逐步替代直流伺服系统。

5）高频变频器。高频变频器是指输出频率可达 3 kHz 的高频率输出变频器。该类变频器一般采用 PAM 控制方式，适用于超精加工领域的高速电动机控制系统中。一般驱动两相交流异步电动机的最高速度可达 18000 r/min。

6）单相变频器和三相变频器。单相变频器和三相变频器分别对应于单相电动机和三相电动机，两种变频器的电路结构不同，但工作原理基本相同。

2. 变频器按照工作时频率变换的方式分类

（1）交-直-交变频器

交-直-交变频器是指变频器工作时，首先将频率固定的交流电通过整流单元转换成脉动的直流电，再经过中间电路中的电容平滑滤波，为逆变电路供电，在控制系统的控制下，逆变电路再将直流电源转换成频率和电压可调的交流电，然后提供给负载（电动机）进行变速控制，其简单原理示意图如图 1-4 所示。把直流电逆变成交流电的环节较易控制，在频率的调节范围，以及改善变频后电动机的特性等方面，都具有明显的优势。

图 1-4   交-直-交变频器原理示意图

交-直-交变频采用了多种拓扑结构,如中-低-中方式,其实质上还是低压变频,只不过从电网和电动机两端来看是高压。由于其存在着中间低压环节,所以具有电流大、结构复杂、效率低、可靠性差等缺点。由于其发展较早,技术也比较成熟,所以目前仍广泛应用。随着中压变频技术的发展,特别是新型大功率可关断器件研制成功后,中-低-中方式呈现被逐渐淘汰的趋势。

(2) 交-交变频器

交-交变频器直接将电网频率和电压都固定的交流电源变换成频率和电压都连续可调的交流电源,即将工频交流电直接转换成频率和电压可调的交流电,提供给负载(电动机)进行变速控制,其原理示意图如图 1-5 所示。主要优点是没有中间环节,变换效率高。缺点是连续可调的频率范围比较窄,且只能在电网的固定频率以下变化。一般为电网固定频率的,主要用于电力牵引等容量较大的低速拖动系统中。

图 1-5   交-交变频器原理示意图

在有源逆变电路中,若采用两组反向并联的可控整流电路,适当控制各组晶闸管的关断与导通,就可以在负载上得到电压极性和大小都改变的直流电压。若再适当控制正反两组晶闸管的切换频率,在负载两端就能得到交变的输出电压,从而实现交-交直接变频,如图 1-6 所示。它实质上是一套三相桥式无环流反并联的可逆装置。正、反向两组晶闸管按一定周期相互切换。正向组工作时,反向组关断,在负载上得到正向电压;反向组工作时,正向组关断,在负载上得到反向电压。工作晶闸管的关断通过交流电源的自然换相来实现。这样,在负载上就获得了交变的输出电压。

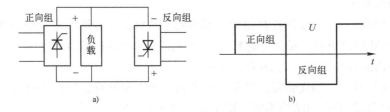

图 1-6   交-交变频器电路及波形

a) 电路示意图   b) 方波型输出电压输出波形

交-交变频器的运行方式分为无环流运行方式、自然环流运行方式和局部环流运行方式。

采用无环流运行方式的优点是系统简单、成本较低。但缺点也很明显:不允许两组整流器同时获得触发脉冲而形成环流,因为环流的出现将造成电源短路。由于这一原因,必须等到一组整流器的电流完全消失后,另一组整流器才允许导通。切换延时是必不可少的,而且延时较长。一般情况下这种结构能提供的输出电压的最高频率只是电网频率的 1/3 或更低。输出的交流电流由正向桥和反向桥轮换提供，在进行换桥时，由于普通晶闸管在触发脉冲消失且正向电流完全停止后，还需要 $10\sim50\,\mu s$ 的时间才能够恢复正向阻断能力，所以在测得电流真正为零后，还需延时 $500\sim1500\,\mu s$ 才允许另一组晶闸管导通。因此这种变频器提供的交流电流在过零时必然存在着一小段死区。延时时间越长，产生环流的可能性越小，系统越可靠，这种死区也越长。在死区期间电流等于 0，这段时间是无效时间。

无环流控制的重要条件是准确而且迅速地检测出电流过零信号。不管主电路的工作电流是大是小，零电流检测环节都必须能对主电路的电流做出正确的响应。过去的零电流检测在输入侧使用交流电流互感器，在输出侧使用直流电流互感器，它们都既能保证电流检测的准确性，又能使主电路和控制电路之间得到可靠的隔离。

近几年，由于光隔离器件的发展和广泛应用，已研制成由光隔离器组成的零电流检测器，性能更加可靠。

如果同时对两组整流器施加触发脉冲，正向组的触发延迟角 α_P 与反向组的触发延迟角 α_N 之间保持 $\alpha_P+\alpha_N=\pi$，这种控制方式称为自然环流运行方式。为限制环流，在正、反向组间接有抑制环流的电抗器。这种运行方式的交-交变频器，除有因纹波电压瞬时值不同而引起的环流外，还存在着环流电抗器在交流输出电流作用下引起的"自感应环流"。产生自感应环流的根本原因是交-交变频器的输出电流是交流，其上升和下降在环流电抗器上引起自感应电压，使两组的自感应电压产生不平衡，从而构成两倍电流输出频率的低次谐波脉动电流。

根据分析可知，自感应环流的平均值可达总电流平均值的 57%，这显然加重了整流器的负担。因此，完全不加控制的自然环流运行方式只能用于特定的场合。自感应环流在交流输出电流靠近零点时出现最大值，这对保持电流连续是有利的。另外在有环流运行方式中，负载电压为环流电抗器的中性点电压。由于两组输出电压瞬时值中一些谐波分量抵消了，故输出电压的波形较好。

把无环流运行方式和有环流运行方式相结合，即在负载电流有可能不连续时以有环流方式工作，而在负载电流连续时以无环流方式工作，这种方式称为局部环流运行方式。这样的运行方式既可以使控制简化、运行稳定、改善输出电压波形的畸变，又不至于使电流过大，这就是局部环流运行方式的优点。

交-直-交变频器与交-交变频器的性能比较见表 1-1。

表 1-1　交-直-交变频器与交-交变频器的性能比较

类别 比较项目	交-直-交变频器	交-交变频器
换能形式	两次换能，效率略低	一次换能，效率较高
换相方式	强迫换相或负载谐振换相	电源电压换相
元器件数量	元器件数量较少	元器件数量较多
调频范围	频率调节范围宽	一般情况下，输出最高频率为电网频率的 1/3~1/2
电网功率因素	用可控整流调压时，功率因素在低压时较低；用斩波器或 PWM 方式调压时，功率因素高	较低
适用场合	可用于各种电力拖动装置、稳频稳压电源和不间断电源	特别适用于低速大功率拖动

3. 交-直-交变频器按中间环节的滤波方式分类

（1）电压源型变频器

在交-直-交变压变频装置中，当中间直流环节采用大电容滤波时，直流电压波形比较平直，在理想情况下是一个内阻抗为零的恒压源，输出交流电压是矩形波或阶梯波，这类变频装置叫作电压源型变频器，如图1-7a所示。

（2）电流源型变频器

当交-直-交变压变频装置的中间直流环节采用大电感滤波时，直流电流波形比较平直，因而电源内阻抗很大，对负载来说基本上是一个电流源，输出交流电流是矩形波或阶梯波，这类变频装置叫作电流源型变频器，如图1-7b所示。

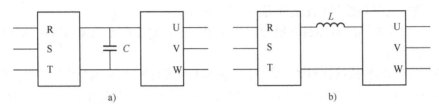

图1-7 电压源型变频器与电流源型变频器

a）电压源型变频器 b）电流源型变频器

有的交-交变压变频装置用电抗器将输出电流强制变成矩形波或阶梯波，具有电流源的性质，它也是电流源型变频器。

4. 根据输出电压调制方式分类

（1）PAM方式

脉冲幅值调制（Pulse Amplitude Modulation，PAM）方式在改变输出频率的同时，对电流源的电流I_d或电压源的电压U_d的幅值进行调控输出，从而满足现场需求。这种方法使得变频器的输出满足频率以及电压、电流的需求，在改变输出频率的基础上，能进一步地对变频器输出电压或电流的幅值进行改变。在变频器中，逆变器只负责调控变频器的输出频率，而输出电压/电流（U_d/I_d）的调节则由整流器或直流斩波器的调控来实现。

（2）PWM方式

脉冲宽度调制（Pulse Width Modulation，PWM）方式与PAM方式调节频率、电压以及电流不同，PWM方式对变频器的输出频率的调控是通过改变调制周期实现的，对输出电压的调控是通过改变脉冲宽度实现的。这种方法的特点是，PWM只需要控制逆变器的工作电路即可实现变频器输出频率的改变，更进一步地也可以实现电压的脉冲占空比的改变。由于这种控制方法能对脉宽进行调制，在调制过程中，脉冲的占空比遵循正弦波的规律，因此输出电压的波形与正弦波相接近，这种调制方式能大大减少负载电流中的高次谐波，因此这种调制方式也称为正弦波脉宽调制（SPWM）。

5. 根据主开关器件分类

（1）SCR变频器

晶闸管（SCR）属于电流控制型器件，其电压、电流容量较大，但控制电路相对复杂、体积较为庞大、工作效率低。同时，SCR作为主开关只能触发导通而不能实现关断，因而被称为半控器件。因此，SCR作为主开关器件的变频器属于电压源型，其开关频率低，只能用于通、断控制，这也使得其具有不选择负载的通用性。在确保足够的换相的条件下，在超负荷能力方面表现较强。多重化连接时，既可以改善波形又可以实现大容量化，在不超过变频器容量条件下，可以多电机并联运行。

（2）BJT 变频器

双极晶体管（BJT）也称为巨型晶体管（Giant Transistor），是一种高反压晶体管。BJT 变频器常用于中小功率（6000 kV·A）的场合。BJT 的优点是具有自断能力、安全工作区宽、饱和电压降低以及开关频率高等。同时由于 BJT 实现了高频化、模块化、廉价化，因此，与 SCR 变频器相比，BJT 变频器不需要换相电路，体积小、重量轻、开关效率高，适用于高频变频和 PWM 变频，矢量控制响应较快，被广泛应用于交流电机调速、不间断电源等电力变流装置中。

（3）GTO 变频器

采用 GTO 变频器，可以得到理想输出电压波形，但 GTO 是电流控制型器件，对驱动电路和吸收电路要求较高，导致其控制电路较复杂。与 BJT 变频器相比，GTO 变频器在电压、电流方面等级高，在大容量、高电压的场合具有广泛应用前景；与 SCR 变频器相比，GTO 变频器开关频率高，可进行脉冲宽度调制，低速特性有很大提高，比 SCR 变频器主电路简单，体积小，重量轻，效率高；但与 IGBT 变频器相比，GTO 变频器噪声较大，因此不适用于降噪环境，同时由于采用了电压型驱动的 IGBT，驱动电路简单，驱动功率小，应用范围往往更广。

（4）IGBT 变频器

IGBT 的开关频率较高，将其安装于变频器中能有效降低电动机的噪声，因而可构成静音式变频器。IGBT 控制下的输出电流波形更加接近正弦化，从而有效降低电动机工作时产生的转矩脉动的概率，同时低速时能保证较大转矩。配合矢量控制，变频器的响应时间更短，精度更高。例如，台达高速变频器 C2000-HS 系列采用集成技术的新一代 IGBT，开关损耗更少，切换频率更高，同时采用台达最新的矢量控制算法，软件控制精度更准确，输出频率更高，可驱动电机以 16500~55000 r/min 的转速高速运行。

6. 根据控制方式分类

（1）U/f 控制变频器

U/f 控制是为了得到较为理想的速度与转矩相关特性，在改变电源频率进行调制的同时，又保证电机的磁通量保持不变所提出的一种控制方法。简单来说，就是在实际工作过程中，如果保持电机电压不变，只降低频率，那么就会带来磁通量过大的问题，导致磁回路过量饱和，严重时有可能烧毁电机。因此，在改变频率的同时需要控制变频器输出电压，使得频率与电压成比例地改变，这样能使电机的磁通量保持一定，避免弱磁/磁饱和的现象，因此，U/f 控制一般多用于风机、泵类电机负载。U/f 控制是速度开环控制，具有结构简单、通用性强、经济性好等优点，但由于是开环控制，并无速度传感器，因而不能实现较高控制精度的控制性能。同时，在低频段工作时必须进行转矩补偿，以改变低频转矩特性。综上所述，U/f 控制变频器常用于对速度精度要求不严格且负载变动较小的场合。

（2）转差频率控制变频器

转差频率控制是闭环控制，是一种直接控制转矩的控制方式，它是在 U/f 控制的基础上，按照异步电动机的实际转速对应的电源频率，配合速度传感器的传感检测的反馈，并根据希望得到的转矩来调节变频器的输出频率，从而使电动机获得相对应的输出转矩以满足工作状况。相比于前面的 U/f 控制方法，由于转差频率控制在控制系统中需要安装速度传感器、电流反馈传感器等对频率和电流进行控制，因此，这是一种闭环控制方式，可以在一定程度上解决 U/f 控制调速精度不高的问题，同时使转差频率控制变频器具有良好的稳定性，并对急速的加减速和负载变动有良好的响应特性。但其也存在缺点，在转差频率控制系统中由于需要安装速度传感器来求取实际转差角频率，这样针对具体电动机的机械特性调整控制参数的方式也使得这种控制方式的通用性较差，需要针对某一实际工况做出特定调整。

（3）矢量控制变频器

矢量控制主要是通过对电机的励磁电流和转矩电流分别进行控制，实现控制电机转矩的控制方法。而其中对励磁电流和转矩电流的控制是分别通过矢量坐标电路控制电机定子电流的大小和相位来实现的。在实际中，由于直流电机的调速性能优于交流电机的调速性能，因此，为获得较高的调速性能，矢量控制的目的是设法将交流电机等效为直流电机。矢量控制的具体过程就是将交流三相异步电机定子电流矢量分解为产生磁场的电流分量（励磁电流）和产生转矩的电流分量（转矩电流）分别加以控制，并同时控制两个分量间的幅值和相位，从而使其等效于直流电机。通过控制各矢量的作用顺序和时间，及零矢量的作用时间，又可以形成各种 PWM 波，从而达到各种不同的控制目的。如形成开关次数最少的 PWM 波以减小开关损耗。目前在变频器中实际应用的矢量控制方式主要有基于转差频率控制的矢量控制方式、无速度传感器的矢量控制方式和有速度传感器的矢量控制方式三种。

基于转差频率控制的矢量控制与转差频率控制这两种控制方式其自身性质不会随时间而变化，但是基于转差频率控制的矢量控制通过坐标变换对电机定子电流的相位进行控制，使之满足给定的条件，以消除转矩电流过渡过程中的波动。因此，基于转差频率控制的矢量控制方式比转差频率控制方式在输出控制精度方面能得到很大的改善。同样地，由于转差频率控制的控制方式属于闭环控制方式，故基于转差频率控制的矢量控制方式也需要在相应控制电机上安装速度传感器，这也是限制其应用范围的一点。

与其他矢量控制一样，无速度传感器的矢量控制主要也是通过矢量坐标变换来分别对励磁电流和转矩电流进行控制，而不一样的是，由于无速度传感器的矢量控制无须传感器进行检测，而是通过控制电机定子绕组上的电压、电流来识别转速以达到控制励磁电流和转矩电流的目的。无速度传感器控制技术的发展是基于带有速度传感器的传动控制系统，因此它主要需要解决的问题是如何利用检测的定子电压、电流等实际获得的物理量来进行速度估计，以及如何对其评估与处理以更好地取代速度传感器的检测效果。无速度传感器的矢量控制无须检测硬件，免去了速度传感器所引起的问题，提高了系统的可靠性，在一定程度上也降低了系统的成本；另一方面，减少硬件也使得系统的体积更小、重量更轻，同时这种控制方式调速范围宽、起动转矩大、工作可靠、操作方便，使得在工程中采用该控制方法的电机调速系统的应用更加广泛；但由于需要评估实际获得的物理量与精度的关系，计算过程相对复杂，一般需要专门的处理器来进行计算，这也使得该控制方法的实时性并不太理想，并且其控制精度往往受计算精度的影响较大。

例如台达精巧标准型矢量控制变频器 MS300，其兼具小型化、高功能、高信赖度、安装简便等优势，广泛应用于工具机床、纺织机、木工机械、包装机、电子制造、风机、水泵以及空压机等领域。

1.1.3 变频器的应用范围

变频器主要用于交流电动机转速的调节，是公认的交流电动机最理想、最有前途的调速设备，除了具有卓越的调速性能之外，变频器还有显著的节能作用，是企业技术改造和产品更新换代的理想调速装置。20 世纪 90 年代开始，交流变频调速装置在我国的应用有了突飞猛进的发展。由于变频调速在频率范围、动态响应、调速精度、低频转矩、转差补偿、通信功能、智能控制、功率因数、工作效率、使用方便等方面是以往的交流调速方式无法比拟的，它以体积小、重量轻、通用性强、拖动领域宽、保护功能完善、可靠性高、操作简便等优点，深受钢铁、冶金、矿山、石油、石化、化工、医药、纺织、机械、电力、轻工、建材、造纸、印刷、卷烟、自来水等行业的欢迎，社会效益非常显著。

变频器是运动控制系统中的功率变换器。当今的运动控制系统是包含多种学科的技术领域，总的发展趋势是：驱动的交流化，功率变换器的高频化，控制的数字化、智能化和网络化。因此，变频器作为系统的重要功率变换部件，因可提供可控的高性能变压变频的交流电源而得到迅猛发展。

在进入 21 世纪的今天，电力电子的基片已从 Si（硅）变换为 SiC（碳化硅），使电力电子新器件进入到高电压大容量化、高频化、组件模块化、微小型化、智能化和低成本化的时代，多种适宜变频调速的新型电气设备正在开发研制之中。IT 技术的迅猛发展，以及控制理论的不断创新，这些与变频器相关的技术将影响其发展的趋势。

1. 节能领域

节能降耗已成为工业自动化行业永恒的追求。而对于工业企业来说，变频器凭借着独特的电力电子技术成为具有节能环保诉求的行业用户的最佳选择。变频器最初的设计是用来对电机进行速度控制，后来又发展到了节能领域。变频器进行节能已经在各领域得到认可，但是要最大化地发挥其节能效用，也需要通过变频器针对不同电机的控制算法和不同应用的专用功能来实现。以台达公司为例，早在 1995 年，台达开发出第一台交流变频器，积累了丰富的经验与深厚的技术优势，台达变频器得到迅速发展，如今，台达的变频器产品已覆盖小功率到大功率，以及各种用于电能质量管理的专用设备等。随着变频器产品本身越来越高度成熟化，变频器核心的节能优势需要进行新一轮的改革。尤其是在节能需求最为广泛的智能制造领域，变频器虽然无法成为智能制造的主角，但是它能够使用户机台内的电机达到能量最优化，帮助电机降低能耗，从而有能力成为智能制造领域不可或缺的重要角色之一。

作为节能设备，变频器广泛应用于电力、冶金、石油、化工、市政、中央空调、水处理等行业中。在电子电工行业中，负载类机械设备的应用无处不在，如锂电涂布机、3C 镀膜设备、舞台机械、光伏串焊机等都是需要大范围使用的机械设备，运用矢量变频器可以为这些设备提供更加稳定且精准的速度，甚至可运用交流变频器中心的收卷技术来控制变频器的输出转矩从而获得平稳的恒张力控制效果。随着现代物流行业的大发展，尤其是智慧物流技术的发展，各工控品牌推出了为物流行业应用设计的变频器，主要面向物流行业的各类堆垛机、输送机、升降车、穿梭车、转子秤、冷库及冷链运输、提升机等自动化产品架构方案。使用变频器来运送可变负载的传送带，节省功率消耗的同时还可感应更轻的负载，调整功率因数使得运行更加高效。在纺织行业，可运用变频器控制收卷机、纺纱清梳设备、化纤计量泵、制衣裁床等机械。通过变频器控制纺织机械所用的交流电机主要有两类，在调速精度要求不高、调速范围不大的纺机上，常用 Y 系列的交流异步电机；相反，对调速精度高且调速范围大的机械，常用交流变频调速专用异步电动机。在纺织厂的实际运用中，空调设备使用变频调速器控制后可减少功耗，降低成本；也可以通过变频调速器实现多电机的同步协调运转，从而简化机构。如经过交流变频调速的粗纱机，可去掉锥轮变速机构，克服了锥轮变速皮带打滑、变速不准等的问题。

如图 1-8 所示为台达注水泵自动注水一体化控制系统的架构，采用台达泛用性矢量控制变频器 C2000 系列完成注水泵的正常起动，系统配置台达可编程序控制器（PLC）主要完成外围信号点的采集、独立风机/变频起停的控制；搭配台达人机界面（HIM）显示当前注水工艺参数、设定控制工艺参数，并可查询、存档故障信息。同时以台达工业以太网交换机 DVS 系列进行通信，实现油田注水泵站数字化，结合实际现场应用节能量测量，相比原系统节能率可达 25% 以上。

图 1-8　台达注水泵自动注水一体化控制系统架构

2. 集成领域

近年来，随着智能制造时代的到来，对接"智造"需求已是刻不容缓。以台达目前的主力机型之一——新一代精巧矢量控制变频器 M300 系列为例，该家族包括高效型 MH300、标准型 MS300、简易型 ME300 共 3 个成员，如图 1-9 所示。它们能快速接入整个控制系统，更具备体积精巧、功能丰富、系统稳定、质量可靠、安装简便等优势，能在有效的空间下提升生产设备效率，尺寸比前一代产品至少减少了 30% 以上，最大的特点就是融合了各种电机的控制功能。事实上，从节能的效果来看，单靠变频器产品本身，其实已经没有很大的提升空间。而动力传动系统的高效化，仅有变频器是不够的，需要提供高效电机与驱动系统的整体设计，通过电机的高效率，打造更加集成的传动系统。驱动器搭配高效电机，其整体的节能效果比单电机的节能效果要高出 5% 以上。

3. 家电变频领域

除了工业相关行业，变频家电是变频器的另一个广阔市场。20 世纪 70 年代，家用电器开始逐步运用变频技术，出现了例如变频照明器具、变频空调机、变频电冰箱、变频洗衣机等。20 世纪 90 年代后半期，家用电器主要发展集中在变频技术所带来的高性能和省电等的优势。首先是电冰箱，由于其工作周期都是全天工作，工作时间长，功耗相对较高，而采用变频制冷后，压缩机可以实现低速运行状态，在节能的同时，彻底消除因压缩机长时间工作而引起的噪声等问题。其次，变频技术引入空调使用后，压缩机的工作范围被进一步扩大,实现了压缩机在不需要连续工作状态下就能进行冷、暖控制,极大地降低了不必要的电力消耗,提高了空调的环境适应能力。随着空调变频技术的发展,采用无刷直流电动机的新式空调已实现变频调速,相较于交流异步电动机的变频技术,在节能效果方面提高了约 10%~15%。

图 1-9 M300 系列变频器

近年来,新式的变频冷藏库不但耗电量减少、实现静音化,而且利用高速运行能实现大幅度快速冷冻;在洗衣机方面,过去使用变频实现可变速控制,提高洗净性能,新流行的洗衣机除了节能和静音外,还在确保衣物柔和洗涤等方面推出新的控制内容;电磁烹饪器利用高频感应加热使锅子直接发热,没有燃气和电加热的炽热部分,因此不但安全,还大幅度提高加热效率,其工作频率高于听觉之上,从而消除了饭锅振动引起的噪声;IH 电饭煲得到的火力比电加热器更强,而且利用变频可以进行火力微调,只要合理设计加热感应线圈,可得到任意的加热布局,炊饭性能上了一个档次;变频微波炉利用高频电能给磁控管必要的升压驱动,电源结构小,炉内空间更宽敞,能任意调节电力,并根据不同食品选择最佳加热方式,缩短时间,降低电耗;照明方面,荧光灯使用高频照明,可提高发光效率,实现节能,无闪烁,易调光,频率任意可调,镇流器小型轻量。

变频技术正在给形形色色的家电带来革命,今后变频技术还将随着电力电子器件、新型电力变换拓扑电路、滤波及屏蔽技术的进步而发展。我国拥有庞大的产业群,并保持着持续稳定的发展,为了与国际接轨,众多的企业需要提升国际竞争力,需要节能增效以便提高竞争力,这些都是变频器市场的增长驱动力和更广泛应用的基础。

1.2 变频器的选择

变频器的选型是变频器调速系统应用设计的重要一环,对系统运行时的指标性能有很大的影响。工业现场环境条件差,有粉尘及一定腐蚀性气体,在电解铝工厂有较强的电磁干扰,建议选用有防尘、防水防护结构的密封型变频器,如台达的 MH300、MS300 或 VFD 系列变频器。变频器控制方式的选择要根据生产机械的类型、调速范围、静态速度精度、起动转矩的要求,确定选用哪种控制方式的变频器最合适。

变频器的选择包括变频器的形式选择和容量选择两个方面,其总的原则是首先保证可靠地满足工艺要求,再尽可能节省资金。要根据工艺环节、负载的具体要求选择性价比相对较高的品牌、类型及容量。

而变频器选用时一定要做详细的技术经济分析论证，对那些负荷较高且非变工况运行的设备不宜采用变频器。变频器具有较多的品牌和类型，价格相差很大。为此必须了解变频器的技术特征和分类，变频器选型时可以从以下几方面进行分类。

1) 按控制方式不同可分为通用型和工程型。通用型变频器一般采用给定闭环控制方式，动态响应速度相对较慢，在电机高速运转时可满足设备恒功率的运行特性，但在低速时难以满足恒功率要求。工程型变频器在其内部设有自动补偿、自动限制的环节，在设备低速运转时可保持较好的特性，以实现闭环控制。

2) 按安装形式不同可分为 4 种，一种是固定式（壁挂式），功率多在 37 kW 以下。第二种是书本型，功率在 0.2~37 kW，占用空间相对较小，安装时可紧密排列。第三种是装机、装柜型，功率为 45~200 kW，需要附加电路及整体固定壳体，体积较为庞大，占用空间相对较大。第四种为柜型，控制功率为 45~1500 kW，除具备装机、装柜型特点外，占用空间大。应根据受控电机功率及现场安装条件选择合适的安装形式。

3) 从变频器的电压等级来看，有单相 AC 230 V 电压等级，也有三相 AC 208~230 V、380~460 V、500~575 V、660~690 V 电压等级，应根据电源条件和电机额定电压参数做出选择。

4) 从变频器的防护等级来看，有 IP00 的，也有 IP54 的，要根据现场环境条件做出相应的选择。

5) 从调速范围及精度而言，FC（频率控制）的变频器调速范围为 1~25 Hz；VC（矢量控制）变频器的调速范围为 1:100~1:1000；SC（伺服控制）变频器的调速范围为 1:4000~1:1000，要根据系统的负载特性做出相应的选择。

在变频器选型前应掌握传动系统的以下参数。

1) 电动机的极数。一般电动机极数以不多于 4 极为宜，否则变频器容量就要适当加大。

2) 转矩特性、临界转矩、加速转矩。在相同电动机功率情况下，相对于高过载转矩模式，变频器规格可以降额选取。

3) 电磁兼容性。为减少主电源干扰，使用时可在中间电路或变频器输入电路中设置电抗器，或安装前置隔离变压器。一般当电机与变频器距离超过 50 m 时，应在它们中间串入输出电抗器、滤波器或采用屏蔽防护电缆。

1.2.1 根据负载特性选择变频器

正确选择变频器对于控制系统的正常运行是非常关键的。选择变频器时必须要充分了解变频器所驱动的负载特性。电动机所带的负载性质、调速系统控制方式和控制方案都是需要考虑的重要因素。恰当的控制方式选择和控制方案确定能够提高系统运行的质量，降低成本，并达到生产工艺的要求和调速性能指标。负载性质通常用式（1-2）表示：

$$T_L = Cn^\alpha \tag{1-2}$$

式中，C 为负载大小的常数；n 为电动机转速；α 是负载转矩形状的系数（$\alpha=0$ 表示为恒转矩负载；$\alpha=1$ 表示为转矩与转速成比例的负载；$\alpha=2$ 表示为转矩与转速的平方成比例的负载，如风机、泵类负载；$\alpha=-1$ 则为恒功率负载）。

对于风机、泵类等负载，当对调速低于额定频率以下且负载转矩较小，在过载能力方面要求又较低，对转速精度没有什么要求时，可选择价廉的普通功能型 U/f 控制变频器，如台达 MH300/MS300 系列变频器。

对于恒转矩类负载，一般是在转速精度及动态性能等方面要求不高或有较高静态转速要求的机械，例如铝厂的搅拌机、吊车、起重机的提升机构和提升机等，采用具有转矩控制功能的高性能 U/f 控制变频器较为合理，如台达 CH2000 系列变频器。

对于要求变频器调速对电机速度变化响应速度快的负载，如生产线设备、机床主轴等，选用转差频率控制的变频器较为合理，如台达 C2000 系列变频器。

对于要求控制系统具有良好的动态、静态性能的负载，例如电力机车、交流伺服系统、电梯、起重机等，可选用具有直接转矩控制功能的专用变频器，如台达 VFD-ED 电梯专用变频器。

通常，将恒转矩和恒功率范围的分界点的转速作为基速（变频器的基准频率），在该转速以上采用恒功率调速时，采用 $E_1/f_1 = C$ 或者恒压运行（即 f_1 上升，而 E_1 保持不变）的协调控制方式。对于恒转矩与转速的二次方成正比的负载，选择变频器时主要考虑的问题是如何最大程度地节约能量。由于电动机通常是与风机水泵连成一体的，也有风机水泵类负载专用的变频器，所以电动机和变频器的选择在实际操作中还是比较容易的。

根据负载特性选择变频器，需要注意以下几点。

1）选择变频器时应以实际电机的电流值作为变频器选择的依据，电机的额定功率只能作为参考。另外，应充分考虑高次谐波对电机电流的影响，要留有 10% 的余量，以防止温升过高。

2）变频器到电机电缆的长度总和应在变频器的容许范围内，如果超过规定值，变频器的选择需放大 1~2 档，或在变频器的输出端安装输出电抗器。

3）当变频器用于控制并联的几台电机时，要放大选择变频器，变频器的控制方式只能为 U/f 控制方式，而且需在每台电机侧加装熔断器来实现保护。

4）使用变频器控制高速电机时，应比普通电机的变频器容量稍大一些。

5）变频器驱动同步电机时，会降低输出容量的 10%~20%，变频器的连续输出电流要大于同步电机的额定电流。

6）对于压缩机、振动机等转矩波动大的负载和油压泵等有峰值负载，应根据运行工况中的最大电流选择变频器的额定输出电流。

7）变频器驱动潜水泵电动机时，因为潜水泵电动机的额定电流比通常电动机的额定电流大，所以选择变频器时，其额定电流要大于潜水泵电动机的额定电流。

1.2.2　根据变频器的容量需求选择变频器

变频器容量的选择应满足应用的电磁、额定电流以及短时超负荷运行的要求。若选择的变频器容量过大，则电流谐波分量增大，设备投资增加，经济性变差。若选择的变频器容量过小，则电动机不能有效拖动负载，影响系统正常运转，但输出电磁转矩不造成设备损坏。

变频器容量选择的应遵循以下基本原则。

1. 匹配原则

变频器的选择应与负载匹配，表现如下。

1）功率匹配：变频器额定功率与负载额定功率相符。需注意，电机的负载不同其功率要求也不同。例如，相同功率的电机，因负载性质不同所需的变频器的容量也不相同。其中平方转矩负载（风机）所需的变频器容量较恒转矩负载所需的变频器容量要低。通常，变频器产品说明书会直接给出适合驱动电动机的额定功率或其视在功率，因此，对风机、泵类等平方转矩负载，可按电动机功率选择相应变频器。

2）电压匹配：变频器额定电压与负载额定电压相符。

3）电流匹配：普通离心泵，选用变频器的额定电流应与电动机额定电流相符；特殊负载，例如深水泵，需考虑电动机性能参数，以最大电流确定变频器电流和过载能力。

4）转矩匹配：在恒转矩负载时或有减速装置时要考虑。

2. 经济性原则

应进行技术分析和经济分析，选用满足应用要求并具有较高性能价格比的控制方案。

3. 具体情况具体分析原则

对不同应用情况应具体分析，并确定变频器容量。

（1）变频器说明书配用电动机容量

下列情况可按变频器产品说明书配用电动机容量来选择变频器容量。

1）连续的不变负载。负载在运行过程中变化不大，其工作电流基本不变。

2）电动机裕量较大。当选用的电动机有较大裕量时，负载变化时其工作电流不会超过变频器额定电流。例如，改造前风机电动机容量的裕量较大，可根据变频器产品说明书配用电动机容量选择变频器容量。

3）电动机冲击电流不大，且时间很短。此时，冲击电流不会造成变频器过载。例如，过载150%时的时间小于1min等情况可根据变频器产品说明书配用电动机容量选择变频器容量。

（2）根据说明书容量选高一档或两档

下列情况需要选高一档或两档。

1）变频器额定电流偏低。例如，所配用电动机极数不是4极，而是大于4极，或变频器额定电流小于电动机额定电流。

2）电动机最大运行电流大于变频器额定电流，在最大运行电流状态下运行的时间较长，应考虑加大变频器容量。电动机可能有较长时间过载，对电动机来说，这种过载并不造成过载，但变频器有可能因过载而损坏。通常，电动机负载的过载时间较长（大于1min）时，应加大变频器容量。

3）同功率变频器的额定电流小于电动机额定电流，应选用上一档的变频器。

4）需要较短的加、减速时间。对于重载下起动和停止的负载，为快速起动或停止，需要较短的加、减速时间，从而造成变频器过载。或电动机频繁点动操作，造成变频器过载。例如，对惯性大的负载，快速的加、减速或运载机等频繁点动的场合，会造成瞬时电流升高，因此，需考虑加大变频器容量。

5）有冲击负载，例如，电动机经离合器与负载连接，当电动机旋转后，要带动离合器，然后才带动负载运转时，起动瞬间电动机的转速会下降，造成转差增大，电流增大，并使过电流保护动作。因此，应考虑加大变频器容量。

6）长电缆连接时，要采用抑制长电缆对地耦合电容的影响，为避免变频器出力不足，应在选型时将变频器容量放大一档或在变频器输出端加装输出电抗器。

7）变频器驱动高速电动机时，因电动机电抗小，高次谐波增加导致输出电流增大，因此，选用时变频器容量应稍大于普通电动机选型的容量。

8）在重载起动、高温环境、线绕式异步电动机、同步电动机等应用场合，应适当加大变频器容量。

9）起重类负载，考虑其冲击负载特点，可使变频器容量有一定余量。大惯性负载，起动时有较大振荡，有能量回馈，应选用较大容量变频器来加快起动，消除回馈电能。

10）长期低速运转的负载，必须考虑电动机在低速运转的散热，新建工程项目可选用6极和8极的电动机，并设置变速装置，使电动机运行在较高转速，解决散热问题。

11）特殊应用场合，例如高温、高海拔地区，为防止变频器的降容，也应选用大一个等级的变频器。

12）一些改造项目，原直流电动机调压调速装置的过载能力较强，而负载的过载又较频繁时，应考虑加大变频器容量，提高过载能力。

（3）变频器额定功率

采用变频器额定功率作为变频器容量指标来选用变频器时，由于没有考虑电动机极数与电动机额定电流的影响，因此，根据变频器额定功率选用变频器时，可能使所选变频器不能满足电动机额定电流要求。

（4）电动机额定电流

采用电动机额定电流作为变频器容量选用变频器时，由于没有考虑电动机容量选择，因此通常有一定的余量，尤其是变频器改造项目，因电动机选用时的余量一般在40%～50%，根据电动机的额定电流选用变频器容量时可能出现变频器余量过大的现象，使变频器在低负载下运行，造成资源浪费。

此外，电动机最大运行电流影响电动机的发热和温升，对短时超载，一般变频器有150%、1min的过载能力，因此，对负载波动较大的应用场合，选用变频器时应了解电动机的最大运行电流和超载时间，使变频器在最大运行电流时，仍不超过其额定电流，或超载时间小于1min时的过载电流小于150%额定电流。

（5）变频器与电动机的合适匹配

变频器与电动机的合适匹配指电动机的额定电流（或最大运行电流）应小于同等功率下变频器的额定电流。对一般笼型异步电动机，变频器额定电流≥（1.1～1.2）×电动机最大工作电流。

（6）需要考虑减少变频器容量

1）变频器改造工程项目。由于原设计电动机余量较大（40%～50%），例如一些泵和风机，而实际应用的转轴功率不高，可考虑选用比电动机额定功率小的变频器容量。

2）负载不会发生过载。例如，一台变频器控制多台水泵的应用场合，当负载过高或过低时，控制系统自动增加和减少其他水泵的投运，这时，可根据最高负载选用变频器容量，并可能出现小于泵电动机额定功率的情况。

3）一些改造项目，用交流电动机替代直流电动机，当原设计的直流电动机是在低速长时间运行时，考虑到交流电动机采用内部风扇散热，因此，需加大电动机容量，减小变频器容量。

（7）电动机起动电流和加速电流的冲击

选用变频器容量减小时，要注意电动机起动电流和加速电流的冲击。为此，可考虑在变频器和电动机之间增设输出电抗器，对冲击电流、加速电流进行滤波平滑，降低冲击电流、加速电流的冲击影响；在满足生产过程加速和减速的前提下，将加速和减速时间设置得长些；起动时 U/f 的预置值设置得小些。

1.2.3 变频器电压和电流的选择

变频器输出电压的等级是为适应异步电动机的电压等级而设计的，通常等于电动机的工频额定电压。实际上，变频器的工作电压是按 U/f 曲线关系变化的。变频器规格表中给出的输出电压是变频器可能的最大输出电压，即基频下的输出电压。

由于电动机的发热时间常数通常以分钟计算，小功率电动机约为几分钟，大功率电动机可达十几分钟乃至若干小时，所以相对于电动机而言的短时间，大多超过 1 min。

变频器虽然也有过载能力（通常为 150%），但允许过载的时间只有 1 min，相对于电动机的发热时间常数而言，几乎没有什么过载能力。所以电动机有过载时，损坏的首先是变频器（如果变频器的保护功能不完善）。所以在选择变频器时，变频器的额定电流是一个准确反映半导体变频装置负载能力的关键量。

因此，选择变频器额定电流的基本原则是：电动机在运行的全过程中，变频器的额定电流应大于电动机可能出现的最大电流，即

$$I_N \geqslant I_{M_{max}} \tag{1-3}$$

式中，I_N 表示变频器的额定电流（A）；$I_{M_{max}}$ 表示电动机的最大运行电流（A）。

1. 变频器驱动单个电机时的电流选择

由于变频器供给电动机的是脉动电流，电动机在额定运行状态下，用变频器供电与用工频电网供电相比电流要大，所以选择变频器电流或功率要比电动机电流或功率大一个等级，即

$$I_N \geqslant 1.1 I_{M_{max}} \tag{1-4}$$

2. 变频器驱动多台电动机时的电流选择

多台电动机由单个变频器供电且同时起动时所需电流最大。一般情况下，功率较小的电动机（小于 7.5 kW）采用直接起动，功率较大的则使用变频器功能实行软起动。此时，变频器输出的额定电流为

$$I_N \geqslant \left(\sum_{i=1}^{m} I_{mi} + \sum_{i=1}^{n} I_{nji} \right) / K_p \tag{1-5}$$

式中，$\sum_{i=1}^{m} I_{mi}$ 表示所有直接起动电动机的堵转电流之和；$\sum_{i=1}^{n} I_{nji}$ 表示所有软起动电动机的额定电流之和；K_p 表示变频器容许过载倍数（1.3~1.5 倍）。

1.3 台达变频器简介

台达变频器目前已在工业自动化市场建立广泛的品牌知名度。各系列产品针对力矩、损耗、过载、超速运转等不同操作需求而设计，并依据不同的产业机械属性做调整；可提供给客户最多元化的选择，并广泛应用在工业自动化控制领域。产品具有高功率体积比，提供通用型、高性能系列产品，并能针对不同行业开发专用产品。

接下来主要介绍台达公司在变频器方面推出的一系列通用型变频器和行业专用变频器。

1.3.1　通用型变频器

1. 精巧简易型矢量控制变频器 ME300

台达新一代的精巧简易型矢量控制变频器 ME300 系列（见图 1-10），在体积缩小 60%
的情况下，仍延续了台达变频器的卓越性能。内置多种关键功能，具体如下。

1）高达 200% 的过载能力。

2）内置 IPM、SPM 两种永磁电动机控制模式。

3）安装有 STO 安全转矩关断功能，可以有效提高设备整体安全性。

4）支持脉冲输入作为速度命令、多台水泵并联控制、EMC 滤波器机种（C2 级），低漏
电流设计，可满足各种应用。

此外，使用者自定义参数群组与免螺丝配线控制端子功能，让 ME300 可兼具高性能与
友善操作。ME300 系列变频器的应用领域主要有食品饮料、包装设备、输送带、电子组装、
木工机械、风机以及水泵等。

图 1-10　台达 ME300 系列变频器

2. 精巧标准型矢量控制变频器 MS300

台达精巧标准型矢量控制变频器 MS300 兼具小型化、高功能、高信赖度、安装简便等
优势，如图 1-11 所示。优化的结构与免锁螺丝端子设计提供便利的检修流程，节省安装与
维修时间；友善的使用接口，通过用途选择，便能轻易地完成参数设定；内置 USB 功能，
可快速完成参数复制，提高工作效率。适用于工具机床、纺织机、木工机械、包装机、电子
制造、风机、水泵、空压机等领域。具备以下特点。

图 1-11　台达 MS300 系列变频器

1）支持感应电动机、永磁电动机开环电路控制。

2）输出频率范围 0~599 Hz（标准机种）；高频 1500 Hz 输出（高速机种）。

3）内置 PLC 可程序编辑（2 K 步）。

4）内置 33 kHz 高速脉冲输入端子（MI7）和 33 kHz 高速脉冲输出端子（DFM）。

5）EMC 滤波器（内建/选购）；全系列内建制动电阻，具有安全认证 Torque Off（SIL2/PLd）。

6）新电路板涂层，强化环境耐受性。

7）5 位高亮度 LED 键盘（可使用 E/M/B 延长线外拉至控制盘面板）。

8）支持多种通信接口：PROFIBUS - DP、Modbus TCP、EtherNet/IP、DeviceNet、CANopen。

3. 精巧高效型矢量控制变频器 MH300

台达新一代精巧高效型矢量控制变频器 MH300（见图 1-12）具备良好的驱动性能，体积精巧、应用灵活、系统稳定、质量可靠、安装简便，能在有效的空间下提升设备效率。内建 USB 功能，可快速完成参数复制，提高生产效率。适用于机床、纺织机械、木工机械、橡塑机械、起重机械等领域。

图 1-12　台达 MH300 系列变频器

4. 矢量控制变频器 VFD-C2000

台达 VFD-C2000 系列变频器具有以 FOC 控制为核心的高效能变频驱动技术，如图 1-13 所示。其具备多元化的驱动控制及模块化设计、丰富的产业应用功能及简易维修低故障率的自我诊断特色。同时支持感应电动机与同步电动机控制、磁场导向矢量控制、功率段范围宽、增强的环境耐受性与保护等功能和特性。适用于大型风机、水泵、卷绕设备、空压机、机床设备、精密加工中心、食品包装、医疗设备、印染设备、电梯起重行业等领域。具有以下特点。

1）一般负载输出频率为 0.01~600 Hz；重载输出频率为 0.00~300 Hz。

2）感应电机与同步电机控制一体化。

3）速度/转矩/位置控制模式。

4）内置 10 K 步容量的 PLC，标配 LCD 面板，选配 LED。

5）过载能力。一般负载额定输出电流 120%，1 min；重载额定输出电流 150%，1 min。

6）内置直流电抗器（37 kW）、刹车制动单元（30 kW）。

7）内置 CANopen 现场总线及 Modbus，并可选购 DeviceNet，PROFIBUS，Modbus TCP

和 EtherNet/IP。

8）内置温度传感器、可拆卸的风扇、控制端子，采用穿墙式安装方式，加强了系统的防护等级。

9）DC-BUS 直流母线可并联共享。

图 1-13　台达 VFD-C2000 系列变频器

5. 小型多功能矢量变频器 VFD-E

台达 VFD-E 系列变频器采用弹性模块的设计（见图 1-14），特色是内置 PLC 功能，可编写、存储与执行简易程序；并可外加特殊功能扩展卡及通信卡，是小功率型的代表，满足业界多元化的需求。适用于小型天车的 X-Y 轴、洗衣机、跑步机、射出成型机的机械手臂（夹取）、磨床、钻孔机、木工机、织带机、大楼空调、大楼供水系统内的分水系统、药机、食品包装、医疗设备等领域。本产品特色如下。

1）输出频率为 0.1~600 Hz。

2）模块化设计，内建 PLC 功能，可编简易 PLC 程序，节省外购 PLC 成本。

3）内建滤波器（230 V 一相/460 V 三相）。

4）支持 Fieldbus 通信模块；支持 DeviceNet、PROFIBUS、LonWorks，CANopen。

5）RFI-Switch 应用于非接地电源系统。

6）DC-BUS 直流母线可并联共享。

图 1-14　台达 VFD-E 系列变频器

6. 小型泛用无感测矢量变频器 VFD-EL

台达 VFD-EL 系列变频器采用高效率散热设计，可并排安装，搭配铝轨安装，节省空间，内置市场应用广泛的功能，提供业界更多应用的选择。适用于小型水泵、鼓风机、食品包装、印刷机械、药机等领域，如图 1-15 所示。本系列产品的特色如下。

1）输出频率为 0.1~600 Hz。

2）3 点任意 *U/f* 曲线。

3）内置 PID 反馈控制；内置 EMI 滤波器（230 V 一相 and 460 V 三相机种）。

4）采用 RS-485 通信界面（RJ-45），标准 Modbus 通信协议。

5）RFI-Switch 应用于非接地电源系统。

6）多样化通信模块，支持多种通信协议，如 PROFIBUS、DeviceNet、LonWorks 及 CANopen。

7）完整保护功能，可选购数字操作面板及监控软件。

图 1-15　台达 VFD-EL 系列变频器

7. 简易功能操作性变频器 VFD-S

VFD-S 系列变频器以简易操作著称，如图 1-16 所示。其提供实用的功能操作按键，运用高频切换技术使得电动机运转噪声大幅下降，适用于大楼空调、大楼供水系统内的分水系统、中大型烤箱温度控制、织带机（鞋带、肩包等）、包装机、输送带、干燥机的风机等领域。本系列产品有以下特色。

1）输出频率为 1.0~400 Hz。

2）可设定的 *U/f* 曲线。

3）载波频率可达 10 kHz。

4）内置 PID 反馈控制。

5）RFI-Switch 应用于非接地电源系统。

6）国际化的通信格式 Modbus（RS-485 波特率可达 38400 bit/s）。

7）内建瞬时停电与故障再起动功能。

8）内建睡眠/唤醒功能。

9）支持通信接口模块：DN-02、LN-01、PD-01。

图 1-16　台达 VFD-S 系列变频器

8. 高功能简易变频器 VFD-L

VFD-L 系列变频器专为小功率电动机而设计，如图 1-17 所示。内置 EMI 滤波器，有效抑制电磁干扰，适用于简易切木机、运输皮带、拉丝机、血液离心机。本系列产品有以下特色。

1）输出频率为 1.0~400 Hz。

2）可设定的 U/f 曲线。

3）载波频率可达 10 kHz。

4）自动转矩提升与自动滑差补偿功能。

5）内置 Modbus 波特率最大可达 9600 bit/s。

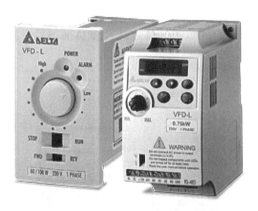

图 1-17　台达 VFD-L 系列变频器

9. 高功能简易变频器 VFD-M

VFD-M 系列变频器提供中大功率、体积轻巧、可静音运行；另外，产品采用多种防护技术，显著提高整机抗干扰能力，适用于打包机、水饺机、跑步机、农业养殖温湿度控制风扇、食物加工搅拌机、磨床、钻孔机、小型油压车床（3HP 以下）、电梯（2HP）、涂装机、小型铣床（平面加工 3HP）、射出成型机的机械手臂（夹取）、木工机（两面刨床）、贴边机、加弹机等领域，如图 1-18 所示。本系列产品的特色如下。

1）输出频率为 0.1~400 Hz。

2）可设定的 U/f 曲线及矢量控制。

3）载波频率可达 15 kHz。

4）自动转矩提升与自动滑差补偿功能。

5）内置 PID 反馈控制，内置 Modbus（RS-485 波特率可达 38400 bit/s）。

6）零速保持功能。

7）睡眠/唤醒功能。

8）支持通信模块：DN-02、LN-01、PD-01。

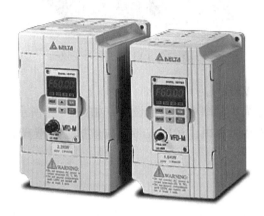

图 1-18　台达 VFD-M 系列变频器

10. 重载型矢量控制变频器 CH2000

台达 CH2000 系列高性能矢量变频器，集 IM/PM 电动机控制于一体，可满足起重、运输、数控机床等领域的冲击性瞬间负载、高过载及重负荷等特殊需求，如图 1-19 所示。该系列变频器的应用特色如下。

图 1-19　台达 CH2000 系列变频器

1）过载能力：工作电流为额定电流 150% 时，过载时间可达 60 s；工作电流为 200% 时，过载时间可达 3 s。

2）起动转矩：工作频率为 0.5 Hz 时，起动转矩可达额定转矩的 200% 以上；在 FOC+

PG 模式下，工作频率为 0 Hz 时，起动转矩可达额定转矩的 200%。

 3）输出频率：90 kW。

 4）感应电动机与同步电动机控制双机一体。

 5）内建 10 K 步 PLC。

 6）低噪声调变技术。

11. 小型矢量控制变频器 C200

 VFD-C200 是新一代小型高阶智能型矢量变频器，如图 1-20 所示。内建丰富的电动机控制模式与高达 5000 步的 PLC 功能，可灵活满足不同应用需求；抗污与散热设计可大幅强化对恶劣环境的耐受性。适用于食品包装机、输送带设备、纺织机、木工机、风机、水泵等领域。产品特色如下。

 1）磁场矢量控制且内建 PLC。

 2）内置 PG 卡，可以实现闭环矢量控制。

 3）性能强大的开环矢量控制。

 4）长寿命设计，具有重要零件的寿命侦测功能。

 5）增强的环境耐受性与保护功能。

 6）内建标准 Modbus、CANopen 总线功能。

图 1-20　台达 C200 系列变频器

12. 高性能磁束矢量控制变频器 VFD-VE

 VFD-VE 系列变频器适合产业机械的高端应用，不但可用于速度控制又可以用于伺服位置控制。具有丰富的多功能 I/O，提供 Windows 的 PC 监控软件，可供参数管理与动态监控，对于负载调试问题排除，可提供强大的解决方案。适用于电梯、天车、起重、PCB 钻孔机、雕刻机、钢铁冶金、石油、CNC 工具机、注塑机、自动化仓储系统、印刷机械、复卷机、分切机等领域，如图 1-21 所示。产品特色如下。

 1）输出频率为 0.1~600 Hz；采用伺服的强健式 PDFF 控制。

 2）在 0 速、高低速时，可进行 PI 增益及频宽设定；在速度闭环控制模式，速度为 0 时，保持转矩可达额定转矩的 150%。

 3）过载：150% 可达 1 min，200% 可达 2 s。

 4）原点复归、脉冲跟随、16 点的点对点位置控制。

5）位置/速度/转矩控制模式；超强的张力控制、收放卷功能。

6）32 位 CPU，高速版本最高可输出 333.4 Hz。

7）支持双 RS-485、现场总线及监控软件。

8）内置主轴定位换刀，可驱动高速电主轴，具备主轴定位、刚性攻牙功能。

图 1-21 台达 VFD-VE 系列变频器

13. 节能向量控制型变频器 VFD-B

VFD-B 系列变频器具有多种交流电压规格的机型可供选择，除提供多元化的 I/O 功能外，还能按照外在负载转矩，提供适当的电流电压矢量值，满足业界最实用的需求，适用于大楼空调、木雕机、机床、废水处理系统、天车的 X-Y 轴、洗衣机、平烫机、空压机、货梯、手扶梯、圆织机、横编机、制面机、四面木工刨床、纺织机等领域，如图 1-22 所示。产品的特色如下。

图 1-22 台达 VFD-B 系列变频器

1）输出频率为 0~400 Hz，可调 U/f 曲线及向量控制。

2）主频/辅频、1st/2nd 频率来源选择。

3）16 段可默认速度与 15 段可编程运行。

4）选购 PG 卡，可做速度闭环控制。

5）内置 PID 反馈控制。

6）自动转矩与滑差补偿。

7）散热器温度检测功能。

8）内置 Modbus（RS-485 波特率可达 38400 bit/s）。

9）支持现场通信模块：DN-02、LN-01、PD-01。

1.3.2　行业专用变频器

1. 油电伺服驱动器 VFD-VJ

VFD-VJ 系列变频器利用交流伺服电动机驱动的油压系统，将伺服驱动技术、电动机技术与油压技术完美结合，且以精确的压力与流量控制，消除高压节流的能源损耗，将注塑成型机的油压驱动技术再度创新，主要适用于注塑机、泵站等对需要流量控制的场合，如图 1-23 所示。产品的特色如下。

1）超省电节能：比变量泵油压系统省电 40%，比传统定量泵油压系统省电 60%。

2）系统油温低：油温降低 5~10℃，可省去冷却器或减小冷却器规格。

3）重复精度高：实现了精密的流量压力控制，开合模及注塑动作重复精度高。

4）保压性能好：内部高速 PID 运算控制，压力稳定，波动值在±0.25 kg 以内。

5）保压时间长：射出机保压时间可达 1 min，有助于壁厚制品。

6）频率响应好：采用交流同步伺服电动机，高过载能力保障频率响应可达 40 ms。

7）耐恶劣环境：采用防振、防油、防尘的旋转变压器。

8）工作环节好：采用高性能伺服技术，极大地降低了工作噪声，改善了工作环境。

图 1-23　台达 VFD-VJ 系列变频器

2. 风机水泵专用向量控制变频器 VFD-CP2000

VFD-CP2000 系列变频器能提升负载转矩响应，满足大范围变转矩负载需求，能在变动转矩负载的环境下，及时地调整输入电压来提高整体效能，对变转矩负载的环境操作及保护提供适当的运行及节能方案，适用于纺织机、注塑机、包装、拉丝机等产业机械配套及风机水泵、中央空调、锅炉、水处理等工程项目领域，如图 1-24 所示。产品特色如下。

1）内置 PLC（10 k 步）；功率范围宽广（0.75~400 kW）。

2）模块化设计，易于维护与扩展。

3）高速通信接口，内置 Modbus 及 BACnet 通信协议，并可选购 PROFIBUS-DP、DeviceNet、Modbus TCP、EtherNet/IP 及 CANopen 卡，进行多样化的通信连接。

4）长寿命设计与重要零件的寿命侦测功能。

5）PCB 涂层设计，增加环境耐受性。

6）最佳散热设计，可工作于 50℃ 环境，自动调整输出额定值，维持变频器高效能工作。

图 1-24   台达 VFD-CP2000 系列变频器

3. 电梯专用变频器 VFD-ED

台达电梯专用变频器 VFD-ED 系列，以多年变频器设计的经验，加上自 2007 年推出电梯专用变频器 VL 系列后不断积累的电梯行业知识，在确保原有安全第一的原则上，更着重提升了运行效率及舒适度，如图 1-25 所示。产品特色如下。

1）驱动器频率为 2.2~75 kW；支持感应电动机和同步电动机。

2）最大输出频率为 400 Hz；8 个多功能数字输入端子、6 个多功能数字输出端子。

3）支持多种主流编码器（ABZ，ABZ+UVW，SIN/COS，SIN/COS+Endat2.1）。

4）支持单输出接触器使用（SIL2）；支持 CANopen 及 Modbus 通信口。

5）内置 LED 数字操作面板，可选购外拉式 LCD 操作。

6）免卸负载，带载调试；过载能力最高达到 200%。

7）支持单向 AC 220 V 不间断电源系统（UPS）；结构设计紧凑，可缩小电梯控制柜体积。

图 1-25   台达 VFD-ED 系列变频器

4. 纺织专用向量控制变频器 CT2000

台达 CT2000 系列变频器专为高温湿、高粉尘、重污染、瞬间电压波动等恶劣环境而设计，如图 1-26 所示。无风扇设计，坚固耐用高防护，可满足粗纱机、细纱机、机床、陶瓷、玻璃等高污染行业的特殊要求。产品特色如下。

1）无风扇设计，搭载高效率散热片，采用穿墙式安装。

2）符合规格要求的风道散热系统配置，有效提高了系统防护性和散热性。

3）预留外挂风扇电源供电接头，可以根据实际情况选购。

4）支持 DEB 功能，利用制动时的回升能量让驱动器平稳减速。

5）可驱动永磁同步电动机；共直流母线。

6）PCB 采用 IEC 60721-3-3 CLASS 3C2 等级防护涂胶，强化耐受性。

图 1-26 台达 CT2000 系列变频器

第 2 章

变频器原理与控制方式

交流变频调速技术以其显著的节电效果、优良的调速性能、较佳的稳定性以及广泛的适用性成为电气传动发展的主流方向，深受工业行业的青睐。交流变频调速技术涉及控制技术、电力电子技术、微电子技术和计算机技术等多个学科领域。随着各种复杂控制技术在变频器技术中的应用，变频器的性能不断得到提高而且应用范围越来越广。

2.1　交流调速基础

交流电动机的转速为

$$n = (1-s)\frac{60f}{p} \tag{2-1}$$

式中，s 为电动机转差率；f 为加到电动机定子侧的交流电的频率（Hz）；p 为电动机极对数。

当电动机刚开始起动时，$n=0$，$s=1$；如果电动机处于理想空载，$n=n_1$（n_1 为同步转速），$s=0$，此时转子与定子旋转磁场同步，额定负载下，s 为 2%~5%，所以交流异步电动机的额定转速总是接近于同步转速。

从电动机转速公式可以看出，电动机的转速与频率、电动机极对数、电动机转差率有关，因此电动机调速有变极调速、变转差率调速、变频调速三种方法。

2.1.1　改变电动机极对数 p（变极调速）

在一定电源频率下，同步转速与极对数成反比。原则上，定子可以通过两套独立的绕组实现极对数的改变。但在实际应用中，定子绕组极对数的改变采用的方法大都是通过一套定子绕组、几种不同的接线方式来实现。每当定子绕组发生变极时，转子绕组同时需要相应地改接。因此，变极调速只用于笼型异步电动机。

变极调速的优点主要是设备简单、操作方便、运行可靠；缺点为电动机绕组引出头多，转速只能成倍变化、可用于恒转矩调速，为有极调速，因而其只适用于无须无极调速的场合。

2.1.2　改变电动机转差率 s（变转差率调速）

1. 定子调压调速

定子调压调速又可以称为变压调速，它适用于笼型异步电动机的调速。其主要装置是一个能提供电压变化的电源，目前常用的调压方式有串联饱和电抗器、自耦变压器以及晶闸管调压等几种。变压调速的优点是电路简单，易实现自动控制；缺点是变压过程中转差功率以发热形式消耗在转子电阻中，效率较低。

2. 转子绕组串电阻调速

转子绕组串电阻调速又称为变阻调速，它适用于绕线转子异步电动机的调速。绕线转子异步电动机转子串入附加电阻，使得电动机的转差率加大，电动机运行在较低的转速下。串入的电阻阻值越大，电动机的转速就越低。转子绕组串电阻调速的优点是设备简单、成本低、控制方便；缺点是转差功率以发热的形式消耗在电阻上。

3. 电子滑差离合器调速

滑差离合器又称电磁调速电动机，它是在笼型异步电动机的转子机械轴上装一个电磁滑差离合器，通过调节离合器的励磁电流来调节离合器的输出转速，最终实现调速。电磁调速电动机的优点是装置结构及控制电路简单、运行可靠、维修方便、调速平滑，可实现无极调速；缺点是低速时电动机的损耗大，效率低。

2.1.3　改变交流电频率 f（变频调速）

变频调速是一种通过改变定子绕组供电频率来改变转子转速的调速方式。由式（2-1）可知同步转速与定子频率成正比，改变定子绕组供电频率就能实现转子转速的平滑调节，并且可以获得比较宽的调速范围和足够硬的机械特性。因而，变频调速是一种高性能的调速方案。

变频调速装置的原理框图如图 2-1 所示，主要由整流器和逆变器两大部分组成。整流器的作用在于将工频 50 Hz 的三相交流电变换为直流电，再通过逆变器转换为频率 f_1 和电压有效值 U_1 均可调的三相交流电，最后供给笼型异步电动机，由此可以得到的无极调速机械特性比较硬。在调速过程中，如果在改变频率的同时调节输出电压的幅值和相位，这样的调速方式称为矢量控制变频调速。这种调速方法的调速性能与同时调节 U_1 和 f_1 的调速方法相比具有很大的提高，可以使异步电动机的调速性能接近甚至达到直流电动机的水平。

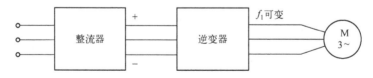

图 2-1　变频调速装置的原理框图

根据输出的功率大于或小于额定转速频率，变频调速可以分为恒转矩调速或恒功率调速两种。变频器的频率调节范围一般为 0.5~320 Hz。

变频调速的优点主要包括装置质量轻、体积小、转差功率不变、效率高、调速范围宽和性能优良等，是交流调速系统中广为应用的调速方法。

2.2 变频器工作原理

变频器的主要任务是将工频电源变换为另一频率的交流电,从而满足交流电动机变频调速的需要。目前,通用变频器绝大多数采用的是交-直-交方式,先把工频交流电通过整流器转换成直流电,然后再把直流电转换成频率、电压均可控制的交流电,以供给电动机。变频器的核心电路一般由整流器(交-直变换)、中间直流环节(能耗电路)及逆变器(直-交变换)组成,同时还包括限流电路、制动电路、控制电路等其他组成部分。变频器的组成原理示意图如图2-2所示。

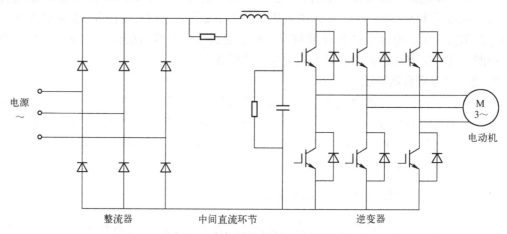

图2-2 变频器的组成原理示意图

2.2.1 整流器

整流器的主要功能是将工频电流进行整流,经过中间直流环节平波后为逆变电流和控制电路提供所需要的直流电。三相交流电源一般需要经过吸收电容和压敏电阻网络引入整流桥的输入端。网络的作用是吸收交流电网的高频谐波信号,从而避免由此而导致的变频器损坏。当电源电压为三相380 V时,整流器件的最大反向电压一般为1200~1600 V,最大整流为变频器额定电流的两倍。

2.2.2 中间直流环节

中间直流环节也就是直流滤波电路,它的作用是对整流电路输出滤波,减小直流电压和电流的波动。无论异步电机处于电动或发电状态,在直流滤波电路和异步电机之间总会有无功功率的交换,这种无功能量要靠中间直流电路储能元件来缓冲。通用变频器直流滤波电路包含电容量较大的铝电解电容,它是由若干个电容器串、并联构成的电容器组,由此得到所需要的耐压值和电容量。

2.2.3 逆变器

1. 逆变器的作用

逆变器的作用是在控制电路的作用下,将直流电路输出的直流电转换为频率和电压都可以任意调节的交流电。逆变电流的输出也就是变频器的输出,因此逆变电路是变频器的核心电路之一,起着特别重要的作用。最常用的逆变电路结构形式是利用 6 个功率开关器件(GTR、IGBT、IGCT、GTO 晶闸管等)组成的三相桥式逆变电路,有规律地控制逆变器中功率开关器件的导通与关断,从而得到任意频率的三相交流电输出。

逆变器中一般都设置有续流电路,续流电路的作用是在频率下降导致异步电动机的同步转速也随之下降时,为异步电动机的再生电能反馈至直流电路提供通道。在逆变过程中,寄生电感释放能量。另外,当位于同一桥臂上的两个开关器件都处于开通状态时将会导致短路现象,同时烧毁换相器件,所以在实际的通用变频器中,还装设有缓冲电路等各种相应的辅助电路,以保证电路的正常工作。

2. 逆变器控制电路中的保护

逆变器控制电路中的保护电路,可以分为逆变器保护和异步电动机保护两种,保护功能如下。

(1)逆变器保护

1)瞬时过电流保护。该保护主要用于应对逆变器负载侧短路等,当流过逆变器的电流达到异常值(超过容许值)时,瞬时停止逆变器运转,切断电流。

2)过载保护。当逆变器输出电流超过额定值,且持续时间流通达到规定的时间以上时,为了防止逆变器、电线等损坏,要停止运转。恰当的保护需要反时限特性,采用热继电器或者电子热保护(使用电子电路)实现过载保护。

3)再生过电压保护。利用逆变器使电动机快速减速时,由于再生功率,直流电路电压将升高,有时超过容许值。可以采取停止逆变器运行的方法,防止过电压。

4)瞬时停电保护。对于毫秒级以内的瞬时停电,控制电路需要正常工作的保护功能。但瞬时断电如果达到 10 ms 以上,则不仅控制电路无动作,主电路也不能供电,检测出这种情况后应使逆变器停止运行。

5)接地过电流保护。逆变器负载接地时,为了保护逆变器,要有接地过电流保护功能。同时,为了保证人身安全,需要装设漏电断电器。

6)冷却风机过热保护。若装置内有冷却风机,则当风机异常时装置内温度将上升,因此,应采用风机热继电器或器件散热片温度传感器,检出异常后停止逆变器运转。

(2)异步电动机的保护

1)过载保护。在变频器低速运行时间较长时,电动机容易过热,因此在异步电动机内可以埋入温度传感器,或者利用逆变器内的电子热保护装置来检出过热,从而对电动机做过载保护;当电动机动作频繁时,应该考虑减轻电动机负载,或者增加电动机以及逆变器的容量等方式实现过载保护。

2)超频(超速)保护。当逆变器的输出频率或者异步电动机的速度超过规定值时,应使逆变器停止运行。

(3)其他保护

1)防止失速再生过电流。当电动机急加速时,如果异步电动机跟踪迟缓,则过电流保护电路动作时,运转就不能继续进行(失速)。因此,在负载电流减小之前要进行控制,抑制频率上升或使频率下降。对于恒速运转中的过电流,有时也会进行同样的控制。

2)防止失速再生过电压。当电动机减速产生的再生能量使主电路直流电压上升时,为了防止再生过电压电路保护动作，在直流电压下降之前要进行控制，抑制频率下降，防止电动机无法运转（失速）。

2.2.4 控制电路

控制电路是给异步电动机供电的主电路提供控制信号的电路，其主要由频率以及电压的"运算电路"、主电路的"电压、电流检测电路"、电动机的"速度检测电路"、将运算电路的控制信号进行放大的"驱动电路"，以及逆变器和电动机的"保护电路"等电路组成。

1. 运算电路

运算电路将外部的速度、转矩等指令同检测电路的电流、电压信号进行比较运算，决定逆变器的输出电压、频率。

2. 电压、电流检测电路

电压、电流检测电路是与主电路电位隔离，以检测电压、电流等的电路。

3. 驱动电路

驱动电路是驱动主电路器件的电路，它与控制电路隔离使主电路器件导通、关断。

4. I/O电路

I/O电路使变频器更好地实现人机交互，其具有多信号（比如多段速度运行等）的输入，还有各种内部参数（比如电流、频率、保护电路驱动等）的输入。

5. 速度检测电路

速度检测电路是将装在异步电动机机轴上的速度检测器（测速电动机、编码器等）的信号送入运算电路，根据指令和运算使得电动机按指令速度运转。

6. 保护电路

保护电路的作用是当电动机发生过载或过电压等异常情况时，为了防止逆变器和异步电动机损坏，使逆变器停止工作或抑制电压、电流值。

2.3 变频器的控制方式

变频器对电机进行控制，是根据电机的特性参数以及运转要求对电机的电压、电流、频率进行控制，以达到负载的要求。因此，即使在变频器的主电路、逆变器件、单片机均一样，只是控制方式不一样的情况下，其控制效果也是不一样的。因此控制方式的作用非常重要，可以说它就能代表变频器的水平。目前变频器对电机的控制方式主要有 U/f 恒定控制、转差频率控制、矢量控制、直接转矩控制、直接转速控制、矩阵式控制等，以下将对这几种控制方式逐一进行说明。

2.3.1 U/f 恒定控制

该控制方式是在改变电动机电源频率的同时也改变电动机电源的电压，使得电动机磁通保持一定，从而保证在较宽的调速范围内，电动机的效率、功率因数不下降。由于是控制电压和频率之比，所以称为 U/f 恒定控制。

额定频率称为基频，U/f 恒定控制的变频调速系统可以从基频向下调（即转速从额定转速向下调），也可以从基频向上调（即转速从额定转速向上调）。

1. 基频以下调速

三相异步电动机每相电压有效值为

$$U_1 \approx E_1 = 4.44 f_1 N_1 K_{N1} \Phi_m \tag{2-2}$$

式中，E_1 为气隙磁通在定子绕组每相中感应电压电动势的有效值（V）；f_1 为定子频率（Hz）；N_1 为定子每相绕组串联匝数；K_{N1} 为基波绕组系数；Φ_m 为每极气隙磁通量（Wb）。

由式（2-2）可知，如果定子绕组每相中感应电压电动势的有效值 E_1 不变（即电源电压不变），则随着定子频率 f_1 的下降，气隙磁通 Φ_m 就会大于额定气隙磁通 Φ_{mN}，结果是电动机的铁心产生过饱和，导致过大的励磁电流，使电动机功率因数、效率下降，严重时会因绕组过热烧坏电动机，这是要极力避免的。因此，降低电源频率时，必须同时降低电源电压。

由式（2-2）还可知，要保持气隙磁通 Φ_m 不变，则随着定子频率 f_1 的下降，必须降低定子绕组每相中感应电压电动势的有效值 E_1，使得 $E_1/f_1 =$ 常数，即电动势与频率之比为恒定值。绕组中的恒定值不易直接控制，当电动势的值较高时，可以认为 $U_1 \approx E_1$，即 $U_1/f_1 =$ 常数，这就是恒压频比控制方式的原理。

如果电动机在不同转速下都具有额定电流，则电动机都能在温升允许的条件下长期运行，这时转矩基本上随磁通变化，由于在基频以下调速时磁通恒定，所以转矩也恒定。根据电机拖动原理，在基频以下调速属于"恒转矩调速"。

2. 基频以上调速

升高电源电压是不允许的，因此升高频率向上调速时，只能保持额定电压 U_{1N} 不变，频率越高，气隙磁通 Φ_m 越低，这是一种降低磁通升速的方法，与他励直流电动机弱磁升速相似。

在基频以上调速时，由于每相电压 $U = U_{1N}$ 不变，当频率升高时，同步转速随之升高，气隙磁动势减弱，最大转矩减小，输出功率基本不变。所以基频以上变频调速属于"弱磁恒功率调速"。

2.3.2　转差频率控制

转差频率控制的基本思想是采用转子速度闭环控制，速度调节器通常采用 PI 控制。它的输入为速度设定信号和检测到的电动机实际速度之间的误差信号，速度调节器的输出为转差频率设定信号。变频器的设定频率即电动机的定子电源频率，是转差频率设定值与实际转子速度的和。当电动机带动负载运行时，定子频率设定将会自动补偿由于负载所产生的转差，保持电动机的速度为设定值。速度调节器的限幅值决定了系统的最大转差频率。

三相异步电动机电磁转矩为

$$T_e = C_m \Phi_m \frac{E_1 R_2' s}{(R_2')^2 + (s \omega_1 L_{12}')^2} \tag{2-3}$$

式中，C_m 为电动机转矩常数；Φ_m 为每极气隙磁通量（Wb）；E_1 为气隙磁通在定子绕组每相中感应电压电动势的有效值（V）；R_2' 为转子相绕组电阻折算到定子侧的折算值；L_{12}' 为转子相绕组电感折算到定子侧的折算值；s 为电动机的转差率；ω_1 为转子的角频率。

定义 $\omega_s = s\omega_1$ 为转差角频率，则 T_e 可以写为

$$T_e = C_m \Phi_m \frac{E_1 R_2' s}{(R_2')^2 + (\omega_s L_{12}')^2} \tag{2-4}$$

一般而言，在控制过程中，转差角频率比较小，$\omega_s \ll (2\% \sim 5\%)\omega_1$，即 $\omega_s L'_{12} \ll R'_2$，所以分母中可以忽略 $\omega_s L'_{12}$ 项。同时，把式（2-2）代入式（2-4），则 T_e 可以写为

$$T_e \approx C_m \Phi_m^2 \omega_s / R'_2 \tag{2-5}$$

控制电动机定子电流，使得 Φ_m 不发生变化，根据式（2-2），Φ_m 是由电动势 E_1 和电源频率 f_1 共同决定的，根据式（2-5），转差角频率 ω_s 在一定范围内与电动机的电磁转矩 T_e 成正比。因此，控制转差角频率 ω_s 可以实现对电磁转矩 T_e 的控制，达到控制转速的目的。

2.3.3 矢量控制

矢量控制（Vector Control，VC）变频调速的做法是将异步电动机在三相坐标系下的定子电流 i_A、i_B、i_C 通过三相/两相（3/2）变换，等效成两相静止坐标系下的交流电流 i_α 和 i_β，再通过按转子磁场定向旋转变换，等效成同步旋转坐标系下的直流电流 i_m 和 i_t（i_m 相当于直流电动机的励磁电流；i_t 相当于与转矩成正比的电枢电流），把上述等效关系用结构图的形式表示出来，如图 2-3 所示。从整体上，输入为 A、B、C 三相电压，输出为转速 ω，即是一台异步电动机。从内部看，经过 3/2 变换和同步旋转变换，变成一台由 i_m 和 i_t 输入、ω 输出的直流电动机。

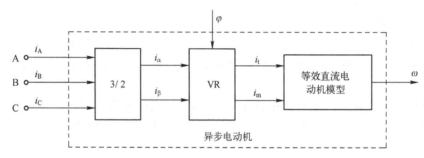

图 2-3　异步电动机的坐标变换结构图

既然异步电动机经过坐标变换可以等效为直流电动机，那么，模仿直流电动机的控制策略，得到直流电动机的控制量，经过相应的坐标反变换，就能够控制异步电动机了。

由于进行坐标变换的是电流（代表磁动势）的空间矢量，所以这种通过坐标变换实现的控制系统就叫作矢量控制系统（Vector Control System，VCS），控制系统的原理结构图如图 2-4 所示。

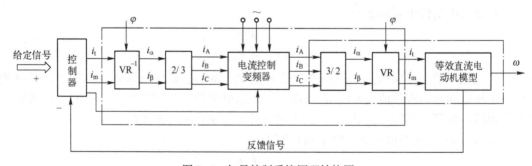

图 2-4　矢量控制系统原理结构图

反馈信号可以分为电流反馈和速度反馈。电流反馈用于反馈负载的情况，使直流信号中与转矩对应的分量 i_t 能够随着负载变化，从而模拟出类似于直流电动机的工作状态。速度反馈反映实际转速与给定值之间的差异，并且以最快的响应速度进行校正，提高系统的动态性能。式 (2-6) 和式 (2-7) 构成矢量控制基本方程式，定子电流解耦成 i_{sm} 和 i_{st} 两个分量，i_{st} 为励磁电流分量，ψ_r 为转子磁链。

$$\omega_1 - \omega = \omega_s = \frac{L_m i_{st}}{T_r \psi_r} \tag{2-6}$$

$$\psi_r = \frac{L_m}{T_r p + 1} i_{sm} \tag{2-7}$$

在磁环闭合控制的矢量控制系统中，转子磁链反馈信号是由磁链模型获得的，其幅值和相位都受到电动机的时间常数 T_r 和电感 L_m 变化的影响，造成控制的不准确性。

鉴于此，很多人认为，与其采用磁链闭环控制而反馈不准，不如采用磁链开环控制，系统反而会简单一些。在这种情况下，经常采用矢量控制方程中的转差公式，构成转差型的矢量控制系统，又称间接矢量控制系统。

矢量控制的实质是将交流电动机等效为直流电动机，分别对速度和磁场两个分量进行独立控制。通过控制转子磁链，然后分解定子电流而获得转矩和磁场两个分量，经坐标变换实现正交或解耦控制。

2.3.4　直接转矩控制

直接转矩控制（Direct Torque Control，DTC）是直接在定子坐标系下分析交流电动机的数学模型，从而控制电动机的磁链和转矩。它不需要将交流电动机等效为直流电动机，因而省去了矢量旋转变换中的许多复杂计算；它不需要模仿直流电动机的控制，也不需要为解耦而简化交流电动机的数学模型。

直接转矩控制将逆变器和交流电动机作为一个整体进行控制，逆变器所有开关状态的变化都以交流电动机的电磁过程为基础，将交流电动机的转矩控制和磁链控制有机地统一。直接转矩控制估计定子磁链，由于定子磁链的估计只涉及定子电阻，因此对电动机参数的依赖性大大减弱了。直接转矩控制采用了转矩反馈的砰-砰控制，在加减速或负载变化的动态过程中可以获得快速的转矩反应。

图 2-5 给出了直接转矩控制的原理框图。直接转矩控制系统分别控制异步电动机的转速和磁链。转速调节器（ASR）的输出作为电磁转矩的给定信号 T_e^*，在 T_e^* 后面设置转矩控制内环，它可以抑制磁链变化对转速子系统的影响，从而使转速和磁链子系统实现了近似的解耦，因此，能获得较高的静、动态性能。

除转矩和磁链砰-砰控制外，DTC 系统的核心问题就是转矩和定子磁链反馈信号的计算模型，以及如何根据两个砰-砰控制器的输出信号来选择电压空间矢量和逆变器的开关状态。

在图 2-5 中，根据定子磁链和反馈信号进行砰-砰控制，按控制程序选取电压空间矢量的作用顺序和持续时间。在电压空间矢量按磁链控制的同时，更优先地接受转矩的砰-砰控制。

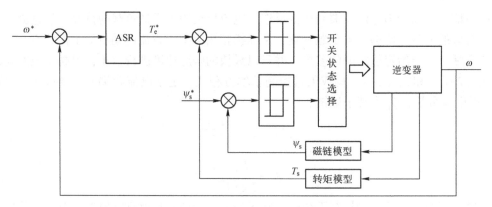

图 2-5　直接转矩控制的原理框图

2.3.5　直接转速控制

直接转速控制（Direct Speed Control，DSC），通过对变频器的输出电压、电流进行检测，经坐标变换后，送入电动机模型，推算出电动机的磁通、瞬时转速，在保持磁通闭环的同时，每秒对电动机的转速进行数千次的校正，称为直接转速控制。

DSC 不像 DTC 那样，通过对转矩变化的积分，计算出速度偏差，再调节转矩，再积分再调偏差。因此，DSC 具有更快的响应速度、更小的转矩脉动、更稳定的准确度，同时 DSC 还能补偿电路电压降及电路电阻和定子电阻温升带来的影响。图 2-6 给出了直接转速控制的原理框图。

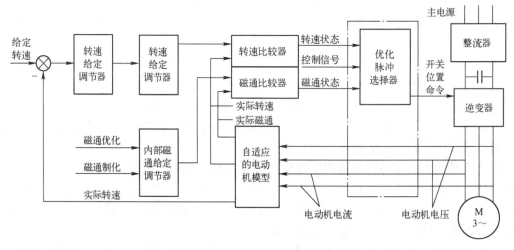

图 2-6　直接转速控制的原理框图

DSC 创建了磁通模型，控制方式设有转速中心控制平台模型、动补原电动机额定转矩的数学模型、磁通观察器、专家诊断系统、磁通链定向参数解析、运算模块，模糊逆变开关发出的电压和频率变量，控制电动机磁链速度定向加/减动转矩，实现在额定转差率条件下的负载阻转矩高速平衡。

2.3.6　矩阵式控制

矩阵式交-交变压变频器应用全控型开关器件，在三相输入与三相输出之间用了 9 组双向开关组成矩阵阵列，采用 PWM 控制方式，可直接输出变电压。

从原理上讲，矩阵式变频器使用了一组电力半导体开关，按照预定的数学算法控制开关顺序，并直接连接到三相电动机上。矩阵式变频器使用了三相电压输入来控制输出电压，这样不仅能吸收任何电流杂波，也能提供一个清洁的输出电压，也就是说"可以有效地进行输入电源电流控制与输出电压控制"。这也是矩阵式变频器的一个重要优点：能大大降低输入电流谐波的产生，大约只有传统交-直-交变频器的 20% 以下。而且矩阵式变频器的电流几乎是正弦波，即使在带负载的情况下，也是如此。当有再生发电时，电流能 180° 转换并反馈到电网中，而且也是以正弦波方式。在再生制动方式的工作中，矩阵式变频器不需要制动电阻或特殊的变换器，反馈回的电能也无须额外的设备（如变压器等）进行处理。总之，矩阵式变频器变频效率高，且能在四象限运行。

矩阵式交-交变压变频器的主要优点如下。

1）输出电压和输出电流的谐波幅值都比较小。

2）输入功率因数可调。

3）输出频率不受限制。

4）能量可双向流动。

5）可省去中间直流环节的大电容元件。

限制矩阵式变频器实际应用的问题如下。

1）功率器件数量大，装置结构复杂。

2）双向开关的安全换相问题。

3）当输出电压必须接近正弦时，理论上最大输出、输入电压比只有 0.866。

4）ICBT 数量的增加，导致矩阵变频器造价昂贵。

由于矩阵式交-交变频省去了中间直流环节，从而省去了体积大、价格贵的电解电容。它能实现的功率因数为 1，输入电流为正弦且能四象限运行，系统的功率密度大。该技术目前虽尚未成熟，但仍吸引着众多的学者深入研究。其技术实质不是间接地控制电流、磁链等量，而是把转矩直接作为被控制量来实现。具体方法如下。

1）控制定子磁链引入定子磁链观测器，实现无速度传感器方式。

2）自动识别依靠精确的电动机数学模型，对电动机参数自动识别。

3）算出定子阻抗、互感、磁饱和因素、惯量等实际值，然后算出实际的转矩、定子磁链、转子速度，从而进行实时控制。

4）按磁链和转矩的控制产生 PWM 信号，对逆变器的开关状态进行控制。

矩阵式交-交变频具有快速的转矩响应（<2 ms）、高速度精度（±2%，无 PG 反馈）、高转矩精度（<+3%），同时还具有较高的起动转矩，尤其在低速时（包括零速度时），可输出 150%~200% 转矩。

第 3 章

C2000/MS300 变频器的安装与正确使用

在变频器安装或操作前，应首先全面阅读并理解变频器安装手册和说明书，本章内容以台达 C2000/MS300 变频器作为案例简述变频器的安装与接线，因此不具有普遍性，读者应以安装手册和说明书为准。

3.1 C2000/MS300 变频器安装前的操作

3.1.1 确认型号

当用户拿到变频器后应先检查出货单与机身铭牌，确认是否与自己要求的规格相同，铭牌、型号及序号说明如下。

1. 铭牌说明

（1）C2000 系列变频器 230 V 与 460 V 机种

C2000 系列变频器 230 V 与 460 V 机种铭牌如图 3-1 所示。

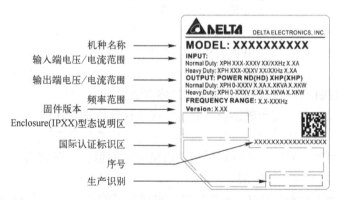

图 3-1　C2000 系列变频器 230 V 与 460 V 机种铭牌

（2）C2000 系列变频器 575 V 与 690 V 机种

C2000 系列变频器 575 V 与 690 V 机种铭牌如图 3-2 所示。

（3）MS300 系列变频器

MS300 系列变频器铭牌如图 3-3 所示。

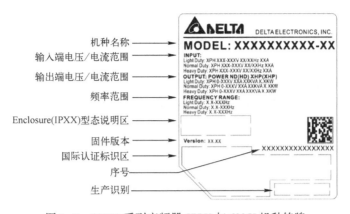

图 3-2　C2000 系列变频器 575 V 与 690 V 机种铭牌

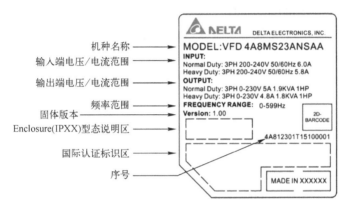

图 3-3　MS300 系列变频器铭牌

2. 型号说明

（1）C2000 系列变频器 230 V 与 460 V 机种

$$\underset{1}{\underline{\text{VFD}}} \quad \underset{2}{\underline{007}} \quad \underset{3}{\underline{\text{C}}} \quad \underset{4}{\underline{43}} \quad \underset{5}{\underline{\text{A}}}$$

上面型号组成如下。

1——变频器产品，VFD-C2000。

2——最大适用电动机，007：1HP（0.75 kW）～4500：600HP（450 kW）。

3——C2000 系列。

4——输入电压/相数，23：230 V 三相；43：460 V 三相。

5——安装形式，A：壁挂式；S：同功率小型化；U：同功率小型化（含接线盒）；E：内建 EMC 滤波器（框号 A～C），内建接线盒（框号 D 以上）。

（2）C2000 系列变频器 575 V 与 690 V 机种

$$\underset{1}{\underline{\text{VFD}}} \quad \underset{2}{\underline{185}} \quad \underset{3}{\underline{\text{C}}} \quad \underset{4}{\underline{63}} \quad \underset{5}{\underline{\text{B}}} - \underset{6}{\underline{2}} \quad \underset{7}{\underline{1}}$$

上面型号组成说明如下。

1——变频器产品，VFD-C2000。

2——最大适用电动机，015：2HP（1.5 kW）～6300：675HP（630 kW）。

3——C2000 系列。

4——输入电压/相数，53：575 V 三相；63：690 V 三相。

5——版本。

6——IP 防护等级，0：IP00；2：IP20。

7——NEMA 防护等级，0：UL Open Type；1：NEMA 1。

（3）MS300 系列变频器

$$\underset{1}{\underline{VFD}} \quad \underset{2}{\underline{4A8}} \quad \underset{3}{\underline{MS}} \quad \underset{4}{\underline{23}} \quad \underset{5}{\underline{A}} \quad \underset{6}{\underline{N}} \quad \underset{7}{\underline{S}} \quad \underset{8}{\underline{A}} \quad \underset{9}{\underline{A}}$$

上面型号组成说明如下。

1——变频器。

2——额定输出电流，重载：150%，60 s。

3——系列，MS：MS300（Standard Micro Drive）。

4——输入电压/相数，11：115 V 单相；21：230 V 单相；23：230 V 三相；43：460 V 三相。

5——外壳防护等级，A：IP20；E：IP40；M：IP66。

6——EMC 内建，N：无功能；F：EMC 滤波器。

7——安全动能，S：内建 STO。

8——安装型式，A：标准型。

9——机种版本。

3. 序号说明

（1）C2000 系列变频器 230 V 与 460 V 机种

$$\underset{1}{\underline{007C43A}} \quad \underset{2}{\underline{T}} \quad \underset{3}{\underline{14}} \quad \underset{4}{\underline{30}} \quad \underset{5}{\underline{0002}}$$

上面序号组成如下。

1——生产机种，460 V，三相，1HP（0.75 kW）。

2——制造工厂，T：台北市桃园厂；W：苏州市吴江厂；S：上海厂。

3——生产年份。

4——生产周次。

5——制造序号。

（2）C2000 系列变频器 575 V 与 690 V 机种

$$\underset{1}{\underline{185CGAJ}} \quad \underset{2}{\underline{T}} \quad \underset{3}{\underline{14}} \quad \underset{4}{\underline{30}} \quad \underset{5}{\underline{0002}}$$

上面序号组成如下。

1——生产机种，690 V 三相。

2——制造工厂，T：台北市桃园厂；W：苏州市吴江厂；S：上海厂。

3——生产年份。

4——生产周次。

5——制造序号。

（3）MS300 系列变频器

$$\underset{1}{\underline{4A812301}} \quad \underset{2}{\underline{T}} \quad \underset{3}{\underline{15}} \quad \underset{4}{\underline{10}} \quad \underset{5}{\underline{0001}}$$

上面序号组成如下。

1——生产机种，230 V，三相，1HP（0.75 kW）。

2——制造工厂，T：台北市桃园厂；W：苏州市吴江厂；S：上海厂。

3——生产年份。

4——生产周次。

5——制造序号。

3.1.2　拆箱

为便于读者理解，本节取 C2000 系列变频器 690 V 机种框号 H 作为案例分析，具体应以说明书为准，外包装为木箱包装。包装一、包装二分别对应型号 VFDXXXC63B-00、VFDXXXC63B-21，如图 3-4 和图 3-5 所示。

1. 包装一

1）将木箱两侧的扣片（共有 8 片）撬开拆下。

2）移除木箱上盖，将木箱的泡棉及手册取出。

3）将螺钉（12 颗、包含金属螺钉及塑料螺钉）松开拆除。

4）用叉钩穿过变频器上的吊孔，吊起后即可装配机台，如图 3-4 所示。

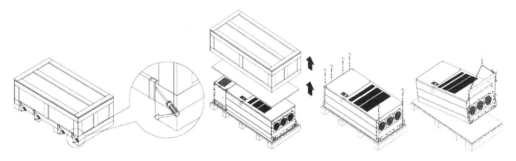

图 3-4　包装一拆箱步骤

2. 包装二

1）将木箱两侧的扣片（共有 8 片）撬开拆下。

2）移除木箱上盖，将木箱的泡棉、橡胶套及手册取出。

3）将螺钉（12 颗，包含金属螺钉及塑料螺钉）松开拆除。

4）拆下两侧 M6 螺钉（6 颗），并移开两侧固定件（2 块），拆下的螺钉及固定件可供外侧固定变频器使用。其中，内侧固定方式：拆下内侧 M6 螺钉（18 颗），并移开盖板，待变频器固定好后，再将盖板锁回原位置；外侧固定方式：先拆下两侧 M8 螺钉（8 颗），将上个步骤拆下的固定件（2 块），利用 M8 螺钉锁在变频器两侧。

5）把拆下来的两侧 M6 螺钉（6 颗），再锁回原来的位置。

6）用叉钩穿过变频器上的吊孔后，吊起后即可装配机台，如图 3-5 所示。

在进行吊环操作时，注意吊环装置方式，请避免因为装置不当造成变频器的吊孔变形，如图 3-6 所示，同时请留意变频器的吊孔与吊钩的装置角度。

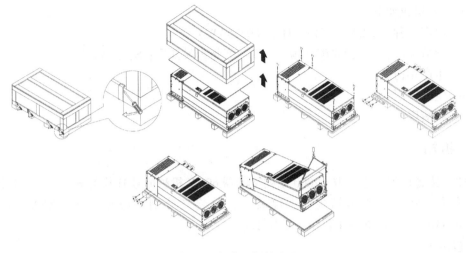

图 3-5 包装二拆箱步骤

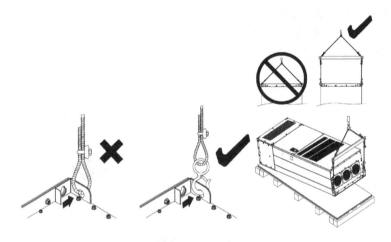

图 3-6 吊环操作过程注意事项

3.1.3 检查变频器

当用户拿到产品机种时，请参考下列步骤，以确保使用安全。

1）打开包装后，先确认产品是否在运送途中有损坏。检查并确认印在外箱及机身的铭牌标签，是否相符合。

2）确认配线是否符合该变频器的电压范围。安装变频器时，请参照安装手册内容说明进行安装。

3）连接电源前，请先确认连接电源、电动机、控制板、操作面板等，是否正确安装。

4）变频器在进行配线时，请留意输入端子 R/L1、S/L2、T/L3 与输出端子 U/T1、V/T2、W/T3 接线位置，请勿接错端子以避免造成机器损坏。

5）通电后，借由数字操作器（KPC-CC01）可自由选择语言、设定各参数群。先以低频率试运转，再慢慢调高频率达到指定的速度。

注意：

1）配线及安装变频器时，请务必确认电源是否关闭。

2）切断交流电源后，变频器"POWER"指示灯（位于数字操作器后方）未熄灭前，表示变频器内部仍有高压，请勿触摸内部电路及零组件。

3）变频器的内部电路板上各项电路组件易受静电的破坏，在未做好防静电措施前，请勿用手触摸电路板。

4）禁止自行改装变频器内部的零件或线路。

5）变频器端子务必依照当地法规正确接地。

6）变频器及配件安装场合，应远离火源、发热体及易燃物。

3.2　C2000/MS300 变频器的安装

C2000/MS300 系列变频器安装过程如下。

1）确认安装（工作）环境。确认要使用的变频器是否符合客户的安装环境（工作行业，所需 IP 防护），若不符合，需重新选用符合客户环境的变频器，或是确认变频器的安装柜外部是否可以增加防护滤网，防止灰尘、水气、异物，以使其符合安装环境（需注意，增加任何的额外防护，都有可能造成入风量不够，所以必须用其他方式来将不足的风量补足。）

2）确认变频器的安装方式。确认实际安装现场的大小及限制，安装柜内部的所有初步原件摆设需要规划适当的流道、合理的走线空间、合理的维护空间，以便规划安装柜尺寸及型式（壁挂或落地）。

3）变频器的选型，包括变频器及其安装柜重量，变频器本身的出入风口位置，安装在安装柜所需的散热风量及通风口面积，变频器外围设备的选择。

4）安装柜的设计。将确认的变频器相关信息以及电路图的组件设计入安装柜内，并按一定需求，进行安装柜的设计。

5）安装柜的安装与配线，主要是对变频器主电路以及控制电路的配线与调试，确保变频器的正常使用。

在 C2000/MS300 系列变频器安装过程中，也需要注意变频器的安装操作、储藏、搬运环境特性，各类型变频器请仔细阅读相应的使用手册。C2000/MS300 系列变频器的环境特性分别见表 3-1 和表 3-2。

表 3-1　C2000 系列变频器的环境特性

变频器绝对不能够暴露在恶劣的环境中，如灰尘、日照、腐蚀性及易燃性气体、油脂、潮湿、水滴及振动。空气含盐量必须保持在每年 0.01mg/cm² 以下			
环境特性	安装场合	IEC 60364-1/IEC 60664-1 污染等级 2，仅室内使用	
	周围温度	储藏/运输	-25～+70℃
		只允许于无水露与无传导性污染凝结环境	
	额定湿度	操作	最大 95%
		储藏/运输	最大 95%
		只允许于无水露与无传导性污染凝结环境	

（续）

环境特性	大气压力	操作/储藏	86~106 kPa
		运输	70~106 kPa
	污染等级	IEC 60721-3-3	
		操作	Class 3C3；Class 3S2
		储藏	Class 1C2；Class 1S2
		运输	Class 2C2；Class 2S2
		若需将本产品使用或安装在环境严苛如结露、水、粉尘等污染的工业环境，请将产品安装在 IP54 的环境，如安装柜内	
	海拔	操作	变频器使用于海拔 0~1000 m 时，依一般操作限制应用 当使用于海拔 1000~2000 m 时，高度每升高 100 m，需减少 1% 的额定电流或降低 0.5 的操作环温 而在接地系统采用角落接地（Corner Grounded）时，仅可操作在海拔 2000 m 以下 若要使用在海拔 2000 m 以上，请联系台达原厂
包装跌落	储藏/运输	ISTA 程序 1A 系列（根据重量）符合 IEC 60068-2-31	
振动	1.0 mm 振动时，振动频率的峰-峰值为 2~13.2 Hz；0.7G~1.0G 振动时，为 13.2~55 Hz；1.0G 振动时，为 55~512 Hz。符合 IEC 60068-2-6		
冲击	符合 IEC/EN 60068-2-27		
操作位置	正常垂直安装位置关系中的最大永久角度		

表 3-2　MS300 系列变频器的环境特性

变频器绝对不能够暴露在恶劣的环境中，如灰尘、日照、腐蚀性及易燃性气体、油脂、潮湿、水滴及振动。空气含盐量必须保持在每年 0.01 mg/cm² 以下

环境特性	安装场合	IEC 60364-1/IEC60664-1 污染等级 2，仅室内使用		
	周遭环境温度	操作	IP20/UL Open Type	−20~50℃ −20~60℃（需降载使用）
			IP40/NEMA 1/UL Type 1	−20~40℃ −20~50℃（需降载使用）
			并排安装	
		储藏	−40~85℃	
		运输	−20~70℃	
		非浓缩、非冷冻		
	额定湿度	操作	最大 90%	
		储藏/运输	最大 95%	
		禁止凝结水		
	大气压力	操作	86~106 kPa	
		储藏/运输	70~106 kPa	
	耐受恶劣环境 （IEC 60721-3）	操作	Class 3C2；Class 3S2	
		储藏	Class 1C2；Class 1S2	
		运输	Class 2C2；Class 2S2	
		禁止浓缩物		
	海拔	可操作在海拔 1000 m 以下（超过 1000 m 需降载使用）		

（续）

包装跌落	储藏	ISTA 程序 1A（根据重量）IEC 60068-2-31
	运输	
振动	工作时	1.0 mm 振动时，振动频率的峰-峰值为 2~13.2 Hz；0.7 G~1.0 G 振动时，为 13.2~55 Hz；2.0 G 振动时，为 55~512 Hz 符合 IEC 60068-2-6
	非工作时	峰值为 2.5 G Peak 振动频率为 5 Hz~2 kHz 振幅为 0.015 mm~最大位移
冲击	工作时	15 G，11 ms，符合 IEC/EN 60068-2-27
	非工作时	30 G

3.2.1　工作环境

1. 变频器的物理环境

由于变频器集成度高，整体结构紧凑，自身散热量较大，因此对安装环境的温度、湿度和粉尘含量要求高。在安装变频器时，必须为变频器提供一个良好的运行环境。变频器的环境温度额定为 40℃，当环境温度大于 40℃时，必须降低额定电流值，否则将使器件的温升过高，从而导致器件（尤其是 IGBT 功率模块）损坏的可能性加大，对正常安全运行有较大影响。变频器的工作环境若达不到要求，将造成变频器有较高的故障率，影响长期、可靠、安全运行，以致造成不必要的经济损失，环境温度限制以及海拔限制见表 3-3，为此在变频器应用中应注意以下事项。

表 3-3　环境温度限制以及海拔限制

操作条件	环境温度限制
IP20/UL Open Type	C2000：操作于额定电流状态时，环境温度需处在-10~+50℃间。当环境温度超过 50℃时，每升高 1℃，需降低 2% 的额定电流（575 V/690 V 机种为 2.5%），最高环境温度可至 60℃ MS300：操作于额定电流状态时，环境温度需处在-20~50℃间。当环境温度超过 50℃时，每升高 1℃，需降低 2.5% 的额定电流，最高环境温度可至 60℃
IP20/IP40/NEMA1/UL Type 1	C2000：操作于额定电流状态时，环境温度需处在-10~+40℃间。当环境温度超过 40℃时，每升高 1℃，需降低 2% 的额定电流（575 V/690 V 机种为 2.5%），最高环境温度可至 60℃ MS300：操作于额定电流状态时，环境温度需处在-20~40℃间。当环境温度超过 40℃时，每升高 1℃，需降低 2.5% 的额定电流，最高环境温度可至 60℃
高海拔操作	变频器使用于海拔 0~1000 m 时，依一般操作限制应用。当使用于海拔 1000~2000 m 时，高度每升高 100 m，需减少 1% 的额定电流或降低 0.5℃ 的操作环境温度。而在接地系统采用 Corner Grounded 时，仅可操作在海拔 2000 m 以下。若要使用在海拔 2000 m 以上，请联系台达原厂

1）工作温度。变频器内部是大功率的电子元件，极易受到工作温度的影响，产品一般要求为-10~50℃，但为了保证工作安全、可靠，使用时应考虑留有余地，最好控制在 40℃以下。在控制箱中，变频器一般应安装在箱体上部，并严格遵守产品说明书中的安装要求，绝对不允许把发热元件或易发热的元件紧靠变频器的底部安装。

2）环境温度。温度太高且温度变化较大时，变频器内部易出现结露现象，其绝缘性能就会大大降低，甚至可能引发短路事故。必要时，在箱中增加干燥剂和加热器。

3）变频器应用的标高多规定在 1000 m 以下，即 1000 m 以下变频器性能使用正常；当使用于海拔 1000~2000 m 时，高度升高，需要采用措施降低额定电流或降低操作环境温度，以保障变频器的正常使用，而在接地系统采用台达角落接地（Corner Grounded）时，仅可操作在海拔 2000 m 以下。

4）腐蚀性气体。使用环境如果腐蚀性气体浓度大，不仅会腐蚀元器件的引线、印制电路板等，而且还会加速塑料器件的老化，降低绝缘性能，在这种情况下，应把变频器柜制成封闭式结构，并进行换气。变频器周围不应有腐蚀性、爆炸性或燃烧性气体以及粉尘和油雾。变频器的周围如果有爆炸性和燃烧性气体，由于变频器内有易产生火花的继电器和接触器，所以有时会引起火灾或爆炸事故。如果变频器周围存在粉尘和油雾，其在变频器内附着、堆积将导致绝缘能力降低；对于强迫风冷的变频器，由于过滤器堵塞将引起变频器内温度异常上升，致使变频器不能稳定运行。

5）振动和冲击。装有变频器的安装柜受到机械振动和冲击时，会引起电气接触不良。这时除了提高安装柜的机械强度、远离振动源和冲击源外，还应使用抗振橡皮垫固定安装柜内、外电磁开关之类产生振动的元器件。设备运行一段时间后，应对其进行检查和维护。

2. 变频器工作的电气环境

1）防止电磁波干扰。变频器在工作中由于整流和变频，周围产生了很多的干扰电磁波，这些高频电磁波对附近的仪表、仪器有一定的干扰。因此，柜内仪表和电子系统，应该选用金属外壳，以屏蔽变频器对仪表的干扰。所有的元器件均应可靠接地，除此之外，各电气元件、仪器及仪表之间的连线应选用屏蔽控制电缆，且屏蔽层应接地。如果处理不好电磁干扰，往往会使整个系统无法工作，导致控制单元失灵或损坏。

2）防止输入端过电压。变频器电源输入端往往有过电压保护，但是，如果输入端高电压作用时间长，会使变频器输入端损坏。因此，在实际运用中，要核实变频器的输入端电压和相数（单相还是三相）。特别是电源电压极不稳定时要有稳压设备，否则会造成严重后果。

3. 防雷与接地

变频器正确接地是提高控制系统灵敏度和抑制噪声能力的重要手段，变频器接地端子 E(G) 接地电阻越小越好，接地导线截面积应不小于 $2\,mm^2$，长度应控制在 20 m 以内。变频器的接地必须与动力设备接地点分开，不能共地。信号输入线的屏蔽层，应接至 E(G) 上，其另一端绝不能接于地端，否则会引起信号变化波动，使系统振荡不止。变频器与安装柜之间应电气连通，如果实际安装有困难，可利用铜芯导线跨接。

在变频器中，一般都设有雷电吸收网络，主要防止瞬间的雷电侵入，使变频器损坏。但在实际工作中，特别是电源线架空引入的情况下，单靠变频器的吸收网络是不能满足要求的。在雷电活跃地区，这一问题尤为重要，如果电源是架空进线，则需在进线处装设变频专用避雷器（选件），或按规范要求在离变频器 20 m 的位置预埋钢管做专用接地保护。如果电源是电缆引入，则应做好控制室的防雷系统，以防雷电窜入破坏设备。实践表明，这一方法基本上能够有效解决雷击问题。

无论是 C2000 系列变频器还是 MS300 系列变频器，都安装有接地短路片。变频器内部装置有突波吸收器（Varistor/ MOVs），安装于电源输入相对相间与相对地间。安装于相对相间时，可防止电源端的雷击高压突波造成变频器非预期停机或损坏；安装于相对地间时，可采用对地短路片连接保护电源，以避免大地间的高压突波产生的破坏，如移除将失去其相对地间的保护作用。

同时内建 EMC 滤波器机种，其中共模电容电路通过短路片与地端连接，产生高频噪声回路路径，隔绝高频干扰，移除短路片将降低 EMC 滤波器效能。EMC 滤波器中的共模电容会产生漏电流，虽有规范限制漏电流，但多台内建 EMC 变频器连接时，仍可能造成漏电保护开关跳脱或与其他设备有兼容性问题。移除短路片可降低漏电流，此设置将不保证符合 EMC 规格。

由于主电源与接地隔离的要求，若变频器配电系统为浮地系统（IT Systems）或是不对称接地系统（Corner Grounded TN Systems），则必须移除接地短路片。浮地系统或是不对称接地系统中任一相对大地电压可能会超出变频器内置突波吸收器与共模电容电压规格，进而通过短路片连接到大地，将会造成变频器损坏。

接地连接需注意以下几点。

1）为了确保人员安全、操作正确，以及减少电磁辐射，变频器和电动机安装时应接地。

2）导线的直径必须达到安全法规的规范。

3）隔离线必须连接到变频器的接地端，以符合安全规则。

4）只有符合上述要点时，该隔离线才会用作设备的接地线。

5）在安装多台变频器时，勿将变频器接地端子以串联方式连接，要以单点接地方式连接。

6）当主电源接通后，不得在通电中移除接地短路片。

7）确定移除接地短路片之前，须确认主电源已经切断。

8）移除接地短路片会切断对地突波吸收器与内建 EMC 滤波器中的共模电容电气导通特性，将不保证符合 EMC 规格。

9）当主电源为接地电源系统时，建议保留接地短路片，以维持 EMC 电路效用。

10）在进行高压绝缘测试时，须移除 RFI 短路片。在对整个设施进行高压绝缘测试时，如果泄漏电流过高，主电源和电动机的连接必须断开。

4. 变频器的防尘

在多粉尘场所，特别是多金属粉尘、絮状物的场所使用变频器时，采取正确、合理的防护措施是十分必要的，防尘措施得当对保证变频器正常工作非常重要。总体要求安装柜整体应该密封，应该通过专门设计的进风口、出风口进行通风；安装柜顶部应该有防护网和防护顶盖出风口；安装柜底部应该有底板和进风口、进线孔，并且安装防尘网。

1）安装柜的风道要设计合理，排风通畅，避免在柜内形成涡流，在固定的位置形成灰尘堆积。

2）安装柜顶部出风口上面要安装防护顶盖，防止杂物直接落入；防护顶盖高度要合理，不影响排风。防护顶盖的侧面出风口要安装防护网，防止絮状杂物直接落入。

3）如果采用安装柜顶部侧面排风方式，出风口必须安装防护网。

4）一定要确保安装柜顶部的轴流风机旋转方向正确，向外抽风。如果风机安装在安装柜顶部的外部，必须确保防护顶盖与风机之间有足够的高度；如果风机安装在安装柜顶部的内部，安装所需螺钉必须采用止逆弹件，防止风机脱落造成柜内元件和设备的损坏。建议在风机和柜体之间加装塑料或者橡胶减振垫圈，可以大大减小风机振动造成的噪声。

5）安装柜的前、后门和其他接缝处，要采用密封垫片或者密封胶进行一定的密封处理，防止粉尘进入。

6）安装柜底部、侧板的所有进风口、进线孔，一定要安装防尘网，以阻隔絮状杂物进入。防尘网应该设计为可拆卸式，以方便清理、维护。防尘网的网格要小，能够有效阻挡细小絮状物（与一般家用防蚊蝇纱窗的网格相仿）；或者根据具体情况确定合适的网格尺寸。防尘网四周与安装柜的结合处要处理严密。

7）对安装柜一定要进行定期维护，及时清理内部、外部的粉尘、絮毛等杂物。维护周期可根据具体情况而定，但应该小于 2~3 个月；对于粉尘严重的场所，建议维护周期在 1 个月左右。

5. 变频器防潮湿霉变

多数变频器厂家内部的印制板、金属结构件均未进行防潮湿霉变的特殊处理，如果变频器长期处于这种状态，金属结构件容易产生锈蚀，对于导电铜排在高温运行的情况，将更加剧锈蚀的过程。对于微机控制板和驱动电源板上的细小铜质导线，由于锈蚀将造成损坏，因此，对于应用于潮湿和含有腐蚀性气体的场合，必须对于使用变频器的内部设计有基本要求，例如印制电路板必须采用三防漆喷涂处理，对于结构件必须采用镀镍铬等处理工艺。除此之外，还需要采取其他积极、有效、合理的防潮湿、防腐蚀气体的措施。

安装柜可以安装在单独的、密闭的、采用空调的机房，此方法适用控制设备较多、建立机房的成本低于柜体单独密闭处理的场合，此时安装柜可以采用如上防尘或者一般环境设计。

采用独立进风口。单独的进风口可以设在安装柜的底部，通过独立的密闭地沟与外部干净环境连接，此方法需要在进风口处安装一个防尘网，如果地沟超过 5 m，可以考虑加装鼓风机。

密闭安装柜内可以加装吸湿的干燥剂或者吸附毒性气体的活性材料，并定期更换。

6. 变频器的干扰

在注塑机、电梯等的控制系统中，多采用微机或者 PLC 进行控制，在系统设计或者改造过程中，一定要注意变频器对微机控制板的干扰问题。由于用户自己设计的微机控制板一般工艺水平差，不符合 EMC 国际标准，在采用变频器后，产生的传导和辐射干扰，往往导致控制系统工作异常，因此需要采取必要措施。

1）良好的接地。电动机等强电控制系统的接地线必须通过接地汇流排可靠接地，微机控制板的屏蔽地最好单独接地。对于某些干扰严重的场合，建议将传感器、I/O 接口屏蔽层与控制板的控制地相连。

2）给微机控制板输入电源加装 EMI 滤波器、共模电感、高频磁环等，成本低，且可以有效抑制传导干扰。另外在辐射干扰严重的场合，如周围存在 GSM 等基站时，可以对微机控制板添加金属网状屏蔽罩进行屏蔽处理。

3）给变频器输入加装 EMI 滤波器，可以有效抑制变频器对电网的传导干扰，加装输入交流和直流电抗器 $L1$、$L2$，可以提高功率因数，减小谐波污染，综合效果好。在某些电动机与变频器之间距离超过 100 m 的场合，需要在变频器侧添加交流输出电抗器 $L3$，解决因为输出导线对地分布参数造成的漏电流保护和减少对外部的辐射干扰。一个行之有效的方法就是采用钢管穿线或者屏蔽电缆的方法，并将钢管外壳或者电缆屏蔽层与大地可靠连接。请注意，在不添加交流输出电抗器 $L3$ 时，如果采用钢管穿线或者屏蔽电缆的方法，则增大了输出对地的分布电容，容易出现过电流。当然在实际中一般只采取其中的一种或者几种方法。

4）对模拟传感器检测输入和对模拟控制信号进行电气屏蔽和隔离。在变频器组成的控制系统设计过程中，建议尽量不要采用模拟控制，特别是控制距离大于 1 m、跨安装柜安装的情况下。因为变频器一般都有多段速设定、开关频率量输入输出，可以满足要求。如果必须要用模拟量控制时，建议一定采用屏蔽电缆，并在传感器侧或者变频器侧实现远端一点接地。如果干扰仍旧严重，需要实现 DC/DC 隔离措施。可以采用标准的 DC/DC 模块，或者采用 V/f 转换、光耦隔离，再采用频率设定输入的方法。

3.2.2　C2000/MS300 变频器的安装柜散热处理

和任何设备一样，变频器在运行过程中也一定会有功率损耗，并转换成热能，使自身的温度升高。粗略地说，每千伏安的变频器容量，其损耗功率约为 $40\sim50$ W。因此，安装变频器时必须考虑的最主要问题便是如何把变频器所产生的热量充分地散发出去。由于变频器本身具有较好的外壳，故一般情况下，允许直接靠墙安装，称为壁挂式。为了保证良好的通风，所有变频器都必须垂直安装，变频器与周围阻挡物之间的距离要求见表 3-4。为了防止异物掉在变频器的出风口而阻塞风道，最好在变频器出风口的上方加装保护网罩。

台达 C2000 变频器说明书提供以下几种不同安装方式的散热处理，A、B 等间距值参考表 3-4 中数据，注：以下 $A\sim D$ 皆为最小所需距离，若小于此距离将会影响风扇散热性能。

表 3-4　C2000 变频器安装的各点间距

框号	$A/$mm	$B/$mm	$C/$mm	$D/$mm
A～C	60	30	10	0
D0～F	100	50	—	0
G	200	100	—	0
H	350	0	0	200

MS300 变频器各点距离请参考表 3-5 中数据，注 $A\sim C$ 皆为最小所需距离，若低于此距离将会影响风扇散热性能。

表 3-5　MS300 变频器安装的各点间距

安装方式	$A/$mm	$B/$mm	$C/$mm	$D/$mm	
				不降容	降容
独立安装	50	30	—	50	60
水平并排安装	50	30	30	50	60
零堆栈安装	50	30	0	40	50

1. 单台柜式安装的散热处理

当周围的尘埃较多，或和变频器配用的其他控制电器较多，需要和变频器安装在一起时，可采用柜式安装。如果周围环境比较洁净、尘埃较少，应尽量采用柜外冷却方式。如果必须采用柜内冷却方式，则应在柜顶加装抽风式冷却风扇，冷却风扇的位置应尽量在变频器的正上方，C2000 框号 A~H/MS300 系列的变频器单台独立安装示意图如图 3-7 所示。

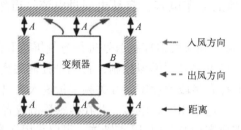

图 3-7 单台独立安装示意图

2. 多台柜式安装的散热处理

当一个安装柜内装有两台或两台以上变频器时，应尽量水平安装（横向排列），C2000 框号 A~C/MS300 系列的变频器安装示意图如图 3-8a 所示，C2000 框号 G、H 系列变频器安装示意图如图 3-8b 所示，C2000 框号 D0、D、E、F 系列的两台变频器之间应加一隔板，如图 3-8c 所示。C2000 系列变频器若欲多台垂直独立安装，建议应在多层间安装隔板，隔板尺寸以风扇入口处温度低于操作温度为原则，操作温度定义为风扇入口前 50 mm 处的温度，如图 3-9 所示。

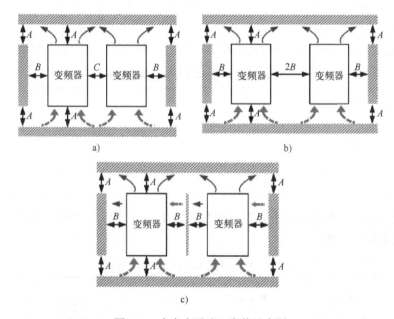

图 3-8 多台水平独立安装示意图

a）C2000 框号 A~C/MS300 系列 b）C2000 框号 G、H 系列 c）C2000 框号 D0、D、E、F 系列

注意：

1）距离只适用于开放空间（见图 3-10）。若欲放置于密闭空间（如配盘或机箱），除保持与开放空间相同距离外，还需安装通风设备或空调以保持环境温度低于操作温度，并搭配参数 00-16~00-17 及 06-55 设定。

2）若多机安装，则所需通风量依机台数目以倍数增加。

3）通风设备选用及设计，请参考使用说明书附表的散热风量（Air flow rate for cooling）。

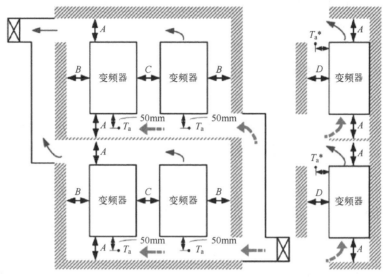

图 3-9　多台并排垂直安装示意图

4）空调系统设计，请参考变频器散热功率（Power Dissipation）。

5）使用不同控制模式时产生的降容相关内容，请参考使用说明书中的相关内容说明。

6）环境温度降容曲线表现了不同保护等级在不同温度下的降容状态。

7）环境温度降容曲线及不同控制模式下的降容曲线图，请参考 C2000/MS300 使用说明书中环温降容/降载曲线图。

3. 户外安装的散热处理

一般说来，变频调速安装柜应安装在室内（见图 3-10）。如果必须安装在户外（例如油田的抽油机用变频器），则安装柜必须采用双层结构方式，如图 3-11 所示。

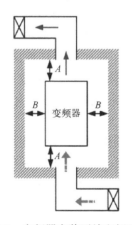

图 3-10　变频器安装开放空间示意图

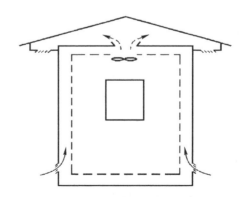

图 3-11　双层结构安装柜示意图

所用安装柜必须既能防止太阳的直接照射，又能防止雨水的浸入。如有可能，在隔层之间，最好能采用强制风冷方式。除此以外，户外安装时，还必须注意当地的冬季最低温度。如果低于10℃，应在柜内安装加热装置。并且，应能进行温度的自动控制。

将变频器安装于电气安装柜内时，应注意散热问题。变频器的最高允许温度为 $T_i = 50℃$，如果安装柜的周围温度 $T_a = 40℃$（最大值），则必须使柜内温升在 $T_i - T_a = 10℃$ 以下。关于散热问题有以下两种情况。

1）安装柜如果不采用强制换气，变频器发出的热量经过安装柜内部的空气，由柜表面自然散热，这时散热所需的安装柜有效表面积 A 为

$$A = \frac{Q}{h(T_s - T_a)} \tag{3-1}$$

式中，Q 为安装柜总发热量（W）；h 为传热系数（散热系数）；A 为安装柜有效散热面积，去掉靠近地面、墙壁及其他影响散热的面积（m²）；T_s 为安装柜的表面温度（℃）；T_a 为周围温度（℃），一般最高时为40℃。

2）设置换气扇，采用强制换气时，散热效果更好，是盘面自然对流散热无法达到的。换气流量 P 可用式（3-2）计算，该式也可用于计算风扇容量。

$$P = \frac{Q \times 10^{-3}}{\rho C(T_0 - T_a)} \tag{3-2}$$

式中，Q 为安装柜内总发热量（W）；ρ 为空气密度（kg/m³），50℃时 $\rho = 1.057\,kg/m^3$；C 为空气的比热容（$C = 1.0\,kJ/(kg \cdot K)$）；P 为流量（m³/s）；T_0 为排气口的空气温度（℃），一般取50℃；T_a 为周围温度，即在给气口的空气温度（℃），一般取40℃。

使用强制换气时，再次强调应注意以下问题。

1）因为热空气会从下往上流动，所以最好选择从安装柜下部供给空气，向上部排气的结构，如图3-12a所示。

2）当需要在邻近并排安装两台或多台变频器时，台与台之间必须留有足够的距离。当竖排安装时，变频器间距至少为50cm，变频器之间应加装隔板，以增加上部变频器的散热效果，如图3-12b所示。

4. 隔板的设计

流场的回流可能会造成变频器过温及由于过温保护而致使驱动器停机，为了防止流场在安装柜内回流（Air Flow Recirculation），强烈建议在安装柜内安装隔板。内部的风扇产生一向上流动的流场，因此，在安装柜底部产生低压区；顶部产生高压区。底部的低压区致使安装柜外冷空气经由柜体底部入风孔流入安装柜内。冷空气引流至变频器内部，并随之加热至柜体顶端高压区，高压区热空气经由柜体顶部排风孔排出柜体外而完成空气交换路径。

然而，欲完成上述完整空气交换路径，需借由柜体内隔板的设计以防止流场的回流。若柜体内部无隔板设计，因柜体顶部为高压区，底部为低压区，将造成柜体顶部热空气回流至柜体底部的低压区，将热空气吸入至变频器内而无法将热空气有效地排出柜体外部，将进一步引发变频器内部零件过温。

隔板的设计可采用钣金件或是塑料件，且设计的同时务必确认隔板与四周柜体紧密接触、密封，确保热空气无法回流。

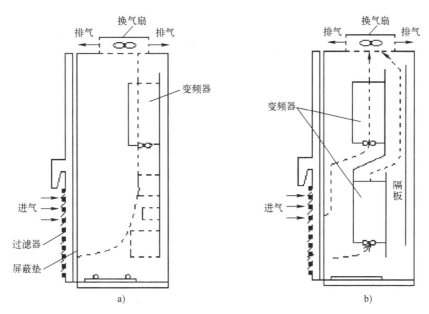

图 3-12　安装柜强制换气安装示意图

a）热空气会从下往上流动　b）两台或多台变频器

5. 防护滤网

当变频器的现场环境为高粉尘污染环境，并且粉尘防护需求等级为 IP5X 时，可在安装柜相对应入风口与出风口置换为具有过滤粉尘的过滤网，所选择的过滤网必须具备低电压降、好清洗等特点以及一定程度的阻燃能力。

6. 增压风扇

从外部吸入空气的同时也会吸入尘埃，所以在吸入口应设置空气过滤器。在门扉部设置屏蔽垫，在电缆引入口设置精梳板，当电缆引入后，就会自动密封起来。当有空气过滤时，如果吸入口的面积太小，则风速增高，过滤器会在短时间内被堵塞；而且压力损失增高，会降低风扇的换气能力。由于电源电压的波动，有可能使风扇的能力降低，应该选定约有 20% 余量的风扇。

以 C2000 变频器为例，台达变频器 C2000 的说明书提供的风扇规格见表 3-6。

表 3-6　增压风扇建议型号

功率	变频器框号	功率/kW	滤网选用	滤网的风孔面积		建议增设的增压风扇厂牌/型号
				进风口/m²（底部）	出风口/m²（顶部）	
230 V	A	0.75~3.7	UAFQuadraform（25PPI，0.25 in 厚度）	0.003	0.003	Sunon/A1123-HSL
	B	5.5~11		0.019	0.019	
	C	15~22		0.042	0.042	Sunon/A1179-HBL
	D	30~37		0.049	0.049	
	E	45~75		0.074	0.074	Sunon/A1259-HBL
	F	90		0.078	0.078	

（续）

功率	变频器框号	功率/kW	滤网选用	滤网的风孔面积		建议增设的增压风扇厂牌/型号
				进风口/m²（底部）	出风口/m²（顶部）	
460V	A	0.75~5.5	UAFQuadraform（25PPI，0.25 in 厚度）	0.003	0.003	Sunon/A1123-HSL
	B	7.5~15		0.019	0.019	
	C	18.5~30		0.034	0.034	Sunon/A1179-HBL
	D	37~75		0.05	0.05	
	E	90~110		0.077	0.077	Sunon/A1259-HBL
	F	132~160		0.094	0.094	
	G	185~220		0.106	0.106	
	H	280~450		0.179	0.179	Sunon/A1259-XBL

例如，一安装柜内欲配置两台 C2000 系列 460V、75kW 及 C2000 系列 460V、160kW 的变频器，经查表 3-9 可得 1 台 460V、75kW 变频器所需的最小风量为 367m³/h；1 台 460V、160kW 变频器所需的最小风量为 681m³/h，经由累加得所需的风量为 1415m³/h，即接近于两台 460V、220kW 所需风量（1542m³/h），因此可选择两个 Sunon/A1259-HBL 型增压风扇进行搭配。

3.2.3　C2000 变频器安装柜的设计及选择

变频器安装柜的合理设计是正确使用变频器的重要环节，考虑到柜内温度的增加，不得将变频器存放于密封的小盒之中或在其周围堆置零件、热源等。柜内的温度应保持不超过 50℃。在柜内安装冷却（通风）扇时，应设计成冷却空气能通过热源部分。如果变频器和风扇安装位置不正确，会导致变频器周围的温度超过规定数值。总之，要计算柜内所有电气装置的运行功率、散热功率和最大承受温度，再综合考虑后设计出机柜的体积、柜体材料、散热方式、换相形式等。

变频器安装柜的设计形式分为开式和闭式两种，其优缺点对比见表 3-7，机柜安装处的周围条件（温度、湿度、粉尘、腐蚀性气体、易燃易爆气体等）决定了机柜所应达到的保护等级。

表 3-7　安装柜设计形式的对比

柜机形式	开式机柜		闭式机柜		
通风方式	自然式通风	增强型自然通风	自然式通风	使用风扇，增强内循环，外部自然通风	使用热交换器作强制循环，内外流动空气
效果	主要通过自然对流进行散热，机柜壁也有散热作用	通过加装风扇提高空气的流动，增强散热效果	只能通过机柜壁散热，柜内只允许有较低的功率消耗在机柜内常发生热集聚现象	只能通过机柜壁散热，内部空气的强制流动改善了散热条件，并防止了热集聚现象	通过内部的热空气和外部的冷空气的交换来散热，这就增大了热交换的有效面积此外，强制性的内外循环可带出更多的热量

（续）

柜机形式	开式机柜		闭式机柜		
保护级别	IP20	IP20	IP54	IP54	IP54
柜内消耗的典型功率	最高 700 W	最高 2700 W（带过滤器为 1400 W）	最高 260 W	最高 360 W	最高 1700 W

安装柜内允许消耗的功率取决于机柜的类型、机柜周围环境的温度和机柜内各设备的布局。图 3-13 所示为机柜内设备的功率消耗与周围最高温度之间的关系曲线。图中的曲线 ①、②、③ 对应的安装柜类型分别如下。

1）曲线①，对应具有热交换器的闭式机柜，热交换器的尺寸为 920 mm×460 mm× 111 mm。

2）曲线②，对应通过自然对流通风的机柜。

3）曲线③，对应通过风扇做强制循环和自然通风的闭式机柜。

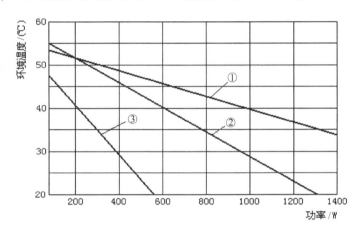

图 3-13　柜内功耗与周围最高温度关系曲线

以 C2000 系列变频器为例，表 3-8 列出了台达 C2000 变频器安装柜的参考尺寸，安装条件为安装柜的温升为 10℃，周围温度为 40℃。

表 3-8　C2000 变频器安装柜参考尺寸

变频器装置		损耗/W	密封型概略尺寸/mm			风扇冷却概略尺寸/mm		
电压/V	容量/kW		宽	深	高	宽	深	高
230	0.4	62	400	250	700	—	—	—
	0.75	118	400	400	1100	—	—	—
	1.5	169	500	400	1600	—	—	—
	2.2	190	600	400	1600	—	—	—
	3.7	273	1000	400	1600	—	—	—
	5.5	420	1300	400	2100	600	400	1200
	7.5	525	1500	400	2300	—	—	—

（续）

变频器装置		损耗 /W	密封型概略尺寸/mm			风扇冷却概略尺寸/mm		
电压/V	容量/kW		宽	深	高	宽	深	高
460	0.75	102	400	400	—	—	—	—
	1.5	130	400	400	1400	—	—	—
	2.2	150	600	400	1600	—	—	—
	3.5	195	600	400	1600	—	—	—
	5.5	290	700	600	1900	—	—	—
	7.5	385	1000	600	1900	600	400	1200
	11	580	1600	600	2100	600	600	1600
	15	790	2200	600	2300	600	600	1600
	22	1160	2500	1000	2300	600	600	1900
	30	1470	3500	1000	2300	700	600	2100
	37	1700	4000	1000	2300	700	600	2100
	45	1940	4000	1000	2300	700	600	2100
	55	2200	4000	1000	2300	700	600	2100
	75	3000	—	—	—	800	550	1900
	110	4300	—	—	—	800	550	1900
	150	5800	—	—	—	900	550	2100
	220	8700	—	—	—	1000	550	2300

台达 C2000 系列变频器大部分机型内皆配置有强制风冷风扇（仅少部分框 A 变频器为自然对流冷却设计），因此，相对同类变频器，C2000 系列变频器具备有一定的抵抗风阻的能力，可安置在基本防护的安装柜内，并不需加装增压风扇协助通风。当驱动器配置于安装柜内，强烈建议安装柜设计需满足最小有效入风面积与有效出风面积，以确保能提供足够的冷却风量。

其中，有效面积定义为实际开口面积与通风口开孔率的乘积，即有效面积=实际开口面积×开孔率。

表 3-9 为 C2000 变频器单独设计在安装柜内所需求的空气流量与最小有效风孔面积。表中所列为单一变频器的数据，若一安装柜内配置多台变频器，所需求的最小风量与最小有效风孔面积应累加以满足散热需求。

表 3-9　C2000 变频器安装柜内所需空气流量与最小有效风孔面积

型号	变频器框号	功率/kW	散热所需求的空气流量 /(m³/h)		安装柜上最小有效风孔面积	
					进风口/m² （底部）	出风口/ m² （顶部）
230 V	A	0.75~3.7	24	14	0.003	0.003
	B	5.5~11	136	80	0.019	0.019

（续）

型号	变频器框号	功率/kW	散热所需求的空气流量/(m³/h)		安装柜上最小有效风孔面积	
					进风口/m²（底部）	出风口/ m²（顶部）
230 V	C	15～22	302	178	0.042	0.042
	D	30～37	355	209	0.049	0.049
	E	45～75	542	319	0.074	0.074
	F	90	571	336	0.078	0.078
460 V	A	0.75～5.5	24	14	0.003	0.003
	B	7.5～15	136	80	0.019	0.019
	C	18.5～30	250	147	0.034	0.034
	D	37～75	367	216	0.050	0.050
	E	90～110	561	330	0.077	0.077
	F	132～160	681	401	0.094	0.094
	G	185～220	771	454	0.106	0.106
	H	280～450	1307	769	0.179	0.179

若安装柜无法提供所需的有效风孔面积，则可参考以下可行的解决方案，选择适当增压风扇以协助排热。

1）先查询安装柜最小有效风孔面积。

2）依据此面积找寻相对应截面积风扇以进行风扇初步选择。

3）当需求的最小有效风孔面积远大于风扇选择的截面积时，可将多个风扇并联使用，但务必确认所有风扇的最大流量相加的流量大于变频器需求的流量。

4）搭配添加隔板的相关建议，以达最佳通风设计。

3.2.4　变频器与电动机的距离

在使用现场，变频器与电动机安装的距离可以分为三种情况：远距离、中距离和近距离。100 m 以上为远距离；20～100 m 为中距离；20 m 以内为近距离。

变频器在运行中，其输出端电压波形中含有大量谐波成分，这些谐波将产生极大的负作用，影响变频器系统的功能。合理的安装位置及变频器与电动机的连接距离，可减小谐波的影响。远距离的连接会在电动机的绕组两端产生浪涌电压，叠加的浪涌电压会使电动机绕组的电流增大，电动机的温度升高，绕组绝缘损坏。因此，希望变频器尽量安装在被控电动机的附近，但在实际生产现场，变频器和电动机之间总会有一定的距离，如果变频器和电动机之间的距离在 20～100 m，需要调整变频器的载波频率来减少谐波和干扰；而当变频器和电动机之间的连接距离在 100 m 以上时，不但要适度降低载波频率，还要加装浪涌电压抑制器或输出用交流电抗器。不同型号的变频器在这方面的性能有所不同。

在集散控制系统中，由于变频器的高频开关信号的电磁辐射会对电子控制信号产生干扰，因此，常常把大型变频器放到中心控制室内。而大多数中、小容量的变频器则安装在生产现场，这时可采用 RS485 串行通信方式连接。若还要加长距离，可以利用通信中继器，可达 1 km。如果采用光纤连接器，可以达到 23 km。采用通信电缆连接，可以很方便地构成多级驱动控制系统，实现主/从和同步控制等要求。当前，较为流行的是现场总线控制技术，比较典型的现场总线有 PROFIBUS、LonWorks、FF 等，其最大特点是用数字信号取代模拟信号，模拟现场信号电缆被高容量的现场总线网络取代，从而使数据传输速度大大提高，实现控制彻底分散化，这种分散有利于缩短变频器到电动机之间的距离，使系统布局更加合理。

3.3　C2000/MS300 变频器的配线

打开变频器上盖后，露出各接线端子排，检查各主电路及控制电路的端子是否标示清楚，千万不要接错线。系统配线图如图 3-14 所示。接线前，请仔细阅读相应变频器的使用说明书，为保证接线过程顺利，在接线过程前后需要注意以下几点。

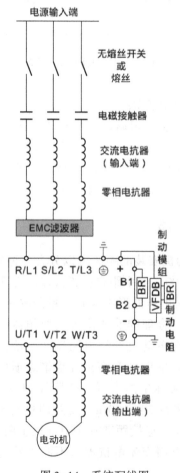

图 3-14　系统配线图

1）接线时，首先应关掉变频器电源，因为内部电路直流部分滤波电容完成放电需要一定时间。为避免危险，用户可使用直流电压表做测试。确认电压值小于 DC 25 V 安全电压值后，才能开始进行配线。若使用者未让变频器充分放电，内部会有残留电压，此时进行配线会造成电路短路并发生火花现象，所以请用户在无电压条件下进行作业以确保自身安全。

2）配线作业应由专业人员进行。确认电源断开（OFF）后才可作业，否则可能发生感电事故。

3）变频器主电路的电源端子 R/L1、S/L2、T/L3 是输入电源端。如果将电源错误地连接于其他端子，则将损坏变频器。另外应确认电源在铭牌标示的允许电压/电流范围内。

4）接地端子必须良好接地，一方面可以防止雷击或感电事故，另外能降低噪声干扰。

5）各连接端子与导线间的螺钉请确认锁紧，以防止振动松脱产生火花。

6）配线时，配线线径规格的选定，请依照电工法规的规定施行。

7）完成电路配线后，请再次检查所有连接是否都正确无误，有无遗漏接线，并且各端子和连接线之间是否有短路或对地短路。

C2000/MS300 系列变频器各框号接线如图 3-15 所示，其中 C2000 系列变频器均提供三相电源输入，MS300 系列变频器提供单相/三相电源输入。C2000 系列框号 A~F 变频器的接线图如图 3-15a 和 3-15b 所示，建议在控制端子 R/B1、R/C1（多功能接点输出端子）加装异常保护电路或电源瞬间断路器保护电路，此保护电路是利用变频器多功能输出端子在变频器发生异常时，将接点导通使得电源断开进而保护电源系统。框号 G 和 H 变频器接线如图 3-15c 所示。MS300 系列变频器接线如图 3-15d 所示，建议在控制端子 RB、RC 加装异常保护电路或电源瞬间断路器保护电路。同时当 12 脉波输入时请严格按照接线图连接方式接线，否则有可能造成风扇停转。

C2000 系列变频器主电路端子与控制电路端子位置及各模块接线方式如图 3-16 所示。C2000 模式切换端子出厂设定值为 Sink（NPN）模式，MI8 可脉动输入 33 kHz，因此请勿直接输入主电路电压至外部端子。MS300 系列变频器的主电路端子与控制电路端子位置及各模块接线方式如图 3-17 所示，与 C2000 系列变频器类似，MS300 模式切换端子出厂设定值为 NPN（SINK）模式，MI7 可脉动输入 33 kHz。

其中，C2000/MS300 系列变频器端子出场设定值设定部分分为 Sink（NPN）和 Source（PNP）两种模式切换端子，其具体接线图如图 3-18 所示。

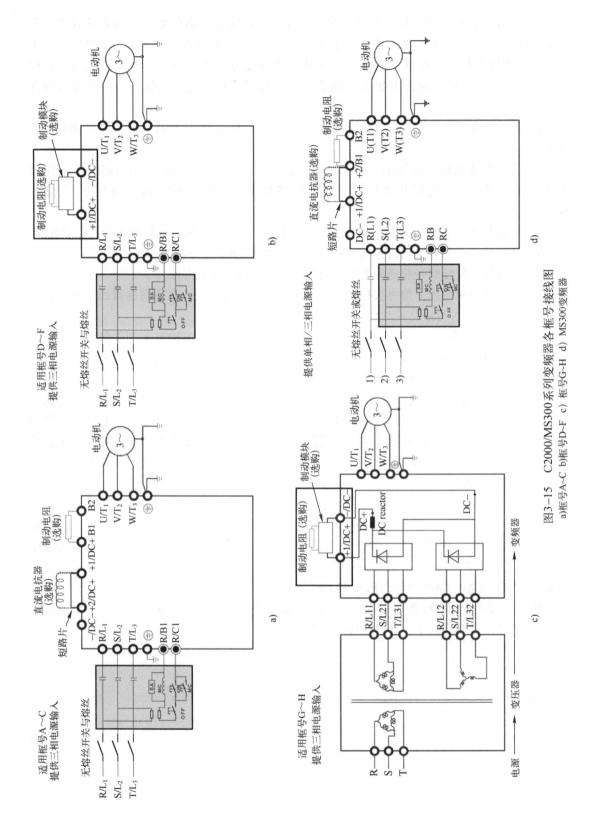

图3-15 C2000/MS300系列变频器各框号接线图

a)框号A~C b)框号D-F c) 框号G~H d) MS300变频器

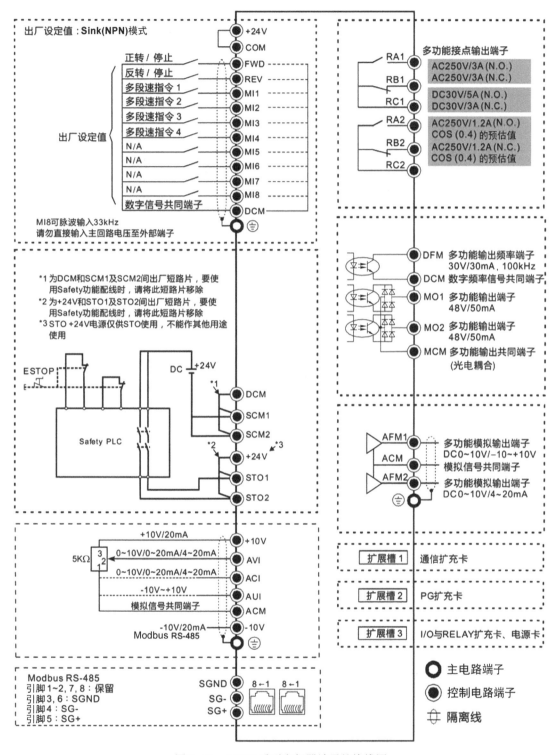

图 3-16　C2000 系列变频器端子的接线图

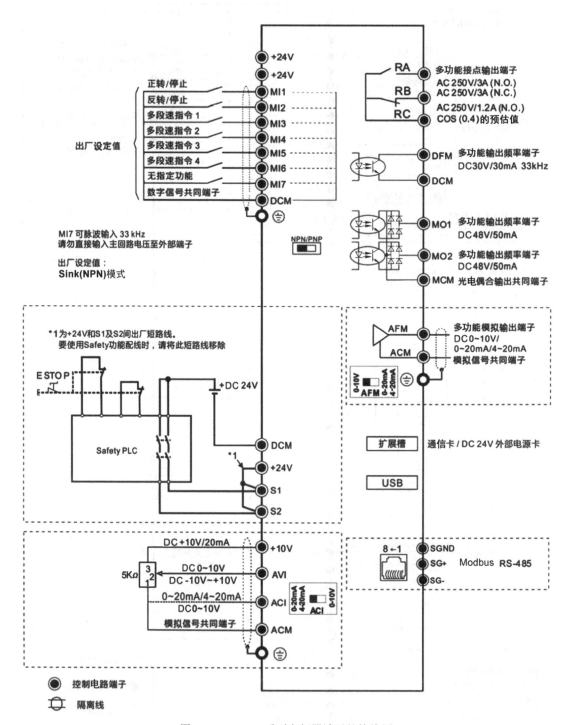

正转/停止
反转/停止
多段速指令 1
多段速指令 2
多段速指令 3
多段速指令 4
无指定功能
数字信号共同端子

出厂设定值

+24V
+24V
MI1
MI2
MI3
MI4
MI5
MI6
MI7
DCM

MI7 可脉波输入 33 kHz
请勿直接输入主回路电压至外部端子

出厂设定值：
Sink(NPN)模式

NPN/PNP

RA 多功能接点输出端子
RB AC 250V/3A (N.O.)
RC AC 250V/3A (N.C.)
AC 250V/1.2A (N.O.)
COS (0.4)的预估值

DFM 多功能输出频率端子
DCM DC30V/30mA 33kHz

MO1 多功能输出频率端子
DC48V/50mA
MO2 多功能输出频率端子
DC48V/50mA
MCM 光电偶合输出共同端子

AFM 多功能模拟输出端子
ACM DC0~10V/
0~20mA/4~20mA
模拟信号共同端子

0-10V
AFM 0-20mA
4-20mA

*1为+24V和S1及S2间出厂短路线。
要使用Safety功能配线时，请将此短路线移除

E STOP

+DC 24V

Safety PLC

*1

DCM
+24V
S1
S2

扩展槽 通信卡 / DC 24V 外部电源卡

USB

DC +10V/20mA
DC 0~10V
DC -10V~+10V
0~20mA/4~20mA
DC0~10V
模拟信号共同端子

+10V
AVI
ACI
ACM

5KΩ

0-20mA
4-20mA
ACI 0-10V

8←1 SGND
SG+ Modbus RS-485
SG-

● 控制电路端子
隔离线

图 3-17　MS300 系列变频器端子的接线图

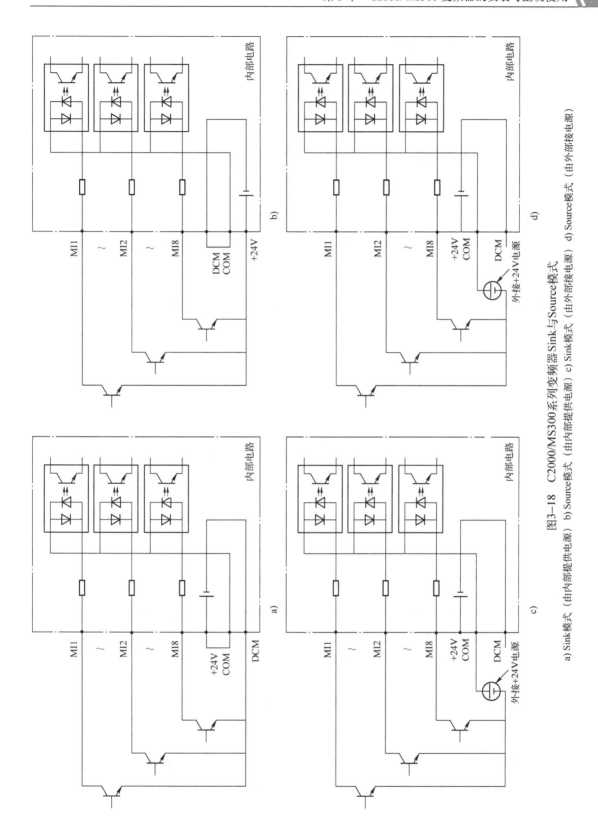

图3-18　C2000/MS300系列变频器Sink与Source模式

a) Sink模式（由内部提供电源）　b) Source模式（由内部提供电源）　c) Sink模式（由外部接电源）　d) Source模式（由外部接电源）

3.3.1　C2000/MS300变频器主电路接线

变频器的输入端和输出端是绝对不允许接错的。R、S、T是变频器的输入端，接电源进线，可不分相序；U、V、W是变频器的输出端。接线时千万要搞清这一点，万一将电源进线接到了U、V、W端，则不管哪个逆变管导通，都将引起两相间的短路而将逆变管迅速烧坏。

如图3-19和图3-20所示，分别是C2000系列和MS300系列主电路端子连接示意图。需要注意以下问题。

1）功率因数改善用直流电抗器的连接端子在出厂时，其上就连接有短路导体，连接直流电抗器时，应先取出短路导体。

2）若应用于频繁减速刹车或需要较短的减速时间的场所（高频度运转和重力负载运转等），当变频器的制动能力不足或为了提高制动力矩时，必须外接制动电阻。

3）C2000系列框号A~C的制动电子连接于变频器的B1、B2端子上。

4）对于内部没有制动电阻的驱动回路的机种，有时为了提高制动能力，可使用外部制动单元和制动电阻（两者均为选配）。

5）变频器端子+1、+2、-不使用时，应保持开路状态。

变频器主电路接线应注意以下问题。

1）在电源和变频器的输入侧应安装一个接地漏电保护的断路器和一个交流电磁接触器。断路器本身带有过电流保护功能，并且能自动复位，在故障条件下可以手动来操作。交流电磁接触器由触点输入控制，可以连接变频器的故障输出和电动机过热保护继电器的输出，从而在故障时使整个系统从输入侧切断电源，实现及时保护。

2）应在变频器和电动机之间加装热继电器，用变频器拖动大功率电动机时尤为需要。虽然变频器内部带有热保护功能，但可能还不够保护外部电动机。由于用户选择变频器的容量往往大于电动机的额定容量，当用户设定的保护值不合适时，变频器在电动机烧毁之前可能还没来得及动作；或者变频器保护失灵时，电动机就需要外部热继电器提供保护。尤其是在驱动一些旧电动机时，还要考虑到生锈、老化带来的负载能力降低等问题。综合这些因素，外部热继电器可以很直观、便捷地设定保护值，特别是在有多台电动机运行或有工频/变频切换的系统中，热继电器的保护更加必要。

3）为了增加传动系统的可靠性，保护措施的设计原则一般是多重冗余，单一的保护设计虽然可以节省成本，但会降低系统的整体安全系数。

4）完成电路配线后，请再次检查以下几点：所有连接是否都正确无误；有无遗漏接线；各端子和连接线之间是否有短路或对地短路。

对于主电路各端子的具体连接应注意以下问题。

1）主电路电源输入端（R/L1、R/L2、R/L3）。主电路电源端子通过线路保护用断路器和交流电磁接触器连接到三相电源上，无须考虑连接相序。变频器保护功能动作时，使接触器的主触点断开，从而及时切除电源，防止故障扩大。不能采用主电路电源的开/关方法来控制变频器的运行与停止，而应使用变频器本身的控制键来控制。还要注意变频器的电源三相与单相的区别，不能接错。

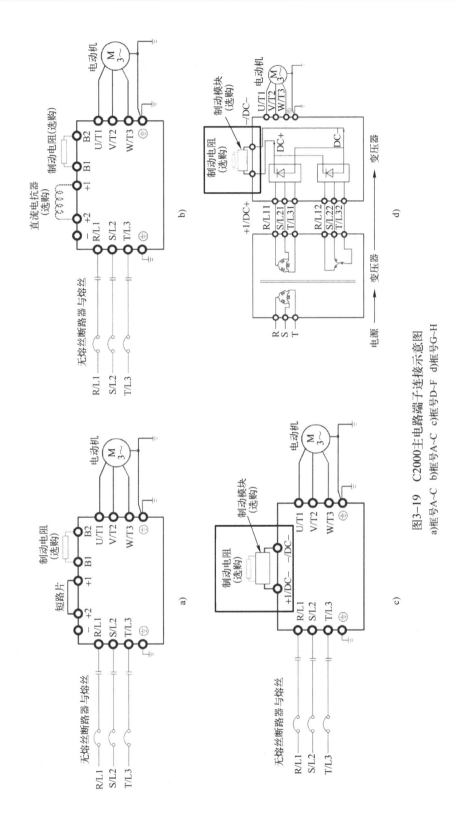

图3-19　C2000主电路端子连接示意图

a)框号A-C　b)框号A-C　c)框号D-F　d)框号G-H

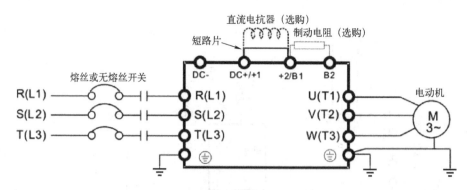

图 3-20 MS300 主电路端子连接示意图

2）变频器的输出端子应按正确相序连接到三相异步电动机。如果电动机旋转方向不对，则交换 U、V、W 中任意两相接线。变频器的输出侧一般不能安装电磁接触器，若必须安装，则一定要注意满足以下条件：变频器若正在运行中，严禁切换输出侧的电磁接触器；若要切换接触器必须等到变频器停止输出后才可以。变频器的输出侧不能连接电力电容器、浪涌抑制器和无线电噪声滤波器，这将导致变频器故障或电容器和浪涌抑制器的损坏。驱动较大功率电动机时，在变频器输出端与电动机之间要加装热继电器。主电路基本接线如图 3-21 所示。

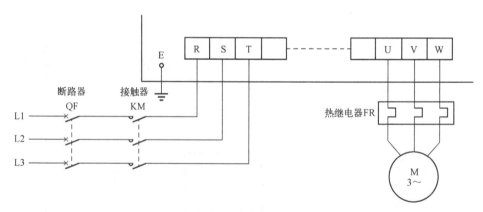

图 3-21 主电路基本接线图

当变频器和电动机之间的连接线很长时，随着变频器输出电缆长度的增加，其分布电容明显增大，电线间的分布电容会产生较大的高频电流，可能会导致变频器过电流跳闸、漏电流增加、电流显示精度变差等。因此，4 kW 以下的电动机连线不要超过 50 m，5.5 kW 以上的不要超过 100 m。如果连线必须很长，可使用外选件输出电路滤波器（OFL 滤波器）。

3.3.2 C2000/MS300 变频器控制电路接线

在使用多功能输入/输出端子前，需要先将外盖拆卸后，才能进行配线装置。以台达 C2000 为例，拆卸说明见表 3-10，以供读者参考。

表 3-10　拆卸说明表

操 作 步 骤	图　示
框号 A&B：松开螺钉后，压两侧卡勾旋转取出	
框号 C：松开螺钉后，压两侧卡勾旋转取出	
框号 D：按压左右两侧后，向上提起，松开螺钉后，压两侧卡勾旋转取出	
框号 E：向上提之后再拿起上盖	

（续）

操作步骤	图 示
框号 F&G：向上提之后再拿起上盖	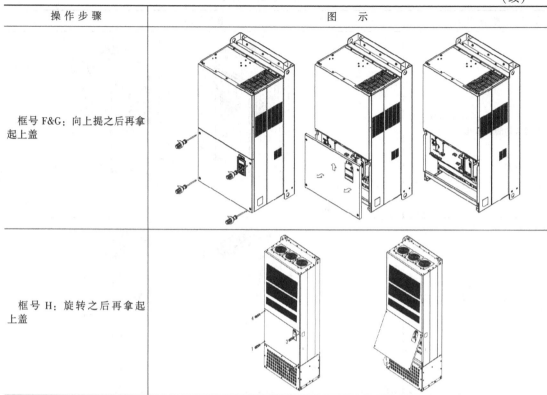
框号 H：旋转之后再拿起上盖	

拆开盖板露出控制端子后即可进行配线操作，但在此之前需注意以下几点。

（1）对于模拟输入端子（AVI、ACI、AUI、ACM）

1）连接微弱的模拟信号时，特别容易受外部噪声干扰影响，所以配线应尽可能短（小于 20 m），并应使用屏蔽线。此外，屏蔽线的外围网线基本上应接地，但若诱导噪声大时，将其连接到 ACM 端子的效果会较好。

2）在电路中使用模拟输入信号时，应使用能处理弱信号的双绞线。

3）连接外部的模拟信号时，由于变频器产生的干扰会引起误动作，发生这种情况时，可在外部模拟信号上加装电容及磁环以降低干扰，如图 3-22 所示。

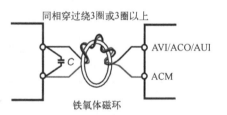

图 3-22　铁氧磁体环

（2）对于接点输入端子（FWD、REV、MI 1~MI 8、COM、DCM、+24 V）

1）COM 是光电耦合器的共同端，无论怎么接，各个光电耦合器的共同端一定接 COM 端。

2）光电耦合器使用内部电源时，外部接线方式中，开关一端接 MI 端子，一端若接 DCM 则为 SINK 模式，若接+24 V 则为 Source 模式。

3）光电耦合器使用外部电源时，原本接+24 V 与 COM 的短路线需要拔掉，外部电源的一端接 MI 而另一端接 COM。以外部电源的+/-端接 MI 或 COM 点来决定是 Sink 或 Source 模式，C2000 系列变频器 Sink 与 Source 模式如图 3-18 所示，MS300 系列变频器 SINK 与 SOURCE 模式如图 3-23 所示。

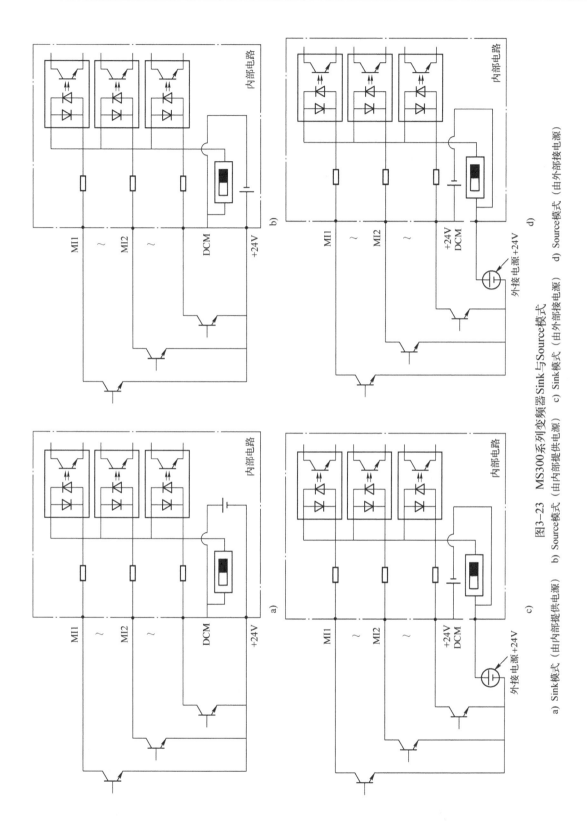

图3-23　MS300系列变频器 Sink与Source模式

a) Sink模式（由内部提供电源）　b) Source模式（由内部提供电源）　c) Sink模式（由外部接电源）　d) Source模式（由外部接电源）

（3）对于晶体管输出端子（MO1、MO2、MCM）

应正确连接外部电源的极性；连接控制继电器时，在励磁线圈两端应并联突波吸收器，请注意正确连接极性。

3.3.3 C2000/MS300 变频器主电路端子规格

主电路端子接线使用环状端子，其结构尺寸如图 3-24 所示，其他接线方式须符合当地国家规定。在把电线压接至符合 UL 认证的环状端子后，才能给电线套上也是符合 UL 和 CSA 认证的绝缘热缩套管（可耐至少 AC 600 V，YDPU2），绝缘热缩套管简易可使用健和兴端子（K. S. TERMINALS INC.）。

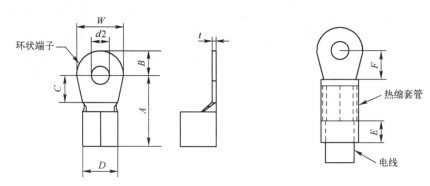

图 3-24　环状端子

以框号为 A 为例介绍 C2000 以及 MS300 两种系列变频器的主电路端子类型及其接线过程中需要引起注意的地方。

C2000 框号 A 变频器主电路端子位置如图 3-25 所示，在配线时需要注意变频器的环境温度，当在 50℃ 的场合安装，配线的器材选用额定电压 600 V 以及耐温 75℃ 或 90℃ 以上的铜线；若环境温度在 50℃ 以上，需要选择耐温 90℃ 或以上。

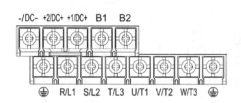

图 3-25　C2000 框号 A 变频器主电路端子

若需要符合 UL 的安装规范，配线的线材必须选用铜线进行装配，按照 UL 的要求和建议，所使用线径都是基于耐温 75℃ 的铜线，当选用耐高温的线材时请勿将线径缩小。针对 C2000 框号 A 的变频器，提供如表 3-11 所示各主电路端子的最大/最小线径。

MS300 系列变频器主电路端子位置如图 3-26 所示，其中，单相机种无 T/L3 端子。在配线时需要注意变频器的环境温度，当在 45℃ 的场合安装，配线的器材选用额定电压 600 V 以及耐温 75℃ 或 90℃ 以上的铜线；若环境温度在 45℃ 以上，需要选择耐温 75℃ 或 90℃ 以上的铜线。同样，如果需要符合 UL 的安装规范，配线的线材必须选用铜线进行装配，按照

UL 的要求和建议，所使用线径都是基于耐温 75℃的铜线，当选用耐高温的线材时请勿将线径缩小。针对 MS300 框号 A 的变频器，提供如表 3-12 所示各型号主电路端子的最大/最小线径。

表 3-11　C2000 框号 A 变频器各机种主电路端子配线线径

机种	主电路端子 R/L1、S/L2、T/L3、U/T1、V/T2、W/T3、DC+、DC、B1、B2		端子（接地）	
	最大线径	最小线径	最大线径	最小线径
VFD007C23A		2.5 mm²	2.5 mm²	2.5 mm²
VFD015C23A		4.0 mm²	4.0 mm²	4.0 mm²
VFD022C23A		6.0 mm²	6.0 mm²	6.0 mm²
VFD037C23A		10.0 mm²	10.0 mm²	10.0 mm²
VFD007C43A		1.5 mm²	2.5 mm²	2.5 mm²
VFD015C43A				
VFD022C43A		2.5 mm²		
VFD037C43A		6.0 mm²	6.0 mm²	6.0 mm²
VFD040C43A	10 mm²			
VFD055C43A				
VFD007C43E		1.5 mm²	2.5 mm²	2.5 mm²
VFD015C43E				
VFD022C43E		2.5 mm²		
VFD037C43E		6.0 mm²	6.0 mm²	6.0 mm²
VFD040C43E				
VFD055C43E				
VFD015C53A-21		2.5 mm²	2.5 mm²	2.5 mm²
VFD022C53A-21				
VFD037C53A-21				

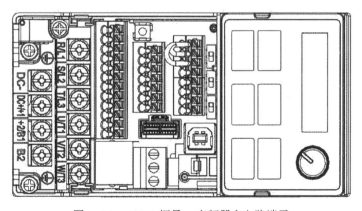

图 3-26　MS300 框号 A 变频器主电路端子

表 3-12　MS300 框号 A 变频器各机种主电路端子配线线径

机　种	最大线径	最小线径
VFD1A6MS11ANSAA		1.3 mm²
VFD1A6MS11ENSAA		
VFD2A5MS11ANSAA		2.1 mm²
VFD2A5MS11ENSAA		
VFD1A6MS21ASAA		1.3 mm²
VFD1A6MS21ENSAA		
VFD2A8MS21ANSAA		2.1 mm²
VFD2A8MS21ENSAA		
VFD1A6MS23ANSAA	2.1 mm²	0.82 mm²
VFD1A6MS21ENSAA		
VFD2A8MS23ANSAA		
VFD2A8MS23ENSAA		
VFD4A8MS23ANSAA		1.3 mm²
VFD4A8MS43ENSAA		
VFD1A5MS43ANSAA		0.82 mm²
VFD1A5MS43ENSAA		
VFD2A7MS43ANSAA		
VFD2A7MS43ENSAA		

3.3.4　C2000/MS300 变频器控制端子规格

由于 C2000 系列变频器与 MS300 系列变频器控制端子规格存在差异，下面分开进行介绍。

C2000 系列变频器控制端子主要分为 3 个组别 A、B、C，分别对应配线板不同位置，其位置如图 3-27 所示，其不同端子尺寸见表 3-13。

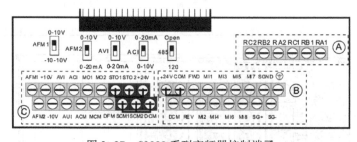

图 3-27　C2000 系列变频器控制端子

配线注意事项如下。

1）出厂时，STO1、STO2、+24 V 与 SCM1、SCM2、DCM 为短路；图 3-27 中 C 区域的 +24 V 电源仅供 STO 使用，不能用作其他用途；+24 V-COM 短路为 Sink 模式（NPN）。

2）使用一字螺钉旋具锁紧配线，一字螺钉旋具规格：A/B 头部宽度为 3.5 mm，头部厚度为 0.6 mm；C 头部宽度为 2.5 mm，头部厚度为 0.4 mm。

表 3-13　C2000 系列变频器控制端子规格及尺寸

端子名称	组别	导体	剥线长度/mm	最大线径/mm²	最小线径/mm²	扭矩/Nm
RELAY 端子	A	单芯线	4～5			0.49
		多股线				
控制板端子	B	单芯线	6～7	1.5	0.2	0.78
		多股线				
控制板端子	C	单芯线				0.2
		多股线				

3) 裸线配线时，应将配线整齐地放置在配线孔中间。

MS300 系列变频器端子分布及其位置如图 3-28 所示。其中，图 3-28a 为控制端子分布图，图 3-28b 为各端子位置图。不同端子尺寸见表 3-14。

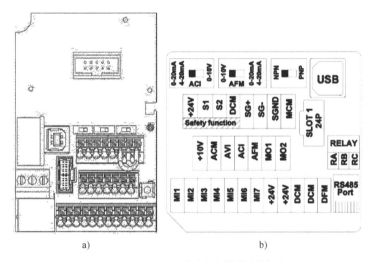

a)　　　　　　　　　　　b)

图 3-28　MS300 系列变频器控制端子

a) 控制端子分布图　b) 各端子位置图

表 3-14　MS300 系列变频器控制端子接线规格及尺寸

控制端子接线规格	线　径	
	最小线径/mm²	最大线径/mm²
单芯线	0.519	0.82
多股线		
带绝缘套的端子		0.519

配线注意事项如下。

1) 出厂时，+24 V、S1、S2 为短路。

2) RELAY 端子使用螺钉型端子台。

① 使用一字螺钉旋具锁紧配线，一字螺钉旋具规格：A/B 头部宽度为 3.5 mm，头部厚度为 0.6 mm。

② 理想剥线长度：配线端剥线长度为 6~7 mm。

③ 裸线配线时，应将配线整齐地放置在配线孔中间。

3）控制端子使用弹片型端子台。

① 退线时使用一字螺钉旋具锁紧配线，一字螺钉旋具规格：头部宽度为 2.5 mm，头部厚度为 0.4 mm。

② 理想剥线长度：配线端剥线长度为 9 mm。

③ 裸线配线时，应将配线整齐地放置在配线孔中间。

表 3-15 为图 3-28 中各个端子的功能说明。

表 3-15 端子功能说明

端子	功能说明	出厂设定（NPN 模式）
+24 V	数字控制信号的共同端（Source 模式）	+24 V（1±5%），200 mA
COM	数字控制信号的共同端（Sink 模式）	多功能输入端子的共同端子
FWD	正转运转-停止指令	端子 FWD-DCM 间 导通（ON）：正转运转 断路（OFF）：减速停止
REV	反转运转-停止指令	端子 REV-DCM 间 导通（ON）：反转运转 断路（OFF）：减速停止
DFM	数字频率信号输出	以脉冲电压作为输出监视信号；Duty-cycle：50% 负载阻抗最小：1 kΩ/100 pF 最大耐流：30 mA
DCM	数字频率信号的共同端	最大电压：DC 30 V
+10 V	速度设定用电源	C2000：模拟频率设定用电源 DC+10 V，20 mA MS300：模拟频率设定用电源 DC+10±0.5 V，20 mA
-10 V	速度设定用电源	模拟频率设定用电源 DC-10 V，20 mA
MI1~MI8	多功能输入选择 1~8	Source 模式 导通时（ON）时，动作电流为 3.3 mA 电压≥DC 11 V 断路时（OFF），截止电压≤DC 5 V Sink 模式 导通时（ON）时，动作电流为 3.3 mA 电压≤DC 13 V 断路时（OFF），截止电压≥DC 19 V
MO1	多功能输出端子 1（光电耦合）	变频器以晶体管开集极方式输出各种监视信号。如运转中、频率到达、过载指示等信号。
MO2	多功能输出端子 2（光电耦合）	

（续）

端 子	功 能 说 明	出厂设定（NPN 模式）
MCM	多功能输出端子共同端（光电耦合）	最大 DC 48 V，50 mA
RA1	多功能输出触点 1（Relay 常开 a）	电阻式负载 3A（常开）/3A（常闭）DC 250 V 5A（常开）/3A（常闭）DC 30 V 电感性负载（COS0.4） 1.2A（常开）/1.2A（常闭）DC 250 V 2.0A（常开）/1.2A（常闭）DC 30 V 输出各种监视信号，如运转中、频率到达、过载指示等信号。
RB1	多功能输出触点 1（Relay 常闭 b）	
RC1	多功能输出触点共同端（Relay）	
RA2	多功能输出触点 2（Relay 常开 a）	
RB2	多功能输出触点 2（Relay 常闭 b）	
RC2	多功能输出触点共同端（Relay）	
RA	多功能输出触点（Relay 常开 a）	
RB	多功能输出触点（Relay 常闭 b）	
RC	多功能输出触点公共端（Relay）	
AVI	模拟电压频率指令	阻抗：20 kΩ C2000 系列变频器 范围：0~20 mA/4~20 mA/0~10 V=0~最大输出频率（参数 01-00） 切换开关：切换出厂设定为 0~10 V MS300 系列变频器 范围：0~+10 V/−10~+10 V=0~最大输出频率（参数 01~00） 模式切换借由软件设定（参数 03~00，参数 03~28）
ACI	模拟电流频率指令	阻抗：250 Ω 范围：0~20 mA/4~20 mA/0~10 V=0~最大输出频率（参数 01-00） C2000 系列变频器 切换开关：切换出厂设定为 4~20 mA MS300 系列变频器 模式切换借由软件设定（参数 03~01，参数 03~29）
AUI	模拟电压频率指令	阻抗：20 kΩ 范围：DC −10~+10 V=0~最大输出频率（参数 01~00）
AFM	多功能模拟电压输出	切换开关：AFM 出厂设定为 0~10 V 电压模式，欲使用电流模式必须按照标示（可参考上盖内侧标示），将 AFM 切换开关设置到电流模式位置（0~20 mA/4~20 mA），并设定参数（参数 03~31） 电压模式 范围：0~10 V（参数 03~31=0）对应控制目标最大操作范围；最大输出电流：2 mA；最大负载：5 kΩ 电流模式 范围：0~20 mA（参数 03~31=1）/4~20 mA（参数 03~31=2）对应控制目标最大操作范围，最大负载 500 Ω
AFM1		0~10 V 对应最大输出电流 2 mA，最大负载 5 kΩ −10~10 V 对应最大输出电流 2 mA，最大负载 5 kΩ 输出电流：最大 2 mA 分辨率：0~10 V 对应最大操作频率 范围：0~10 V→−10~+10 V 切换开关：切换出厂设定为 0~10 V

（续）

端子	功 能 说 明	出厂设定（NPN 模式）
AFM2	多功能模拟电压输出	0~10 V 对应最大输出电流 2 mA，最大负载 5 kΩ 0~20 mA 对应最大负载 500 Ω 输出电流：最大 20 mA 分辨率：0~10 V 对应最大操作频率 范围：0~10 V→4~20 mA 切换开关：切换出厂设定为 0~10 V
SG+		
SG	Modbus RS-485	
SGND		
ACM	模拟控制信号共同端	模拟信号共同端子
STO1	出厂时为短路状态 断电安全保护符合 EN954-1 和 IEC/EN61508 STO1~SCM1；STO2~SCM2 导通（ON）时，动作电流为 3.3 mA≥DC 11 V	
SCM1		
STO2		
SCM2		
RJ-45	C2000 系列变频器 PIN 1、2、7、8：保留； PIN 3、6：SGND PIN 4：SG- PIN 5：SG+ MS300 系列变频器 PIN 1、2、6：保留； PIN 3、7：SGND； PIN 4：SG-； PIN 5：SG+	

控制端子台拆卸过程如图 3-29 所示。

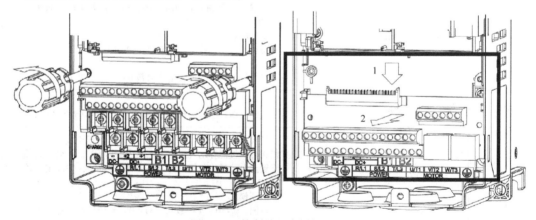

图 3-29　控制端子台拆卸过程

1）用螺钉旋具分别将螺丝松开并拿开。

2）螺丝脱离后，以平移方式拉开控制板，拉离约 6~8 cm 距离后才可以垂直拉起控制。

3.4　变频器外围设备的选择

3.4.1　制动模块与制动电阻

1. 制动单元

一般电机的运转模式包含加速、等速以及减速。在运转过程中，输出扭矩与输出电流、电动机转速与输出电压、机械能与电能都有相似的曲线。当输出能量为负值时，系统便处于发电状态。此时借由制动模块控制，将发电能量消耗在制动电阻上，避免对驱动器造成伤害。制动模块连接示意图如图 3-30 所示。

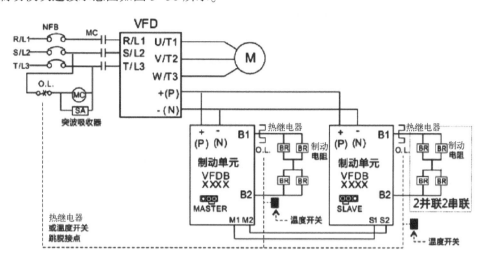

图 3-30　制动模块连接示意图

2. 制动电阻

选用制动电阻时，需要注意以下几点。

1) 绕线电阻：1000 W（含）以上使用；铝壳电阻：低于 1000 W 使用。

2) 选用制动电阻时，需要考虑电阻值功率值及制动使用率（ED%）。在安装有制动电阻的应用中为了安全的考虑，在变频器与制动电阻之间或制动单元与制动电阻之间加装一热继电器（O.L.），并于交流电动机变频器前端的电磁接触器（MC）做连锁的异常保护。加装热继电器的主要目的是为了保护制动电阻不因制动频繁导致过热而烧毁，或是因为输入电压过高导致制动单元连续导通而烧毁制动电阻。此时只有将变频器的电源关闭才可避免制动电阻烧毁。

3) 热继电器的选用：热继电器的选用须基于其过载能力，C2000/MS300 系列变频器标准的制动能力为 10%ED（脱扣时间 = 10 s），即其可承受 260% 的过载 10 s，以 460 V、110 kW 的 C2000 系列变频器为例，其制动电流为 126 A，故选用额定电流为 50 A 的热继电器。由于热继电器的规格参数不同，故选用时请参考制造商所提供的性能表。

4) 制动电阻的安装务必考虑周围环境的安全性、易燃性。若要使用最小电阻值时，功率值的计算请与代理商洽谈。

5) 使用两台以上制动单元时，需注意并联制动单元后的等效电阻值不能低于每台变频器的等效最小电阻值。

6) 若使用场合为频繁制动应用场合，建议将功率值放大 2~3 倍。

3.4.2　AC/DC 电抗器

1. AC 输入电抗器

变频器输入侧加装 AC 电抗器可以增加电路阻抗、改善功率因子、降低输入电流增加系统容量及降低变频器产生的谐波干扰，如图 3-31 所示。此外降低来自电源端的瞬间电压或电流突波，保护变频器也是其主要功能之一，例如，当主电源容量大于 $500\,\mathrm{kV\cdot A}$，或者会切换进相电容时，产生的瞬间峰值电压及电流会破坏交流电动机变频器内部电路，在交流电动机变频器输入侧加装 AC 电抗器可抑制突波，保护变频器。

安装方式：AC 输入电抗器串接安装于市电电源与变频器三相输入测 R、S、T 之间，如图 3-31 所示。选用 AC 输入电抗器时，请参考台达官网 C2000/MS300 系列使用手册 AC 电抗器标准品规格。

2. DC 电抗器

变频器输入侧加装 DC 电抗器可以增加电路阻抗、改善功率因数、降低输入电流、增加系统容量及降低变频器产生的谐波干扰。此外，DC 电抗器可以稳定变频器的直流侧电压。相较于 AC 电抗器，其优点是尺寸较小、价格较低且电压降较低（功率消耗较低）。DC 电抗器如图 3-32 所示。

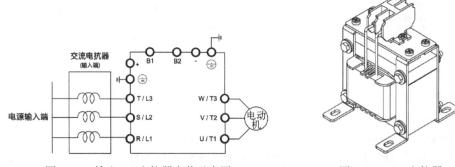

图 3-31　输入 AC 电抗器安装示意图　　　　图 3-32　DC 电抗器

安装方式：DC 电抗器安装于变频器接线端子+2/DC+与+1/DC+两点，安装时需将短路片移除。如图 3-33 所示。选用 DC 电抗器时，请参考台达官网 C2000/MS300 系列使用手册 DC 电抗器标准品规格。

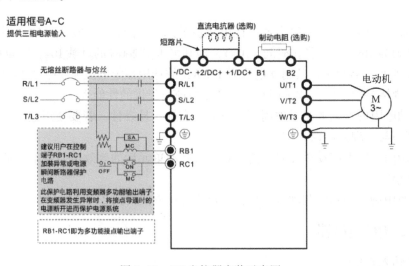

图 3-33　DC 电抗器安装示意图

3. AC输出电抗器

变频器在输出线为长导线时,常会伴随发生GF(Ground Fault,接地故障)、OC(Over Current,过电流)和VO(Voltage Overshoot,过电压),其中前两项会造成电动机因本身的保护机制而跳出错误信息,而过电压则会对电动机绝缘产生破坏。

由于输出线过长造成对地杂散电容过大而三相输出共模电流变大,并且长导线的反射波使电动机端的 dV/dt 及端电压过高。在输出端加上电抗器增加高频阻抗,降低 dV/dt 及端电压,进而保护电动机。

安装方式:AC输出电抗器串联在变频器输出侧U、V、W与电动机之间,如图3-34所示。

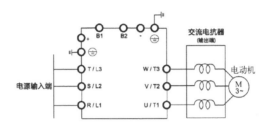

图3-34 输出电抗器安装示意图

电动机配线长度如下。

1)漏电流对电动机的影响以及对策。若配线长度很长,则在电线间的杂散电容会增加而导致漏电流的产生。它将起动过电流保护,增加漏电流或不保证电流显示的正确性,最坏的情况则是变频器会因此而损坏。若一台变频器连接超过一台电动机,配线长度应该是所有配线至电动机的长度总和。驱动460V系列的电动机,若一个热继电器被安装于变频器与电动机间以保护电动机过热,即使线长短于50米,热继电器仍可能出现故障。此情形下,应加一个输出电抗器或降低载波频率(使用参数00-17"载波频率")。

2)浪涌电压对电动机的影响以及对策。当电动机由变频器PWM驱动时,电动机线圈比较容易因变频器功率晶体管切换产生的浪涌电压(dV/dt)而有不良影响。若电动机的电缆线特别长(尤其是460V系列的变频器),浪涌电压(dV/dt)会造成电动机绝缘劣化及损坏轴承。为了避免此现象发生,请依以下建议使用:

① 使用绝缘性较高的电动机。

② 变频器与电动机间的配线长度减至建议值。

③ 变频器加装输出电阻抗。

选用电动机屏蔽电缆线长时参照规范IEC 60034-17,适用于额定电压为AC 500V以下,峰-峰电压绝缘等级1.35kV(含)以上的电动机配置。

4. 正弦波滤波器

变频器与电动机间经由长导线连接时,阻尼高频谐振与经由电缆分布参数造成的反射电压现象影响加大,在电动机端会产生两倍级的入射电压,而使得电动机过电压造成绝缘破坏。为了避免此现象,安装正弦波滤波器可以将输出PWM电压转变成较平滑、低链波的正弦波型,配线长度可以至1000m。

安装方式:正弦波滤波器串联在变频器输出侧U、W、V与电动机之间,如图3-35和

图 3-36 所示。选用正弦波滤波器时，请参考台达官网 C2000/MS300 系列使用手册正弦波滤波器标准品规格。

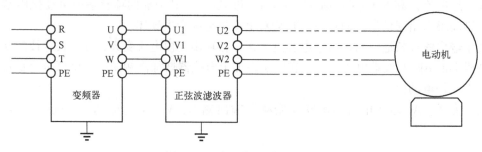

图 3-35　非屏蔽线接线示意图

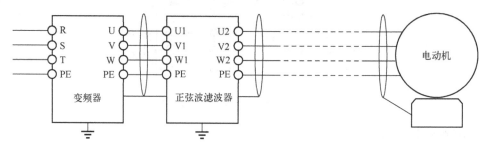

图 3-36　屏蔽线接线示意图

3.4.3　零相电抗器

在输入或输出侧加装零相电抗器也是降低干扰的一种方式，为此台达公司推出有锁附机构壳和无锁附机构壳两种零相电抗器，其结构如图 3-37 和图 3-38 所示。其中，有锁附机构壳机种的零相电抗器多使用在动力输入/输出端，可承受的负载电流大，因此同时也可以应用在较高的频段内，另外也可通过增加匝数的方式来获得高阻抗能力。而无锁附机构壳机种的零相电抗器具有很高的初始磁导率，很高的饱和磁感应强度，较低的铁损及优秀的温度特性。在这两种零相电抗器基础上，为解决信号线间与电气设备间的干扰，可安装信号线专用的零相电抗器，加装在干扰源的信号线上，以抑制信号线间干扰与噪声传递的问题。

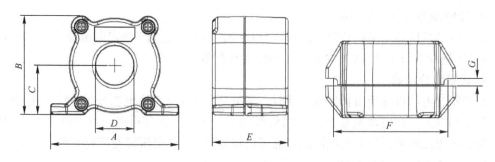

图 3-37　有锁附机构壳零相电抗器

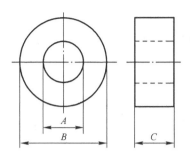

图 3-38　无锁附机构壳零相电抗器

有锁附机构壳机种的零相电抗器有：RF008X00A、RF004X00A、RF002X00A、RF300X00A。

无锁附机构壳机种的零相电抗器有：T60006-L2040-W453、T60006-L2050-W565、T60006-L2160-V066。

信号线专用零相电抗器有：T60004-L2016-W620、T60004-L2025-W622。

安装方式如下。

安装时请至少穿过一个以上的零相电抗器，选用适合的缆线种类，配线时请勿穿过地线，只需穿过电动机线及电源线。当使用较长电动机输出线时，安装零相电抗器可有效降低输出端干扰，另外，由于长线的漏电流过大，可能会引发零相电抗器温度增加的情形，使用时需特别注意。安装时，零相电抗器应尽量靠近变频器输出侧。图 3-39 为单匝零相电抗器安装示意图，若线径足以绕多匝，也可像图 3-40 所示安装多匝零相电抗器，绕越多匝抑制噪声的效果越佳。

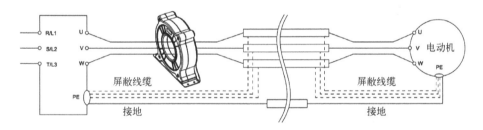

图 3-39　零相电抗器单匝安装示意图

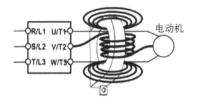

图 3-40　零相电抗器多匝安装示意图

安装注意事项如下。

将零相电抗器安装在变频器的输出端子（U、V、W）后，能够降低变频器的配线所发出的电磁辐射及承载应力，一台变频器所需要零相电抗器的数量取决于配线的长度和变频器

83

的电压。

零相电抗器的正常操作温度必须低于 85℃（176℉），但是当零相电抗器的运行达到饱和时，其温度就会升高，超过 85℃（176℉），请增加零相电抗器的数量，以避免零相电抗器达到饱和。以下几个原因会造成零相电抗器达到饱和：变频器的配线过长，变频器驱动多组负载，配线为平行配线，变频器使用具有高电容的配线，所以如果在变频器运转期间，零相电抗器的温度超过 85℃（176℉）时，就必须增加零相电抗器的数量，零相电抗器建议使用电动机线径最大线径，见表 3-16。

表 3-16　零相电抗器建议使用电动机线径最大线径参考表

零相电抗器	可用的最大线径 /mm	可用的最大 AWG（1C×3）		可用的最大 AWG（4C×1）	
		75C	90C	75C	90C
RF008X00A	13	3AWG	1 AWG	3 AWG	1 AWG
RF004X00A	16	1 AWG	2/0 AWG	1 AWG	1/0 AWG
RF002X00A	36	600MCM	600MCM	1 AWG	1/0 AWG
RF300X00A	73	650MCM	650MCM	300MCM	300MCM
T60006L2040W453	11	9 AWG	4 AWG	6 AWG	6 AWG
T60006L2050W565	16	1 AWG	2/0 AWG	1 AWG	1/0 AWG
T60006L2160V066	57	600MCM	600MCM	300MCM	300MCM

3.4.4　EMC 滤波器

EMC 滤波器可以用来增强环境及机器的 EMC 能力，并符合 EMC 标准的要求，减少 EMC 问题的发生。C2000/MS300 系列变频器各型号的 EMC 滤波器主要分为内建 EMC 滤波器与外接式 EMC 滤波器两种。使用者可依据所需求的噪声发射与电磁干扰等级，选择对应的零相电抗器与合适的屏蔽电缆线长，以获得最佳的配置和抑制电磁干扰能力。当现场环境不考虑 RE 辐射干扰，只需 CE 传导干扰抑制能力达到 Class C2 或 C1 等级时，不需要加装输入侧的零相电抗器，即可达到 EMC 标准。

为预防屏蔽电缆线过长，导致电线间的杂散电容增加而产生漏电流，造成内建 EMC 滤波器过热失效，框号 A 机种屏蔽电缆长度请勿超过 30 m，框号 B 与 C 机种请勿超过 50 m。

安装注意事项：所有的电子设备（包含变频器）在正常运转时，都会产生一些高频或低频的噪声，并经由传导或辐射的方式干扰外围设备。如果可以搭配适当的 EMC 滤波器及正确的安装方式，将可以使干扰降至最低。建议搭配台达 EMC 滤波器，以便发挥最大的抑制变频器干扰效果。在变频器及 EMC 滤波器安装时，在都能按照使用手册的内容安装及配线的前提下，则可以确信它能符合以下规范：①EN61000-6-4；②EN61800-3：1996；③EN55011（1991）Class A Group 1。

为了确保 EMC 滤波器能发挥最大的抑制变频器干扰效果，除了变频器需能按照使用手册的内容安装及配线之外，还需注意以下几点。

1）EMC 滤波器及变频器都必须要安装在同一块金属板上。

2）EMC 滤波器及变频器安装时尽量将变频器安装在 EMC 滤波器之上。

3）配线尽可能缩短。

4）金属板要有良好的接地。

5）EMC 滤波器及变频器的金属外壳或接地必须固定在金属板上，而且两者间的接触面积要尽可能大。

选用电动机线及安装注意事项如下。

电动机线的正确选用及安装，关系着 EMC 滤波器能否发挥最大的抑制变频器干扰效果，请注意以下几点。

1）使用有隔离铜网的电缆线（如有双层隔离层更佳）。在电动机线两端的隔离铜网必须以最短距离及最大接触面积去接地。

2）U 形金属配管支架与金属板固定处需将保护漆移除，确保接触良好，如图 3-41 所示。

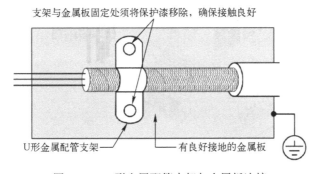

图 3-41　U 形金属配管支架与金属板连接

3）电动机线的隔离铜网与金属板的连接方式需正确，应将电动机线两端的隔离铜网使用 U 形金属配管支架与金属板固定，正确连接方式如图 3-42 所示。

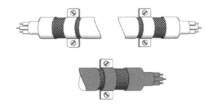

图 3-42　电动机线的隔离铜网与金属板的连接方式

3.4.5　电容滤波器

在以上 EMC 滤波器基础上，为更加简易地进行滤波操作，达到简易滤波与降低噪声干扰的目的，台达公司提供电容滤波器，主要安装在变频器的输入侧，分别将线安装在 R、S、T 与 PE 端子上，需要注意的是，不要将电容器安装在输出侧，安装简易图及型号规格如图 3-43 所示，电容滤波器与变频器连接安装如图 3-44 所示。

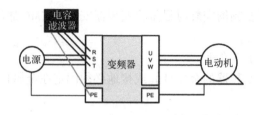

型号规格

型号	电容容量	使用温度范围
CXY101-43A	Cx：1μF±20%	-40~+85°C
	Cy：1μF±20%	

图 3-43　EMC 滤波器安装简易图及型号规格

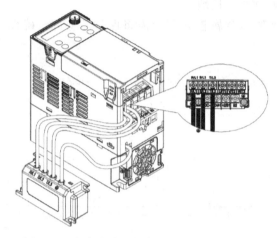

图 3-44　电容滤波器与变频器连接安装示意图

第 4 章

C2000 变频器的运行与功能

C2000 变频器为台达通用型向量控制变频器，具备高效动力、极致性能，可满足高性能机械传动的需求。C2000 变频器可以控制有感应或无感应的感应电动机及同步电动机，为传动系统提供了高性能的速度控制、转矩控制以及位置控制。标准配备 CANopen 主从架构与内建 PLC，以此提高应用的弹性。

4.1 C2000 变频器的快速调节

4.1.1 按键功能说明

对变频器调试前，需掌握和熟悉面板操作键的功能。变频器操作面板由 4 位 LED 数码管监视器、发光二极管指示灯、操作按键组成。台达 C2000 变频器提供 KPC-CC01（见图 4-1a）与 KPC-CE01（见图 4-1b，选购）两种数字操作器。

a)　　　　　　　　　　　　　　b)

图 4-1　C2000 变频器数字操作器

a）KPC-CC01 数字操作器　b）KPC-CE01 数字操作器

具体按键功能见表4-1。

表 4-1　C2000 变频器数字操作器按键功能表

按 键 名 称	说　　明
RUN	运转命令键 1. 此键在变频器运转命令来源是数字操作器时才有效 2. 此键可使变频器依功能设定开始运转，命令执行时的状态 LED 显示依照灯号说明 3. 停机过程中允许重复操作"RUN"键
STOP RESET	停止命令键，任何状况下此键有最高优先权 1. 当接受停止命令时，无论变频器目前处于输出或停止状态，变频器均须执行"STOP"命令 2. 当出现故障信息时按下 STOP/RESET 键可以复位 3. 无法复位的状况为： 1）可能是触发条件未解除，将故障条件排除后，即可复位 2）可能是开机时的故障状态检查，将故障条件排除后，即可复位
FWD REV	运转的方向命令键 1. FWD/REV 为变频器方向命令键，但不带有运转命令。FWD 为正转方向，REV 为反转方向 2. 变频器运转方向的状态 LED 显示请参考灯号功能说明
ENTER	确认键 按下 ENTER 键会进入反白选项的下一层，如果已经是最后一层，就是确认执行
ESC	按 ESC 键即可返回上一个目录，或者作为取消的功能
MENU	在任何画面下按下 MENU 键，都会直接回到主菜单的画面 MENU 清单（KPC-CE01 没有提供选项 5~13）： 1. 参数设定　　　7. 快速简易设定　　　13. PC 联机 2. 参数复制　　　8. 屏幕显示设置 3. 按键上锁　　　9. 时间设定 4. PLC 功能　　　10. 语言设定 5. PLC 复制　　　11. 开机画面设定 6. 故障记录　　　12. 主画面设定
∧ ∨ < >	分别为"上""下""右""左"4 个按键 1. 当在数值设定模式时，用左、右键来移动数值位数，用上、下键加减数值 2. 当在窗体选择模式与文字选项模式时，用上、下键来移动选项
F1 F2 F3 F4	功能键 1. 可以依用户设定定义，但有出厂预设定义。目前出厂只有 F1 与 F4 键可以搭配页面下方功能列执行功能，如 F1 为 JOG 功能，F4 为快速简易设定功能 2. 功能键功能也可使用 TPEditor 编辑自定义
HAND	1. 按下此键将 AUTO 模式切换到 HAND 模式，在 HAND 模式下可进行频率指令来源设定和运转指令来源设定，在 AUTO 模式下（出厂默认值），频率指令来源设定和运转指令来源设定均为数字操作器 2. 在停止状态下按下此键会马上切换为 HAND 的频率来源与运转来源的设定，在运转状态下按下此键，变频器先停止之后（会出现 AHSP 的警报）切换为 HAND 的频率来源与运转来源的设定 3. 切换成功时"HAND"灯号亮（只有 KPC-CE01 有此灯号）。在 KPC-CC01 中主画面上方显示现在为 HAND 模式

调速前的注意事项如下。

不能用外接电路开关来控制变频器的运行和停止，应该使用控制面板上的操作键或接线端子上的控制信号来控制变频器的起和停。变频器的输出端不能接电力电容器或大容量浪涌吸收器。

按下功能键后，按键后的发光二极管指示灯会亮起，以区分不同的情形，具体见表 4-2。

表 4-2　按键后发光二极管指示灯闪烁情况

灯号名称	说　　明
RUN	常亮：变频器运转命令指示灯。变频器运转命令下达时的指示（含直流制动、零速、待命、异常再起动、速度追踪等） 闪烁：变频器减速停止中，BB 遮断中为闪烁状态 常灭：变频器没有执行运转命令
STOP RESET	常亮：变频器停止命令指示灯。灯亮代表变频器于停止中 闪烁：变频器处于待命状态 常灭：变频器没有执行停止命令
FWD REV	变频器运转方向灯 1. 绿灯常亮：变频器处于正转状态 2. 红灯常亮：变频器处于反转状态 3. 闪烁：变频器正在改变运转方向 在转矩模式下的变频器运转方向灯 1. 绿灯常亮：当转矩命令大于或等于零，电动机为正转时 2. 红灯常亮：当转矩命令小于零，电动机为反转时 3. 闪烁：当转矩命令小于零，电动机为正转时
HAND	（只有 KPC-CE01 有此灯号） 常亮：处于 HAND/LOC 模式 常灭：处于 AUTO/REM 模式
AUTO	（只有 KPC-CE01 有此灯号） 常亮：处于 AUTO/REM 模式 常灭：处于 HAND/LOC 模式

4.1.2　快速调试

常用变频器在出厂时，厂家一般对每一个参数都设有一个默认值，这些参数叫工厂值。在这些参数值的情况下，用户能以面板操作方式正常运行，但以面板操作并不能满足大多数传动系统的要求。变频器的参数设定在调试过程中是十分重要的。许多初次使用变频器的用户，因为不十分了解这些参数的意义，再加上列出的设定参数又比较多，对如何设定变频器的诸多参数有些不知所措。对于这些用户，需要掌握变频器参数设定的基本知识：哪些参数需要在试运转前设定；哪些参数需要在运转中调整以及调整的适宜范围；如何防止在调试过程中因参数设置不当造成变频器的损坏等。

不是所有的变频器参数都需要重新设定，通常情况下，将变频器的参数分为三种，一是不必调整可保持出厂设置的参数；二是在试运转前需预设定的参数；三是在试运转中需要调整的参数。虽然制造商在开发、制造变频器时充分考虑了用户的需要，设计了多种可供用户选择的设定、保护和显示功能，但如何充分发挥这些功能，合理使用变频器，仍是用户需要注意的问题，一些项目的设定值仍需摸索，以便用好变频器，充分发挥其在生产中的作用。变频器安装后，断开变频器的输出，然后接通变频器工作电源（注意变频器标定的工作电源电压与外部输入电压是否符合），根据参数定义，确认哪些参数的出厂设置和工况条件相符合，比如电动机额定频率、输入电压、模拟输入/输出信号类型等，如果这些信号和工况相一致，这些参数可以不用设定，保持出厂设置即可。

还有一些参数在试运转前需要预设，例如外部端子操作、模拟量操作、最低频率、最高频率、上限频率、下限频率、起动时间、制动时间（及方式）、热电子保护、过电流保护、载波频率、失速保护和过电压保护等。另一些参数是在调试过程中，根据运转情况进行调整的参数，如工作频率、加速时间、减速时间、1段速、2段速、3段速、模拟输出比例调整等。除此之外，还有一些参数是变频器的显示设置，不能设定，但可以查看。

综上所述，用户在正确使用变频器之前，要对变频器参数从以下几个方面进行设置。

1）确认电动机参数，在变频器参数中设定电动机的功率、电流、电压、转速、最大频率，这些参数可以从电动机铭牌中直接得到。

2）确定变频器采取的控制方式，即速度控制、转矩控制、PID控制或其他方式。在确定采取控制方式后，一般要根据控制精度，进行静态或动态辨识。

3）设定变频器的起动方式，一般变频器在出厂时设定从面板起动。

当前变频器一般均提供快速调试设置，快速调试是指设定起动变频器运行所需的基本参数，例如电动机参数、转矩、电压、电流限幅等，设定好后就可以起动变频器了，用户无须考虑所有的参数，简单设置后可以达到基本的使用功能。

台达变频器使用快速调试只需按MENU键选择快速简易设定，在方框中输入参数值即可。常用选项内容如下。

1）设置负载（P00-16），确定电动机的负载类型。当P00-16=0时，为一般负载；当P00-16=1时，为重载；当P00-16=2时，为轻载。（默认轻载）

2）设置停车方式（P00-22），确定电动机的停车方式。当P00-22=0时，为减速制动方式停止；当P00-22=1时，为自由运转方式停止。（默认减速制动方式停止）

3）设置运转方向（P00-23），确定电动机的运转方向。当P00-23=0时，为可正反转；当P00-23=1时，为禁止反转；当P00-23=2时，为禁止正转。（默认可正反转）

4）设置上限频率（P01-10），确定电动机最大频率。设定值范围为0.00~599.00Hz，这里设定的值对电动机的正转和反转均适用。（默认P01-10=599.00，即599.00Hz）

5）设置下限频率（P01-11），确定电动机最小频率。设定值范围为0.00~599.00Hz，这里设定的值对电动机的正转和反转均适用。（默认P01-11=0，即0Hz）

6）设置同步电动机满载电流（P05-34）。根据铭牌输入电动机满载电流，设置范围为0.00~655.35A。（默认P05-34=0，即0A）

7）设置同步电动机额定功率（P05-35）。根据铭牌输入电动机额定功率，设置范围为0.00~655.35kW。（默认P05-35=0，即0kW）

8）设置同步电动机额定转速（P05-36）。根据铭牌输入电动机额定转速，设置范围为0~65535r/min。（默认P05-36=2000，即2000r/min）

9）设置同步电动机极数（P05-37）。根据铭牌输入电动机极数，设置范围为0~65535。（默认极数为10）

4.1.3　基本参数表

数字操作器操作时需要按照参数码对照表进行操作，如表 4-3 所示。

表 4-3　C2000 变频器数字操作器参数码对照表

参数码	参数名称	设定范围	初始值
01-00 *	最高操作频率	0.00~599.00 Hz	60.00/ 50.00 Hz
01-01	电动机 1 输出频率设定	0.00~599.00 Hz	60.00/ 50.00 Hz
01-02	电动机 1 输出电压设定	575 V 机种：0.0~637.0 V	500.0 V
		690 V 机种：0.0~765.0 V	660.0 V
01-03	电动机 1 输出中间 1 频率设定	0.00~599.00 Hz	0.00
01-04 *	电动机 1 输出中间 1 电压设定	575 V 机种：0.0~600.0 V 690 V 机种：0.0~720.0 V	0.0
01-05	电动机 1 输出中间 2 频率设定	0.00~599.00 Hz	0.00
01-06 *	电动机 1 输出中间 2 电压设定	575 V 机种：0.0~600.0 V 690 V 机种：0.0~720.0 V	0.0
01-07	电动机 1 输出最低频率设定	0.00~599.00 Hz	0.00
01-08 *	电动机 1 输出最小电压设定	575 V 机种：0.0~600.0 V 690 V 机种：0.0~720.0 V	0.0
01-09	起动频率	0.00~599.00 Hz	0.50 Hz
01-10 *	上限频率	0.00~599.00 Hz	599.00 Hz
01-11 *	下限频率	0.00~599.00 Hz	0
01-12 *	第一加速时间设定	参数 01-45 = 0：0.00~600.0 s 参数 01-45 = 1：0.00~6000.0 s 30HP 以上机种：60.00/60.0 215HP 以上机种：80.00/80.0	10.00 s 10.0 s
01-13 *	第一减速时间设定	参数 01-45 = 0：0.00~600.0 s 参数 01-45 = 1：0.00~6000.0 s 30HP 以上机种：60.00/60.0 215HP 以上机种：80.00/80.0	10.00 s 10.0 s
01-14 *	第二加速时间设定	参数 01-45 = 0：0.00~600.0 s 参数 01-45 = 1：0.00~6000.0 s 30HP 以上 60.00/60.0 215HP 以上：80.00/80	10.00 s 10.0 s
01-15 *	第二减速时间设定	参数 01-45 = 0：0.00~600.00 s 参数 01-45 = 1：0.00~6000.0 s 30HP 以上机种：60.00/60.0 215HP 以上机种：80.00/80.0	10.00 s 10.0 s
01-16 *	第三加速时间设定	参数 01-45 = 0：0.00~600.00 s 参数 01-45 = 1：0.00~6000.0 s 30HP 以上机种：60.00/60.0 215HP 以上机种：80.00/80.0	10.00 s 10.0 s

（续）

参数码	参 数 名 称	设 定 范 围	初始值
01-17 *	第三减速时间设定	参数 01-45＝0：0.00~600.00 s 参数 01-45＝1：0.00~6000.0 s 30HP 以上机种：60.00/60.0 s 215HP 以上机种：80.00/80.0 s	10.00 s 10.0 s
01-18 *	第四加速时间设定	参数 01-45＝0：0.00~600.00 s 参数 01-45＝1：0.00~6000.0 s 30HP 以上机种：60.00/60.0 s 215HP 以上机种：80.00/80.0 s	10.00 s 10.0 s
01-19 *	第四减速时间设定	参数 01-45＝0：0.00~600.00 s 参数 01-45＝1：0.00~6000.0 s 30HP 以上机种：60.00/60.0 s 215HP 以上机种：80.00/80.0 s	10.00 s 10.0 s
01-20 *	寸动（JOG）加速时间设定	参数 01-45＝0：0.00~600.00 s 参数 01-45＝1：0.00~6000.0 s 30HP 以上机种：60.00/60.0 s 215HP 以上机种：80.00/80.0 s	10.00 s 10.0 s
01-21 *	寸动（JOG）减速时间设定	参数 01-45＝0：0.00~600.00 s 参数 01-45＝1：0.00~6000.0 s 30HP 以上机种：60.00/60.0 s 215HP 以上机种：80.00/80.0 s	10.00 s 10.0 s
01-22 *	寸动（JOG）频率设定	0.00~599.00 Hz	6.00 s
01-23 *	第一/第四段加减速切换频率	0.00~599.00 Hz	0.00
01-24 *	S 加速起始时间设定 1	参数 01-45＝0：0.00~25.00 s 参数 01-45＝1：0.0~250.0 s	0.20 s 0.2 s
01-25 *	S 加速到达时间设定 2	参数 01-45＝0：0.00~25.00 s 参数 01-45＝1：0.0~250.0 s	0.20 s 0.2 s
01-26 *	S 减速起始时间设定 1	参数 01-45＝0：0.00~25.00 s 参数 01-45＝1：0.0~250.0 s	0.20 s 0.2 s
01-27 *	S 减速到达时间设定 2	参数 01-45＝0：0.00~25.00 s 参数 01-45＝1：0.0~250.0 s	0.20 s 0.2 s
01-28	禁止设定频率 1 上限	0.00~599.00 Hz	0.00
01-29	禁止设定频率 1 下限	0.00~599.00 Hz	0.00
01-30	禁止设定频率 2 上限	0.00~599.00 Hz	0.00
01-31	禁止设定频率 2 下限	0.00~599.00 Hz	0.00
01-32	禁止设定频率 3 上限	0.00~599.00 Hz	0.00
01-33	禁止设定频率 3 下限	0.00~599.00 Hz	0.00
01-34	零速模式选择	0：输出等待 1：零速运转 2：Fmin（依据参数 01-07、01-41）	0
01-35	电动机 2 输出频率设定	0.00~599.00 Hz	60.00/ 50.00 Hz
01-36	电动机 2 输出电压设定	575 V 机种：0.0~637.0 V 690 V 机种：0.0~765.0 V	660.0 V

（续）

参数码	参数名称	设定范围	初始值
01-37	电动机 2 输出中间 1 频率设定	0.00~599.00 Hz	0.00
01-38 *	电动机 2 输出中间 1 电压设定	575 V 机种：0.0~637.0 V 690 V 机种：0.0~720.0 V	0.0
01-39	电动机 2 输出中间 2 频率设定	0.00~599.00 Hz	0.00
01-40 *	电动机 2 输出中间 2 电压设定	575 V 机种：0.0~637.0 V 690 V 机种：0.0~720.0 V	0.0
01-41	电动机 2 输出最低频率设定	0.00~599.00 Hz	0.00
01-42 *	电动机 2 输出最小电压设定	575 V 机种：0.0~637.0 V 690 V 机种：0.0~720.0 V	0.0
01-43	U/f 曲线选择	0：依照参数 01-00~01-08 设定 1：1.5 次方曲线 2：2 次方曲线	0
01-44 *	自动加减速设定 （受参数 01-12~01-21 限制）	0：直线加减速 1：自动加速，直线减速 2：直线加速，自动减速 3：自动加减速 4：直线，以自动加减速作为失速防止	0
01-45	加减速及 S 曲线时间单位	0：单位 0.01 s 1：单位 0.1 s	0
01-46 *	CANopen 快速停止时间	参数 01-45＝0：0.00~600.00 s 参数 01-45＝1：0.0~6000.0 s	1.00 s

注：带 * 号的参数码表示可在变频器运行中改变的参数。

4.2　C2000 变频器常用参数说明

4.2.1　保护参数

C2000 变频器部分常用参数中保护参数如表 4-4 所示。

表 4-4　保护参数对照表

参数码	参数名称	设定范围	初始值
06-00	低电压阈值	230 V： 框号 A~D 机种：DC 150.0~220.0 V 框号 E 以上机种（包含）：DC 190.0~220.0 V 460 V： 框号 A~D 机种：DC 300.0~440.0 V 框号 E 以上机种（包含）：DC 380.0~440.0 V 575 V：DC 420.0~520.0 V 690 V：DC 450.0~660.0 V	180.0 V 200.0 V 360.0 V 400.0 V 470.0 V 480.0 V
06-01	过电压失速防止	0：无功能 230 V：DC 0.0~450.0 V 460 V：DC 0.0~900.0 V 575 V：DC 0.0~920.0 V 690 V：DC 0.0~1087.0 V	380.0 V 760.0 V 920.0 V 1087.0 V

（续）

参数码	参数名称	设定范围	初始值
06-02	过电压失速防止动作选择	0：使用传统过电压失速防止 1：使用智能型过电压失速防止	0
06-03	加速中过电流失速防止阈值	230 V/460 V 机种 一般负载：0~160%（100% 对应变频器的额定电流） 重载：0~180%（100% 对应变频器的额定电流） 575 V/690 V 机种 轻载：0~125%（100% 对应变频器的额定电流） 一般负载：0~150%（100% 对应变频器的额定电流） 重载：0~180%（100% 对应变频器的额定电流）	120% 120% 120% 120% 150%
06-04	运转中过电流失速防止阈值	230 V/460 V 机种 一般负载：0~160%（100% 对应变频器的额定电流） 重载：0~180%（100% 对应变频器的额定电流） 575 V/690 V 机种 轻载：0~125%（100% 对应变频器的额定电流） 一般负载：0~150%（100% 对应变频器的额定电流） 重载：0~180%（100% 对应变频器的额定电流）	120% 120% 120% 120% 150%
06-05	定速运转中过电流失速防止的加减速选择	0：依照目前的加减速时间 1：依照第一加减速时间 2：依照第二加减速时间 3：依照第三加减速时间 4：依照第四加减速时间 5：依照自动加减速	0
06-06	过转矩检出动作选择 OT1	0：不动作 1：定速运转中过转矩侦测，继续运转 2：定速运转中过转矩侦测，停止运转 3：运转中过转矩侦测，继续运转 4：运转中过转矩侦测，停止运转	0
06-07	过转矩检出准位 OT1	10%~250%（100% 对应变频器的额定电流）	120%
06-08	过转矩检出时间 OT1	0.0~60.0 s	0.1
06-09	过转矩检出动作选择 OT2	0：不动作 1：定速运转中过转矩侦测，继续运转 2：定速运转中过转矩侦测，停止运转 3：运转中过转矩侦测，继续运转 4：运转中过转矩侦测，停止运转	0
06-10	过转矩检出阈值 OT2	10%~250%（100% 对应变频器的额定电流）	120%
06-11	过转矩检出时间 OT2	0.0~60.0 s	0.1 s
06-12	电流限制	0~250%（100% 对应变频器的额定电流）	170%
06-13	电子热继电器 1 选择（电动机 1）	0：特殊型电动机（独立散热，风扇与转轴不同步） 1：标准型电动机（同轴散热，风扇与转轴同步） 2：无电子热继电器保护功能	2
06-14	热继电器 1 作用时间（电动机 1）	30.0~600.0 s	60.0 s
06-15	OH 过热警告温度准位	0.0~110.0℃	105.0℃
06-16	失速防止限制准位（弱扇区电流失速防止准位）	0~100%（参考参数 06-03，06-04）	100%

（续）

参数码	参数名称	设定范围	初始值
06-17	最近第一异常记录	0：无异常记录	0
06-18	最近第二异常记录	1：ocA，加速中过电流	0
06-19	最近第三异常记录	2：ocd，减速中过电流	0
06-20	最近第四异常记录	3：ocn，恒速中过电流	0
06-21	最近第五异常记录	4：GFF，接地过电流	0
06-22	最近第六异常记录	5：occ，IGBT 短路保护	0
		6：ocS，停止中过电流	
		7：ovA，加速中过电压	
		8：ovd，减速中过电压	
		9：ovn，恒速中过电压	
		10：ovS，停止中过电压	
		11：LvA，加速中低电压	
		12：Lvd，减速中低电压	
		13：Lvn，恒速中低电压	
		14：LvS，停止中低电压	
		15：OrP，断相保护	
		16：oH1，IGBT 过热	
		17：oH2，电容过热	
		18：tH1o，TH1 open：IGBT 过热保护线路异常	
		19：tH2o，TH2 open：电容过热保护线路异常	
		21：oL，变频器过载	
		22：EoL1，电子热继电器 1 保护动作	
		23：EoL2，电子热继电器 2 保护动作	
		24：oH3，PTC/PT100 电动机过热	
		26：ot1，过转矩 1	
		27：ot2，过转矩 2	
		28：uC，低电流	
		29：LMIT，归原点遭遇极限错误	
		30：cF1，内存写入异常	
		31：cF2，内存读出异常	
		33：cd1，U 相电流侦测异常	
		34：cd2，V 相电流侦测异常	
		35：cd3，W 相电流侦测异常	
		36：Hd0，cc 电流侦测异常	
		37：Hd1 oc 电流侦测异常	
		38：Hd2 ov 电压侦测异常	
		39：Hd3 occ IGBT 短路侦测异常	
		40：AUE 电动机参数自动调适失败	
		41：AFE PID 反馈断线	
		42：PGF1 PG 反馈异常	
		43：PGF2 PG 反馈断线	
		44：PGF3 PG 反馈失速	
		45：PGF4 PG 转差异常	
		48：ACE 模拟电流输入断线	
		49：EF 外部错误信号输入	
		50：EF1 紧急停止	
		51：bb 外部中断	
		52：Pcod 密码错误	
		54：CE1 通信异常	
		55：CE2 通信异常	
		56：CE3 通信异常	
		57：CE4 通信异常	
		58：CE10 通信 Time Out	
		60：bF 制动晶体异常	

（续）

参数码	参数名称	设定范围	初始值
		61：ydc 电动机绕组丫-△切换错误 62：dEb 错误 63：oSL 转差异常 64：ryF 电源板电磁开关错误 65：PGF5 PG 卡错误 68：Sensorless 估测转速方向与命令方向不同 69：Sensorless 估测转速超速 70：Sensorless 估测转速与命令误差过大 71：Watchdog，看门狗 72：STL1，通道 1（STO1~SCM1）安全回路异常 73：S1，外部安全关闸 75：外部制动错误 76：STO，安全转矩停止 77：STL2，通道 2（STO2~SCM2）安全回路异常 78：STL3，内部回路异常 82：OPHL U 相输出断相 83：OPHL V 相输出断相 84：OPHL W 相输出断相 85：PG-02U ABZ 硬件断线 86：PG-02U UVW 硬件断线 87：oL3 低频过载保护 89：RoPd 转子位置初始侦测错误 90：内部 PLC 动作被强制停止 93：CPU 错误 101：CGdECANopen 软件断线 1 102：ChbECANopen 软件断线 2 104：CbFECANopen 硬件断线 105：CidECANopen 索引设定错误 106：CadE CANopen 从站站号设定错误 107：CfrECANopen 内存错误 111：ictEInrCOM 内部通信超时错误 112：PM Sensorless 堵转 142：AUE1 电动机自动量测错误（无回馈电流错误） 143：AUE2 电动机自动量测错误（电动机断相错误） 144：AUE3 电动机自动量测错误（无载电流 IO 量测错误） 148：AUE4 电动机自动量测错误（漏电感 Lsigma 量测错误）	
06-23	异常输出选择 1	0~65535（参考异常信息 bit 表）	0
06-24	异常输出选择 2	0~65535（参考异常信息 bit 表）	0
06-25	异常输出选择 3	0~65535（参考异常信息 bit 表）	0
06-26	异常输出选择 4	0~65535（参考异常信息 bit 表）	0
06-27	电子热继电器 2 选择（电动机 2）	0：特殊型电动机（独立散热，风扇与转轴不同步） 1：标准型电动机（同轴散热，风扇与转轴同步） 2：无电子热继电器保护功能	2
06-28	热继电器 2 作用时间（电动机 2）	30.0~600.0 s	60.0 s
06-29	PTC 动作选择/PT100 动作	0：警告并继续运转 1：警告且减速停车 2：警告且自由停车 3：不警告	0
06-30	PTC 准位/KTY84 准位	0.0~100.0%	50.0%

（续）

参数码	参 数 名 称	设 定 范 围	初始值
06-31	故障时频率命令	0.00~599.00 Hz	只读
06-32	故障时输出频率	0.00~599.00 Hz	只读
06-33	故障时输出电压值	0.0~6553.5 V	只读
06-34	故障时直流侧电压值	0.0~6553.5 V	只读
06-35	故障时输出电流值	0.0~6553.5 A	只读
06-36	故障时 IGBT 温度	-3276.7~3276.7℃	只读
06-37	故障时电容温度	-3276.7~3276.7℃	只读
06-38	故障时电动机的转速	-32767~32767 r/min	只读
06-39	故障时转矩命令	-32767%~32767%	只读
06-40	故障时多功能输入端子状态	0000h~FFFFh	只读
06-41	故障时多功能输出端子状态	0000h~FFFFh	只读
06-42	故障时变频器状态	0000h~FFFFh	只读
06-44	STO 锁住功能	0：STO 警报锁定 1：STO 警报无锁定	0
06-45	输出断相保护的处置方式（OPHL）	0：警告并继续运转 1：警告且减速停车 2：警告且自由停车 3：不警告	3
06-46	输出断相的侦测时间	0.000~65.535 s	3.000 s
06-47	输出断相的电流侦测准位	0.00~100.00%	1.00%
06-48	侦测输出断相的直流制动时间	0.000~65.535 s	0.000
06-49	Lv（低电压）前级错误自动清除	0：不动作 1：使能	0
06-50	侦测输入断相的时间	0.00~600.00 s	0.20 s
06-51	电容 oH 警告准位	0.0~110.0℃	依机种 功率而定
06-52	侦测输入断相涟波	230 V 机种：DC 0.0~160.0 V 460 V 机种：DC 0.0~320.0 V 575 V 机种：DC 0.0~400.0 V 690 V 机种：DC 0.0~480.0 V	30.0 V 60.0 V 75.0 V 90.0 V
06-53	侦测输入断相保护的处置方式（OrP）	0：警告且减速停车 1：警告且自由停	0
06-55	降载波保护设定	0：定额定电流，并依照负载电流及温度限制载波 1：定载波频率，并依照设定载波限制负载电流 2：定额定电流（同设定 0），但关闭电流限制	0
06-56	PT100 电压准位 1	0.000~10.000 V	5.000 V
06-57	PT100 电压准位 2	0.000~10.000 V	7.000 V
06-58	PT100 准位 1 保护频率	0.00~599.00 Hz	0.00
06-59	起动 PT100 准位 1 保护频率延迟时间	0~6000 s	60 s
06-60	软件侦测 GFF 电流准位	0.0~6553.5%	60.0%

（续）

参数码	参 数 名 称	设 定 范 围	初始值
06-61	软件侦测 GFF 滤波时间	0.00~655.35 s	0.10 s
06-62	dEb 回复偏压准位	230 V 机种：DC 0.0~100.0 V 460 V 机种：DC 0.0~200.0 V	20.0 V 40.0 V
06-63	故障 1 发生时的上电时间（天数）	0~65535 天	只读
06-64	故障 1 发生时的上电时间（分钟）	0~1439 min	只读
06-65	故障 2 发生时的上电时间（天数）	0~65535 天	只读
06-66	故障 2 发生时的上电时间（分钟）	0~1439 min	只读
06-67	故障 3 发生时的上电时间（天数）	0~65535 天	只读
06-68	故障 3 发生时的上电时间（分钟）	0~1439 min	只读
06-69	故障 4 发生时的上电时间（天数）	0~65535 天	只读
06-70	故障 4 发生时的上电时间（分钟）	0~1439 min	只读
06-71	低电流设定准位	0.0~100.0%	0.0
06-72	低电流侦测时间	0.00~360.00 s	0.00
06-73	低电流发生的处置方式	0：无功能 1：警告且自由停车 2：警告依第二减速时间停车 3：警告且继续运转	0
06-86	PTC 类型	0~1 0：PTC 1：KTY84-130	0

4.2.2 特殊参数

C2000 变频器特殊参数见表 4-5。

表 4-5 特殊参数对照表

参数码	参 数 名 称	设 定 范 围	初始值
07-00	内建制动晶体动作准位设定	230 V 机种：DC 350.0~450.0 V	370.0 V
		460 V 机种：DC 700.0~900.0 V	740.0 V
		575 V 机种：DC 850.0~1116.0 V	895.0 V
		690 V 机种：DC 939.0~1318.0 V	1057.0 V
07-01	直流制动电流准位	0~100%	0
07-02	起动时直流制动时间	0.0~60.0 s	0.0
07-03	停止时直流制动时间	0.0~60.0 s	0.0
07-04	停止时直流制动起始频率	0.00~599.00Hz	0.00
07-05	电压上升增益	1~200%	100%
07-06	瞬时停电再起动	0：不动作 1：由停电前速度做速度追踪 2：从最小输出频率做速度追踪	0
07-07	允许停电时间	0.0~20.0 s	2.0 s

（续）

参数码	参 数 名 称	设 定 范 围	初始值
07-08	B.B. 中断时间	0.0~5.0 s	依机种功率而定
07-09	速度追踪最大电流	20%~200%	100%
07-10	异常再起动动作选择	0：不动作 1：当前的速度做速度追踪 2：从最小输出频率做速度追踪	0
07-11	异常再起动次数	0~10	0
07-12	起动时速度追踪	0：不动作 1：从最大输出频率做速度追踪 2：由起动时的电动机频率做速度追踪 3：从最小输出频率做速度追踪	0
07-13	dEb 选择	0：不动作 1：dEb 依自动加减速动作，复电后频率不回复 2：dEb 依自动加减速动作，复电后频率回复 3：dEb 低压控制，速度低于 1/4 电动机额定后，DC BUS 升压至 DC 350 V/700 V 并减速停车 4：dEb 发生时，DC BUS 电压控制准位拉高至 DC 350 V/700 V，做减速停车	0
07-14	dEb 回复时间	0.0~25.0 s	3.0 s
07-15	齿隙加速停顿时间	0.00~600.00 s	0.00
07-16	齿隙加速停顿频率	0.00~599.00 Hz	0.00
07-17	齿隙减速停顿时间	0.00~600.00 s	0.00
07-18	齿隙减速停顿频率	0.00~599.00Hz	0.00
07-19	冷却散热风扇控制方式	0：风扇持续运转 1：停机运转 1 min 后停止 2：随变频器运转/停止动作 3：侦测 IGBT 温度到达约 60°C 后再起动 4：风扇不运转	0
07-20	紧急或强制停机的减速方式	0：以自由运转方式停止 1：依照第一减速时间 2：依照第二减速时间 3：依照第三减速时间 4：依照第四减速时间 5：系统减速 6：自动减速	0
07-21	自动节能设定	0：关闭 1：开启	0
07-22	节能增益	10%~1000%	100%
07-23	自动调节电压（AVR）	0：开启 AVR 功能 1：关闭 AVR 功能 2：减速时，关闭 AVR 功能	0
07-24	转矩命令滤波时间（U/f 及 SVC 控制模式）	0.001~10.000 s	0.500 s
07-25	转差补偿的滤波时间（U/f 及 SVC 控制模式）	0.001~10.000 s	0.100 s
07-26	转矩补偿增益（U/f 及 SVC 控制模式）	感应电动机：0~10（当参数 05-33=0 时） 永磁同步电动机：0~5000（当参数 05-33=1 或 2 时）	0

（续）

参数码	参 数 名 称	设 定 范 围	初始值
07-27	转差补偿增益 （U/f 及 SVC 控制模式）	0.00~10.00	0.00（SVC 模式下默 认为 1.00）
07-29	转差偏差准位	0.0~100.0% 0：不检测	0
07-30	转差偏差太大时的检测时间	0.0~10.0 s	1.0 s
07-31	过转差检出选择	0：警告并继续运行 1：警告并减速停车 2：警告并自由停车 3：不警告	0
07-32	电动机振荡补偿因子	0~10000 0：不动作	1000
07-33	异常再起动次数回归时间	0.0~6000.0 s	60.0 s
07-38	PMSVC 电压前馈增益	0.50~2.00	1.00
07-62	dEb 电压控制器 K_p 增益	0~65535	80000
07-63	dEb 电压控制器 K_i 增益	0~65535	150

4.3 TPEditor 软件的简单操作

TPEditor 为台达电子可编程显示器系列在 Windows 环境下所使用的程序编写软件，软件编写方式都采用物件导向，达到拖拽式编辑，让使用者可将画面设计工作区中的元件随意用鼠标拖拽到其他位置，或改变其外形、大小，使用者可以很容易操作此软件来编辑可编程显示器的内容。

4.3.1 TPEditor 编辑开机画面

1. 启动 TPEditor（V1.80 版）

按图 4-2 所示方法启动软件。

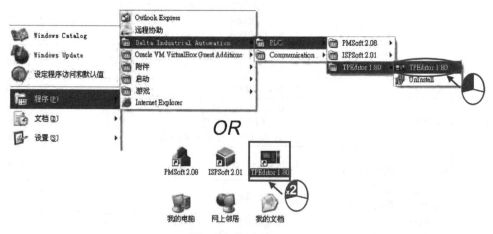

图 4-2 启动 TPEditor

2. 新建文件

选择"文件"→"新建"后出现图 4-3 所示窗口，按照如图 4-3 中的参数设定之后单击"确定"按钮。

图 4-3　新建新文件界面

3. 设计画面

进入设计画面，如图 4-4 所示。单击画面右侧"开机画面"，或选择菜单"查看"→"开机画面"，会出现开机画面的空白窗口，利用显示工具栏中的对象，设计开机 logo 画面。

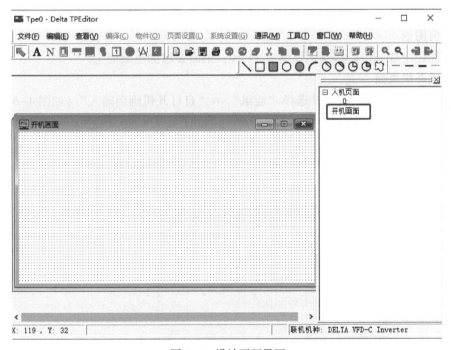

图 4-4　设计画面界面

4. 静态文字设定

开始编辑开机画面。在页面空白处单击静态文字 A 会出现对象的图案，双击该对象出现如图 4-5 所示的设定。可在左方空白处输入想要的文字，在右方下拉文本框"框线设定""文字方向"及"文字位置"中皆可自由调整。

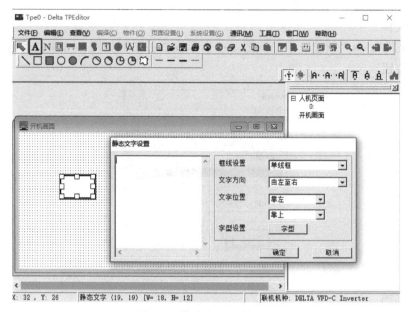

图4-5　静态文字设定界面

5. 静态图形

双击静态图形 可以选择想要插入的图片，只限于 BMP 格式。

6. 几何图形

几何图形 共有 11 种，依需要增加至画面上。

7. 完成开机页面

最后完成开机页面的编辑并选择"通讯"→"自订开机画面输入"（如图 4-6 所示）。

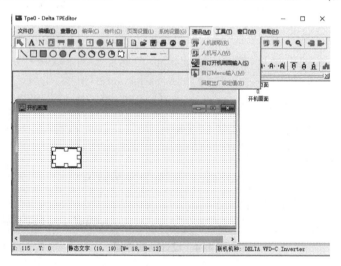

图4-6　自定义开机画面输入

8. 通信协议设定

选择菜单"工具"→"通信协议"，设定 IFD6530 的通信端口与速度，速度只支持 9600、19200、38400 三种。

9. 通信设定

选择"通讯"→"自定义开机画面输入",打开"通讯设定"对话框如图 4-7 所示。

10. 写入程序

当出现"写入确认"的对话框时,需在面板 Menu 中选择"PC LINK"选项,按下 ENTER 键待机之后,回到 TP 软件单击"写入确认"对话框中的"是"按钮开始下载,PC 连线过程如图 4-8 所示。

图 4-7　通信设定界面

图 4-8　程序写入界面

4.3.2　主画面编辑及下载案例说明

1. 进入设计画面

进入设计画面,选择"编辑"→"增加一页",或在右侧"人机页面"上右击选择"新增",可增加编辑页数,如图 4-9 所示。目前面板中最多支持 256 页。

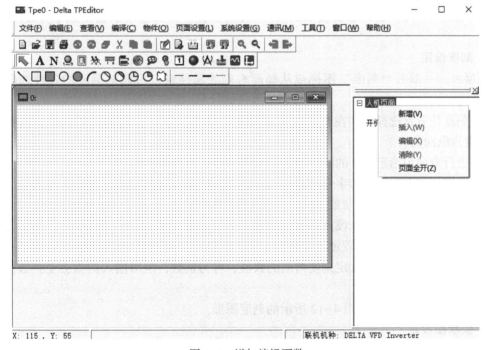

图 4-9　增加编辑页数

2. 选择编辑对象

单击软件画面右侧人机页面下方想要编辑的页码，或选择菜单"查看"→"人机页面"，开始编辑主画面。可使用的对象如图 4-10 所示，由左至右依序为：静态文字、数值显示、静态图形、刻度、条状图、按钮、万年历、灯号显示、度量衡、输入值，以及 11 个几何图形与几何图形线条的粗细选择。其中静态文字、静态图形、几何图形的使用方法与前述编辑开机画面的方法相同。

图 4-10　编辑对象

3. 数值显示设定

将数值显示对象添加至画面中，双击该对象，可设定关联装置、框线设置、字型以及位置设置，如图 4-11 所示。

图 4-11　数值显示设定

"关联装置"可以选择想要读取的 VFD 通信位置，例如想读取输出频率（H），设定 $2202。

4. 刻度设定

刻度▥——双击"刻度"图标或从画面右侧的属性窗口可调整刻度的各种选项（见图 4-13）。

1）刻度位置是选择数字在刻度图形的哪一边，选择上下时，刻度是横向的，选择左右时，刻度为纵向的。

2）进行方向为指定刻度的哪一边为最大值，哪一边为最小值。

3）字型用来调整数字的字号。

4）数值长度可选择 16 位或 32 位，此设定会影响最大/最小值的可设定范围。

5）主刻度与次刻度用来设定整个刻度尺一共分成几等份（较长的刻度），以及每个等份里又再分成几个小等份（较短的长度）。

6）最大值与最小值为设定刻度两端的数值，可为负数，但可输入的值会受到数值长度的设定限制。

根据以上设定可以得到图 4-12 所示的刻度图形。

5. 条状图设定

条状图▤——条状图的设定如图 4-13 所示。

图 4-13　条状图设定界面

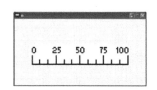

图 4-12　刻度图形

1）"关联装置"选择想要读取的 VFD 通信位置数值。

2）"进行设定"为数值由小至大条状图填满的方向。

3）"数值长度"决定最大最小值可填写的范围。

4）"最大值""最小值"决定条状图的最大与最小显示范围。若数值小于或等于最小值，则直方图为全空；若数值大于或等于最大值，则为全部填满，若介于最大值和最小值之间，则依比例填满直方图。

6. 按钮设定

按钮 🖱 ——此对象目前 Keypad 版本只支持换页功能，设定其他功能皆无效。输入文字以及插入图片也尚未支持。双击按钮对象打开设定窗口，如图 4-14 所示。

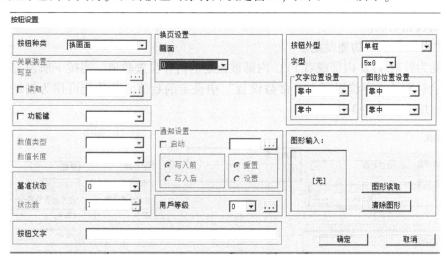

图 4-14　按钮设定界面

按钮种类可设定按钮的功能，目前只支持"换画面"功能以及"设定常数"功能。

（1）"换画面"功能设定

1）选择了换画面功能之后会出现"换页设定"选项，请先确认在软件主画面的"人机页面"处已新增一个以上的画面，则可由此选单选择按钮切换到哪一个页面。目前版本支持 0~3，共 4 页。

2）"功能键"为设定按下 Keypad 上的哪一个按键代表启动这个按钮的功能。需注意的是，TPEditor 软件默认将上下键锁住，不可以设定，从"页面设置"→"功能键设定"可进行其他功能键设置操作，如图 4-15 所示。

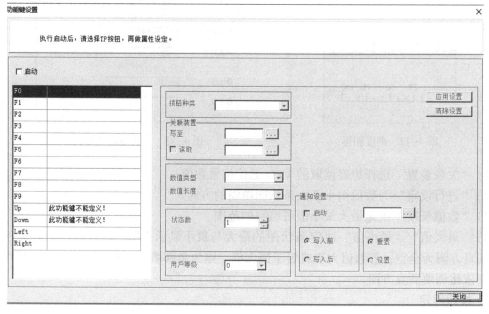

图 4-15　功能键设定

3）按钮文字可以设定此对象是否要有文字显示，例如可以输入"下一页"或"上一页"来说明按钮功能。

（2）"设定常数"功能设定

此功能为针对 VFD 内部或者 PLC 内部被指定的内存位置数值，当按下所设定的"功能键"时，会针对该内存位置写入"常数设置"中设定的数值。此功能可作为初始化某变量为目的的应用，如图 4-16 所示。

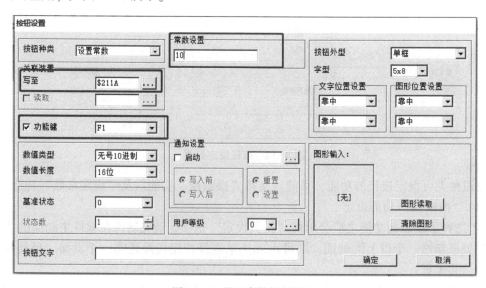

图 4-16　设置常数功能设定

7. 万年历设定

万年历 ☐——万年历的设定如图 4-17 所示。万年历对象可选择显示时间、星期或是日期，时钟可以在 Keypad 的菜单第 9 项——Time Setting 里设定。框线设定、字型与位置设定可以按需要选择。

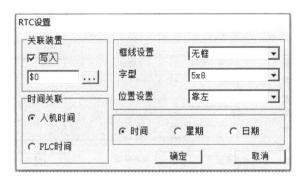

图 4-17　万年历设置界面

8. 灯号显示设定

灯号显示 ●——灯号显示的设置如图 4-18 所示。此对象可读取 PLC 的 "Bit" 属性数值，并设定此数值为 0 时要显示什么图形或文字、为 1 时要显示什么图形或文字。只需要选择基准状态为 0 或 1，并设定此时要显示的图形或文字即可。

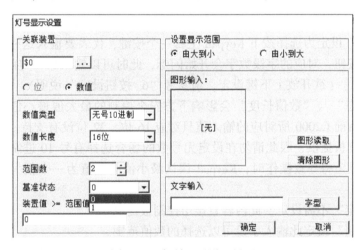

图 4-18　灯号显示设置界面

9. 度量衡设定

度量衡 ⋈——此对象为一简便的单位文字显示，可以自由选择长度、重量等各种不同分类的单位文字符号，如图 4-19 所示。

10. 数值输入设定

数值输入 ⊞——此对象提供显示参数或通信位置（0x22xx），及数值输入设置，如图 4-20 所示。

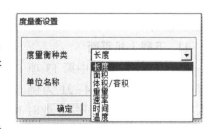

图 4-19　度量衡设定界面

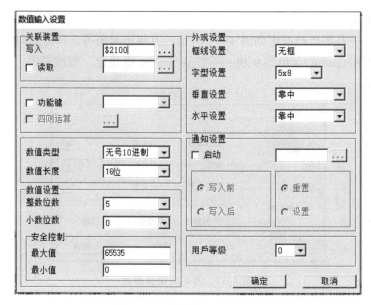

图 4-20 数值输入设置界面

1）"关联装置"底下有"写入"及"读取"两个文本框，此处设定所要显示的数值，以及输入的数值各自要对应到哪一个参数或通信地址。例如想要读写参数 P01-44，则填入 012C。

2）"外观设定"里面的框线字型等选项与前述对象的设定方法相同。

3）"功能键"设定为选择按下 Keypad 上哪一个按键，代表要输入这一栏的数值。当按下这里所设定的按钮，对应的字段数字会开始闪烁，此时可以输入想设定的数字，按〈ENTER〉键确定输入。（欲开放上下键设定，请参考"6. 按钮设定"说明）

4）"数值型态"与"数值长度"会影响下方安全控制的最大值最小值可输入的值的范围，需注意的是目前 C2000 所对应的输入值只对应 16 位，32 位没有支持。此数值为有号数或无号数是由控制板提供，因此请勿在设定无号数的场合选择有号 10 进制并将最小值设为负值，此种错误设定将导致操作时，Keypad 误认最小值的负值为一个很大正数，按下键时无法将数值减少。

5）"数值设定"不需设定，此内容直接由控制板提供。

6）"安全控制"设定此输入字段可以选择的数值范围。

以上述例子，若功能键设定为 F1，最小值设 0，最大值设 4，下载后按 Keypad 上的〈F1〉键，利用上下键增减数值，按〈ENTER〉键输入，可至参数表 01~44 确认设定值是否确实输入。

11. 下载人机页面

先至 Keypad 菜单中第 13 项 PC Link 选项中，按下〈ENTER〉键，使画面出现"等待中"字样。然后以图 4-21 为例，点选右方 0~3 任一页面编号，再至主菜单"通信"→"人机写入开始下载程序"。此时 Keypad 画面中会先出现"接受中"字样，最后会出现"完成"字样之后即完成下载，按下〈ESC〉键返回菜单，如图 4-22 所示。

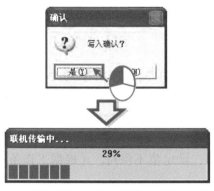

图 4-21 程序下载界面

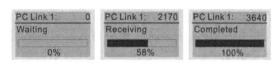

图 4-22 PC 连线过程

4.4 PID 被控参数的设定

4.4.1 PID 控制基本概念

PID 控制（Proportional-Integral-Derivative Control，比例积分微分控制）由于稳定性高、鲁棒性好、算法简单，在工业过程控制领域被广泛应用。

简单地说，PID 控制根据给定值和实际输出值构成控制偏差，将偏差按比例、积分和微分通过线性组合构成控制量，对被控对象进行控制。

PID 控制原理图如图 4-23 所示。

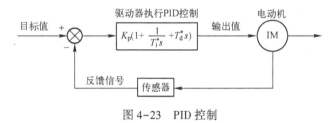

图 4-23 PID 控制

图 4-23 中，K_p 为比例增益（P 控制），T_i 为积分时间（I 控制），T_d 为微分时间（D 控制），s 为演算参数。

4.4.2 C2000 变频器 PID 控制运行操作

1. PID 反馈端子选择

设定范围如下。

0：无功能。

1：负反馈，由模拟输入（参数 03-00～03-02）。

2：负反馈，由 PG 卡脉波输入，无方向性（参数 10-02）。

3：负反馈，由 PG 卡脉波输入，有方向性（参数 10-02）。

4：正反馈，由模拟输入（参数 03-00～03-02）。

5：正反馈，由 PG 卡脉波输入，无方向性（参数 10-02）。

6：正反馈，由 PG 卡脉波输入，有方向性（参数 10-02）。

7：负反馈，由 PID Fbk 通信给定。

8：正反馈，由 PID Fbk 通信给定。

负反馈控制时，误差量=目标值-检出信号。当增加输出频率会使检出值的大小增加时，应选择此设定。

正反馈控制时，误差量=检出信号-目标值。当增加输出频率会使检出值的大小减少时，应选择此设定。

当 08-00≠7 或 8 时，无法写入，且变频器断电后，设定值不保持。（根据工作条件，选择反馈端子）

2. PID 控制回路

PID 控制回路如图 4-23 所示。

P 增益，其设定范围为 0.0~500.0，当 P 增益设定为 1.0 时，表示 K_p 增益为 100%；设定为 0.5 时，K_p 增益为 50%。

此值决定误差值的增益，若 I=0，D=0，则只做比例控制的动作。

I 积分时间，其设定范围为 0.00~100.00 s，当 I 积分时间设定为 0.00 时，无积分，积分时间设为 0.00 时，表示关闭 I 控制器。

D 微分时间，其设定范围为 0.00~1.00 s

3. 积分上限

积分上限的设定范围为 0.0~100.0%，默认初始值为 100.0。

此值定义为积分器的上限值，即积分上限频率=（01-00×08-04%）。

若积分值过大，负载突然产生变化时变频器的响应速度会迟缓，可能造成电机的失速或机械上的损害，此时请适度缩小设定值。

4. PID 输出命令限制

其设定范围为 0.0~110.0%，默认初始值为 100.0。

此值定义为 PID 控制时输出命令限制的设定百分比，即输出频率限制值=（01-00×08-05%）。

5. 通信设置 PIDFbk 值

其设定范围为 -200.00%~200.00%，默认初始值为只读。

当 PID 反馈端子设定为通信时（Pr08-00=7 or 8），PID 反馈值可通过此参数设定。

6. PID 一次延迟

其设定范围为 0.0~35.0 s，默认初始值为 0.0。

7. PID 模式选择

其设定范围 0：串联；1：并联。默认初始值为 0，即串联模式。

设定 0：串联是传统采用的 PID 控制架构。

设定 1：并联是把 P 增益、I 增益与 D 增益个别独立，使用者可依照应用场合需要，分别调整 P 增益、I 控制器及 D 控制器。

此参数是用来设定 PID 控制输出的低通滤波器的时间常数，此值设定过大可能会影响变频器的响应速度。

PID 控制器的频率输出会通过一次延迟功能进行滤波。此功能可使输出频率的变化程度减缓，一次延迟时间长表示滤波程度大。不适当的一次延迟时间设定可能造成系统振荡。

PI 控制：仅用 P 动作控制，不能完全消除偏差。为了消除残留偏差，一般采用增加 I 动作的 PI 控制。用 PI 控制时，能消除由改变目标值和经常的外来扰动等引起的偏差。但是 I 动作过强时，会对快速变化偏差响应迟缓。对有积分组件的负载系统，也可以单独使用 P 动作控制。

PD 控制：发生偏差时，很快产生比单独 D 动作还要大的操作量，以此抑制偏差的增加。偏差小时，P 动作的作用减小。控制对象含有积分组件负载场合，仅 P 动作控制，有时由于此积分组件作用，系统发生振荡。在该场合，为使 P 动作的振荡衰减和系统稳定，可用 PD 控制。换言之，适用于过程本身没有制动作用的负载。

PID 控制：利用 I 动作消除偏差作用和 D 动作抑制振荡作用，再结合 P 动作就构成了 PID 控制。采用 PID 方式能获得无偏差、精度高和系统稳定的控制过程。

8. 反馈异常侦测时间

其设定范围为 0.0~3600.0 s，默认初始值为 0.0。

此参数只针对反馈信号为 ACI（4~20 mA）时有效。

此值定义为当反馈的模拟信号可能异常时的侦测时间。也可用于系统反馈信号反应极慢的情况下，做适当的处理。（设 0.0 代表不侦测）

9. 反馈信号断线处理

其设定范围如下。

0：警告且继续运转。

1：警告且减速停车。

2：警告且自由停车。

3：警告且以断线前频率运转。

默认初始值为 0。

此参数只针对反馈信号为 ACI（4~20 mA）时有效。当 PID 反馈信号脱落不正常时变频器的处理方式。

10. 睡眠参考点

其设定范围为 0.00~599.00 Hz，默认初始值为 0.00。

睡眠与唤醒功能起动依据参数睡眠参考点的设定，当睡眠参考点为 0 时，不起动；当其不等于 0 时，则起动。

11. 苏醒参考点

其设定范围为 0.00~599.00 Hz，默认初始值为 0.00。

当睡眠功能参考源设定为 0 时，睡眠参考点、唤醒参考点单位自动变更为频率，设定范围自动变更 0~600.00 Hz。

当睡眠功能参考源设定为 1 时，睡眠参考点、唤醒参考点单位自动变更为百分比，设定范围自动变更 0~200.00%。

此百分比对应基础为当前命令值而非最大值。例如，如果最大值为 100 kg，当前命令为 30 kg，在唤醒参考点等于 40% 时，其值为 12 kg。

睡眠参考点也是依照相同逻辑进行计算。

12. 睡眠时间

其设定范围为 0.0~6000.0 s，默认初始值为 0.0。

当频率命令小于睡眠频率且不超过睡眠时间时，频率命令=睡眠频率。否则，频率命令=0.00 Hz，直到频率命令≥唤醒频率。

13. PID 反馈信号异常偏差量

其设定范围为 1.0%~50.0%，默认初始值为 10.0。

14. PID 反馈信号异常偏差量检测时间

其设定范围为 0.1~300.0 s，默认初始值为 5.0 s。

PID 控制器功能正常运作在一定时间内应做出运算且逼近参考目标值。

参考 PID 控制框图，当进行 PID 反馈控制时，若|PID 参考目标值−检出值|>PID 反馈信号异常偏差量设定值，且持续时间超过 PID 反馈信号异常偏差量检测时间设定值，则判定 PID 反馈控制发生异常，多功能输出端子选项 MO=15，PID 反馈异常将会动作。

15. PID 反馈信号滤波时间

其设定范围为 0.1~300.0 s，默认初始值为 5.0 s。

16. PID 补偿选择

其设定范围如下。

0：参数设定（08-17）。

1：模拟输入。

默认初始值为 0，即参数设定模式。

若设定 0，则须从 PID 补偿设定 PID 补偿量。

若设定 1，则先设定模拟输入选项（03-00~03-02）为 13；模拟输入的 PID 补偿量可以在 PID 补偿上显示；PID 补偿成只读参数。

17. PID 补偿

设定范围为−100.0%~+100.0%，默认初始值为 0。

PID 补偿量为 PID 目标值的百分比，例如最大输出频率 01-00=60.00 Hz，PID 补偿若为 10.0%，PID 补偿量会增加输出频率 6.00 Hz（60.00Hz×100.00%×10.0%=6.00 Hz）

18. 睡眠功能参考源设定

其设定范围如下。

0：参考 PID 输出命令。

1：参考 PID 反馈信号，默认初始值为 0，即参考 PID 输出命令。

当参数睡眠功能参考源设定为 0 时，睡眠参考点、唤醒参考点单位自动变更为频率，设定范围自动变更 0~599.00 Hz。

当参数睡眠功能参考源设定为 1 时，睡眠参考点、唤醒参考点单位自动变更为百分比，设定范围自动变更 0~200.00%。

19. 苏醒的积分限制

其设定范围为 0.0~200.0%，默认初始值为 50.0。

此值定义为苏醒的积分上限值，即唤醒积分上限频率（01-00×08-19%）。

唤醒的时间限制是用来减少从睡眠到唤醒的反应时间。

20. 允许 PID 控制改变运转方向

其设定范围如下。

0：不可以改变运转方向。

1：可以改变运转方向。

默认初始值为 0，即不可以改变运转方向。

21. 唤醒延迟时间

其设定范围为 0.00~600.00 s，默认初始值为 0.00。

详细说明请参考睡眠功能参考源设定。

22. PID 控制旗标

其设定范围 Bit 0 = 1，PID 反转动作必须遵循运转方向（参数 00-23）的设定；Bit 0 = 0，PID 反转动作参考 PID 计算的数值，默认初始值为 0。

当 PID 反转功能使能（参数 08-21 = 1）时有效。

Bit 0 = 0，计算数值为正，则为正转，计算数值为负，则为反转。

睡眠与唤醒可分为以下三种情形。

1）频率命令（不使用 PID，PID 反馈端子选择（参数 08-00 = 0），只有在 VF 控制下有效），如图 4-24 所示。输出频率≤睡眠频率后，达到设定的睡眠时间后，直接进入睡眠 0 Hz。当频率命令到达唤醒频率时，变频器会开始计数唤醒延迟时间，唤醒延迟时间到达后，变频器开始以加速时间追至频率命令。

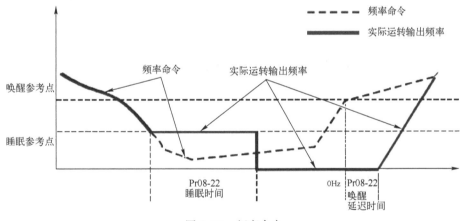

图 4-24　频率命令

2）内部 PID 计算频率命令（使用 PID，PID 反馈端子选择（参数 08-00）≠0 且 08-18 = 0），如图 4-25 所示。

PID 计算频率命令在达到睡眠频率后，系统开始计算睡眠时间，输出频率也随即往下递减，如果已经超过设定的睡眠时间就会直接进入睡眠 0 Hz。但若是还没到达设定的睡眠时间，就会维持在下限频率（如果有设定），或者参数 01-07 的最低输出频率，等待睡眠时间到达之后，再进入睡眠 0 Hz。当 PID 计算的频率命令到达唤醒频率时，变频器会开始计数唤醒延迟时间，唤醒延迟时间到达后，变频器开始以加速时间追至 PID 频率命令。

3）PID 反馈值百分比（使用 PID，PID 反馈端子选择（参数 08-00≠0）且睡眠功能参考源设定（08-18）= 1）。

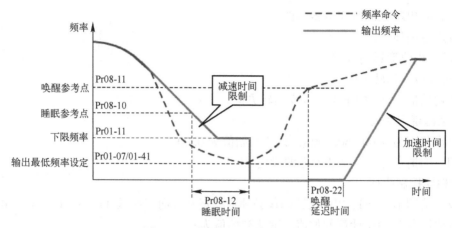

图 4-25　内部 PID 计算频率命令

在 PID 反馈值到达睡眠准位百分比之后，开始计算睡眠时间。输出频率也随即往下递减，如果已经超过设定的睡眠时间就会直接进入睡眠 0 Hz。但若是还没到达设定的睡眠时间，会维持在下限频率（如果有设定），或者参数 01-07 最低输出频率，等待睡眠时间到达之后，再进入睡眠 0 Hz。

当 PID 反馈值到达唤醒百分比时，变频器会开始计数唤醒延迟时间，唤醒延迟时间到达后，变频器开始以加速时间追至 PID 频率命令。

4.5　C2000 变频器的应用实例

4.5.1　台达 C2000 变频器在球磨机上的应用

球磨机作为粉化矿石等物料的关键设备，被广泛应用于选矿、陶瓷、建材及化工等行业。随着精细化管理的深入开展，传统球磨机的起停及运转模式对选矿成本、磨机效率及磨矿产品质量等制约瓶颈日益凸显，成为行业内共同探索的课题方向。传统球磨机耗电量巨大，如何提高球磨机效率和降低磨矿成本是设备的重要提升指标。

球磨机是利用转动的筒体，不断地带动大量的研磨体在筒体内对原料进行强烈的撞击、研磨和搅拌，使物料达到成品细度要求。陶瓷球磨机一般采用异步电机—液力耦合器—减速机—小齿轮—大齿轮的模式驱动回转部，如图 4-26 所示。陶瓷球磨机的研磨介质通常为直径 25～150 mm 的钢球或钢棒，当罐体内填充满原料（各种砂石、黏土、棕榈球）后加水，起动球磨机，在不同的筒体转速下可实现不同的粉磨方式，如泻落式（转速较低）和抛落式（转速较高）。变频器具有节能性好、调速范围大、调速平稳且能实现"软起软停"的特性，其在球磨机领域具有广泛的应用前景。

由于筒体需要装填物料和研磨介质后才进行起动，所以球磨机的起动转矩大，同时负载随料筒内的物料位置变化而变化，且负载惯性大、反馈能量大。基于使用环境，本项目采用台达 C2000 变频器，其主要特点包括：①控制多样化：有速度/转矩/位置三种控制模式；②节约成本与空间：感应电动机与同步电动机控制一体化，效率更高更节能；③过载能力超强；④运行稳定节能：内置直流电抗器（≥37 kW）与制动单元（≤30kW），DC-BUS 直流母线可并联共享。

图 4-26　球磨机

1. 实测案例

球磨机控制实例如图 4-27 所示。控制系统主要设备如表 4-6 所示。变频器相关设置参数如表 4-7 所示。

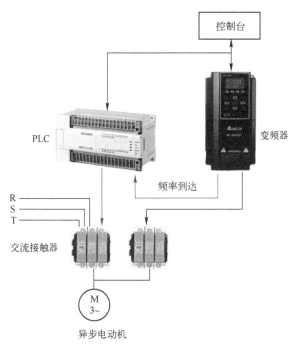

图 4-27　球磨机控制实例

表 4-6　控制系统主要设备

名　称	品　牌	型　　号	参数
电动机	定制	定制	额定功率：250 kW；额定电压：380 V；额定电流：455 A；额定转速：980 r/min

（续）

名称	品牌	型　号	参数
控制系统	三菱	FX2N-128MT	输入输出总点数：128；输入点数：64；输出点数：64；晶体管输出；AC 电源 DC 输入
变频器	台达	VFD3550C43A	适用电动机功率：355 kW；额定输出容量：544 kVA；最高输出频率：0～599 Hz

表 4-7　快速调速参数设置

V/f 曲线设置		
01-01	M1 最高频率/Hz	20.0
01-02	M1 最大电压/V	380.0
01-03	M1 中间 1 频率/Hz	2.50
01-04	M1 中间 1 电压/V	28.0
01-05	M1 中间 2 频率/Hz	2.50
01-06	M1 中间 2 电压/V	28.0
01-08	M1 最小电压/V	10.0
机械制动相关参数设置		
02-14	输出端子 2	29.0
02-34	MO 速度区段	2.50
其他参数		
00-21	AUTO 运转指令	1
01-09	起动频率/Hz	2.00
01-12	加速时间 1/s	8.00
01-13	减速时间 1/s	8.00
04-00	第一段速/Hz	20.00
06-01	OV 失速防止/V	0.0
06-03	加速 OC 防止/%	0
06-04	减速 OC 防止/%	0
07-23	自动调节电压	2
07-25	转差补偿时间/s	1.000
07-27	转差补偿增益	2.0

　　球磨机变频器控制，在起动初期，由于负载不均衡，在重载一侧下落时，罐体拖动电动机产生能量回升，导致变频器直流母线电压过高，变频器会出现加速中过电压报警。针对这种状况，一般厂家会通过加能量回升装置，或者加大变频器中间电容解决过电压问题。C2000 系列产品独特开发设计的 TEC 功能，使之在不需要扩展硬件的基础上，可解决过电压问题。未采用 TEC 功能时，在起动过程中，随着负载从高处的不断下落，直流母线电压持续升高，最终超过限值而报警停机。采用 TEC 功能之后，在起动过程中，通过阶段性释放能量的方式，使直流母线电压缓慢升高，并且在升高后可以快速回复到正常值。

2. 球磨机常用控制方式与变频控制方式的优劣对比

目前球磨机普遍采用的是液力耦合器起动，该方式存在以下问题。

1）起动电流大，对设备和电网的冲击很大。

2）设备运行的稳定性差，维护量和耗电量巨大。

3）所需的研磨周期较长，研磨效率低，单位产品功耗大，同时易造成物料的过度研磨，增加了生产厂家的维护成本，造成了资源浪费。

球磨机使用变频调速后，具有以下优势。

1）实现了系统的软起动，起动电流大大减小，消除了起动时的冲击，延长了机械部件的使用寿命，减少了设备的维护量及维护费用。

2）降低了对电网及周边设备的冲击，利用变频矢量调速技术拖动，满足了球磨机低速运行、大起动转矩的特点，有效保证系统的控制工艺。

3）无级变速功能改变了过去的固定速度研磨方式，大大优化研磨效率和研磨物体的均匀度。

4）系统具有完善的超温、断相、短路、过电压、过电流等各种保护功能，全中文触摸屏幕，可直观准确地查看设备内部数据。

3. 球磨机变频器调试使用注意事项

球磨机变频器在调试时需要注意以下事项。

1）因球磨机的负载性质是恒转矩类，机械特性较硬，动态特性要求较高，所以应选用变频器的矢量控制功能；V/f 控制在低速时虽然具有转矩提升功能，但提升不足，电动机转矩可能无法满足起动或低速稳速运行的需要，如果提升过大，又可能因磁路饱和而产生过电流。

2）球磨机现场粉尘较多，因此变频器周围应留有足够的空间，保证良好的通风，现场需安装在通风良好、远离热源和尘埃少的地方。

3）在调试正常投运一段时间后，应对主电路接线等主要部位进行巡检，并定期除尘，避免由于灰尘积累过多，影响变频器的正常运行。

4. 结论

陶瓷行业球磨机采用台达 C2000 变频器系列可使设备运转平稳，调速方便可靠。C2000 系列变频器内置的 TEC 功能可解决起动初期的过电压问题，减少制动单元等能量回升物品的成本投入，效果可靠，推广可行性高。

4.5.2　台达 C2000 变频器在施工升降机上的应用

施工升降机是高层建筑施工中必不可缺的重要运输设备，其又被称为施工电梯。施工升降机的高效安全运行将对施工工期按时完成、施工成本降低以及劳动强度减轻起着关键作用。传统升降机一般采用接触器配合继电器控制、直接起动和机械抱闸强制制动等，存在以下缺点：运行速度低、起动/停止冲击大、载人舒适度差、控制准确度低等。搭配变频器的变频调速系统具有节能性好、调速范围大、调速平稳且能实现软起停等优势。

1. 施工升降机的组成

施工升降机主要由以下部件组成：导轨架、吊笼、传动系统、附墙架、底架护栏、电气系统、安全保护装置、电缆供电装置等。如图 4-28 所示。

图 4-28　施工升降机

升降机按其构造不同分为单笼式升降机（适用于输送量较小的建筑物，如图 4-29 所示）和双笼式升降机（适合输送量较大的建筑物，如图 4-30 所示）。

图 4-29　单笼式升降机

图 4-30　双笼式升降机

每个吊笼配备一套电气设备，包括电源箱、电控箱、操纵盒等，可在吊笼内用手柄或按钮操纵吊笼升降运行，在任何位置均可随时停车。在上、下终端站，可由上、下终点限位开关控制自动停车。图 4-31 为施工升降机变频调速控制系统示意图。乘用人将操作信号输入PLC，PLC 经过处理计算，输出运转和速度指令到变频器，变频器驱动电动机执行相关动作。传感器信号和变频器输出信号反馈到 PLC，PLC 再执行相关动作，并在显示界面显示相关内容。

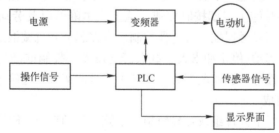

图 4-31　施工升降机变频调速控制系统示意图

2. 施工升降机对电控系统的要求

安全是施工升降机电控系统的重中之重。通常在施工升降机上要搭配防坠安全器，用来杜绝吊笼坠落事故的发生。防坠安全器是施工升降机的重要安全部件，每三个月必须进行一次防坠落试验。目前坠落试验是通过提高变频器输出频率，使电动机驱动吊笼运行在模拟坠落的速度下，来检查防坠安全器是否动作。

目前施工升降机选用的常用电动机规格为 7.5~22 kW，施工升降机通常配备电动机的数量为 1~3 台。当施工升降机搭配多台电动机时，变频器的选择有两种常见配置：

1）根据电动机的数量来配置相当数量的变频器，变频器的功率与电动机功率相当。例如，当施工升降机搭配的电动机数量为 2，且每台电动机功率为 15 kW 时，可以选择 2 台 15 kW 或者 20 kW 的变频器。此时厂家会要求 2 台变频器进行共直流母线的动作。

2）通过一台大功率变频器进行控制。例如，当电动机数量为 2，且每台电动机功率为 15 kW 时，可选择一台 40 kW 的变频器（变频器的功率>2×15 kW×1.2，其中 1.2 为过载系数）。

3. 台达变频器方案

施工升降机在持续下降时，电动机会进行再生发电，再生发电的电能回馈到变频器中，导致变频器内部直流电路中的电压持续升高。一般情况下，变频器需要选配合适的制动电阻（无内置制动单元的变频器需要选择外置制动单元），以此保证变频器和电动机的正常运行，通过制动电阻释放多余的电压，避免触发变频器的过电压保护电路动作。这里选用台达的通用型 C2000 变频器，其内置制动单元。

台达 C2000 变频器为台达通用型向量控制变频器，其主要特点包括：

1）通信速度快：内置 CANopen 现场总线及 MODBUS，并可选购多种通信模块，适应大型工程项目。

2）控制多样化：速度/转矩/位置三种控制模式，标配 LCD，选配 LED。穿墙式安装，系统防护等级增强。

3）节约成本与空间：内置 10 KB 容量的 PLC，可做 CANopen 主站，感应电动机与同步电动机控制一体化，效率更高更节能。

4）过载能力超强：一般负载的额定输出电流：120%，1 min；重载额定输出电流 150%，1 min。

5）运行稳定节能：内置直流电抗器（≥37 kW）与刹车制动单元（≤30 kW），DC-BUS 直流母线可并联共享。

考虑到制性能以及天气炎热时电阻的散热性能，制电阻规格的选择原则有两个方面的依据：等效电阻值保持在推荐最小电阻值，功率选择为推荐功率的 2 倍以上。

4. 实测案例

采用如下配置：台达 C2000 系列变频器 VFD150C43E（输入电压 460 V 三相；内建 EMC 滤波器；一般负载适用电动机功率 15 kW；重载适用电动机功率 11 kW；最高输出频率为 0~599 Hz；内置制动单元）、电动机（定制；带电磁制动器；电动机规格为 15 kW、34 A、50 Hz、380 V、1390 r/m）一台、制动电阻 40 Ω/2000 W。带电磁制动器的电动机控制接线如图 4-32 所示。

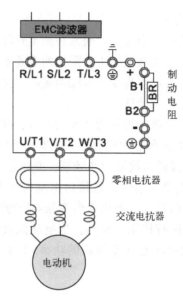

图 4-32　带电磁制动器的电动机控制接线图

接线完成后，进行变频器调试，相关调试参数详见表 4-8。

表 4-8　快速调速参数设置

V/f 曲线设置		
01-01	M1 最高频率/Hz	50.0
01-02	M1 最大电压/V	380.0
01-03	M1 中间 1 频率/Hz	2.50
01-04	M1 中间 1 电压/V	28.0
01-05	M1 中间 2 频率/Hz	2.50
01-06	M1 中间 2 电压/V	28.0
01-08	M1 最小电压/V	10.0
机械制动相关参数设置		
02-14	输出端子 2	29.0
02-34	MO 速度区段	2.50
其他参数		
00-21	AUTO 运转指令	1
01-09	起动频率/Hz	2.00
01-12	加速时间 1/s	3.00
01-13	减速时间 1/s	3.00
04-00	第一段速/Hz	50.00
06-01	OV 失速防止/V	0.0
06-03	加速 OC 防止（%）	0
06-04	减速 OC 防止（%）	0

（续）

其他参数		
07-23	自动调节电压	2
07-25	转差补偿时间/s	1.000
07-27	转差补偿增益	2.0

运行效果如下。

1）负载为 2.6 t，额定负载的 100%上行波形，其起动最大电流为 42.48 A，稳定运行时（30 Hz/50 Hz）电流为 34~36 A。

2）负载为 2.6 t，额定负载的 100%下行波形，其起动最大电流为 37.69 A，稳定运行时（30 Hz/50 Hz）电流为 23~26 A，母线电压持续稳定在 DC 705~707 V。

5. 结论

将台达 C2000 系列变频器应用于施工升降机，能够实现升降机的软起停、冲击小、乘坐体验好；台达 C2000 内置制动单元，降低了安装操作难度；制动平稳、工作效率高，能源节约效果显著。

第 5 章

MS300 变频器的运行与功能

MS300 系列为台达新一代精巧标准型矢量控制变频器，其具有驱动性能强，体积精巧、应用灵活、系统稳定、品质可靠、安装简便等优势，能在有效的空间利用下提升设备效率。可应用于工具机、水泵、木工机械、包装机、自动换刀装置、纺织机等领域。

5.1 MS300 变频器的快速调节

5.1.1 按键功能说明

对变频器调试前，需要掌握和熟悉面板操作键的功能。标准 MS300 系列变频器数字操作器 KPMS-LE01 配备有 5 位数 7 段 LED 显示屏，如图 5-1 所示。该操作面板可轻松取出，并可外拉进行远距离操作，具有频率设定旋钮、左移键等功能，可由操作面板进行设定参数、变更设定值及重置参数操作。图 5-1 所示 KPMS-LE01 键盘面板按键及其功能见表 5-1。

图 5-1　KPMS-LE01 数字操作器

表 5-1　KPMS-LE01 键盘面板按键及其功能说明

按　键	说　明
RUN	运转键 可令驱动器执行运转
STOP RESET	停止/复位键 可令驱动器停止运转及异常重置

122

（续）

按　键	说　明
 MODE	显示画面选择键 按此键显示项目逐次变更，以供选择
 ENTER	参数设定键 用此键对各项参数进行设定
①	状态显示区：可显示驱动器的运转（RUN）、停止（STOP）、PLC、正转（FWD）、反转（REV）等状态
②	主显示区：LED 显示变频器当前的设定值，可显示频率、电流、电压、转向、使用者定义单位、异常等
③	设定按钮：可设定此旋钮作为主频率输入
④	数值键上移键：设定值及参数变更使用，按此键即可增加面板上显示的参数数值
⑤	左移键/数值下移键：设定值及参数变更使用（使用左移键需长按 MODE 键）

为方便查看主显示区设定值，提供数字操作器的七段显示器对照图，如图 5-2 所示，并对主要功能显示项目做简要叙述，见表 5-2。

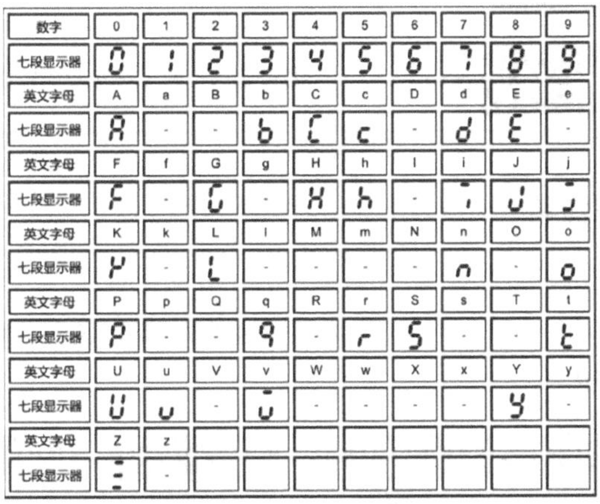

图 5-2　KPMS-LE01 显示器对照图

表 5-2　MS300 变频器功能显示项目说明

显 示 项 目	说　明
 F60.00	显示变频器目前的设定频率
 H50.00	显示变频器实际输出到电动机的频率
 U 180	显示用户定义的物理量输出
 A 5.00	显示负载电流

（续）

显 示 项 目	说　　明
RUN FWD REV STOP PLC **Frd**	正转命令
RUN FWD REV STOP PLC **rEu**	反转命令
RUN FWD REV STOP PLC **c 20**	显示计数值
RUN FWD REV STOP PLC **06.00**	显示参数项目
RUN FWD REV STOP PLC **10**	显示参数内容值
RUN FWD REV STOP PLC **EF**	外部异常显示
RUN FWD REV STOP PLC **End**	若由显示区读到 End 的信息（如左图所示）大约 1 s，表示数据已被接收并自动存入内部存储器
RUN FWD REV STOP PLC **Err**	若设定的资料不被接收或数值超出，会自动显示

5.1.2　键盘面板操作流程

1. 画面选择

画面选择流程如图 5-3 所示。在画面选择模式中按 ☞ ENTER 键进入参数设定；当参数 13-00≠0 时，才显示 APP。

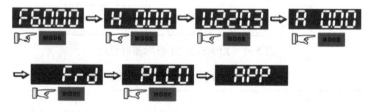

图 5-3　画面选择操作流程

（1）参数设定

画面选择流程如图 5-4 所示。

图 5-4　参数设定操作流程

在参数设定模式中按〈MODE〉键可返回画面选择模式。

（2）资料修改

资料修改流程如图 5-5 所示。

图 5-5　资料修改操作流程

（3）转向设定

转向设定流程如图 5-6 所示。

图 5-6　转向设定操作流程

（4）PLC 模式设定

PLC 模式设定流程如图 5-7 所示。

进入 PLC2 模式

进入 PLC1 模式

图 5-7　PLC 模式设定操作流程

2. F 界面操作

1）一般模式 1，最高操作频率 01-00 为两位数，例如，参数 01-00＝60.00 Hz，其操作流程如图 5-8 所示。

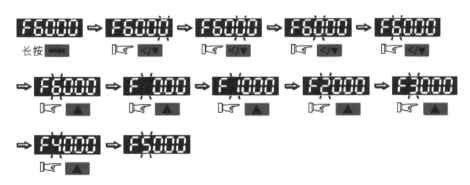

图 5-8　一般模式 1 操作流程

2) 一般模式 2, 最高操作频率 01-00 为三位数, 例如, 参数 01-00 = 599.0 Hz, 其操作流程如图 5-9 所示。

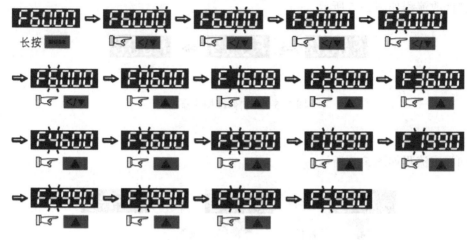

图 5-9　一般模式 2 操作流程

3. 应用宏界面

应用宏页面的显示为 APP, 若参数 13-00 = 0, 则不显示 APP 页面。

1) 参数 13-00 = 0, 关闭应用宏功能, 不显示 APP 页面, 如图 5-10 所示。

图 5-10　13-00 = 0 的参数设置

2) 参数 13-00 = 1, 开启使用者自定义应用宏, 显示为 USEr, 如图 5-11 所示。

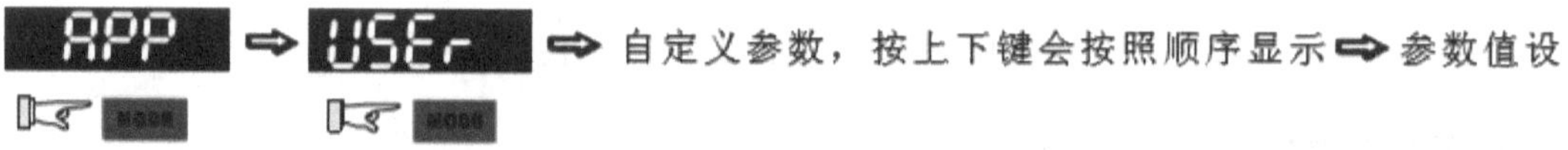

APP ⇒ USEr ⇒ 自定义参数, 按上下键会按照顺序显示 ⇒ 参数值设

图 5-11　13-00 = 1 的参数设置

3) 参数 13-00 = 2, 空压机 (Compressor), 显示为 CoPr, 如图 5-12 所示。

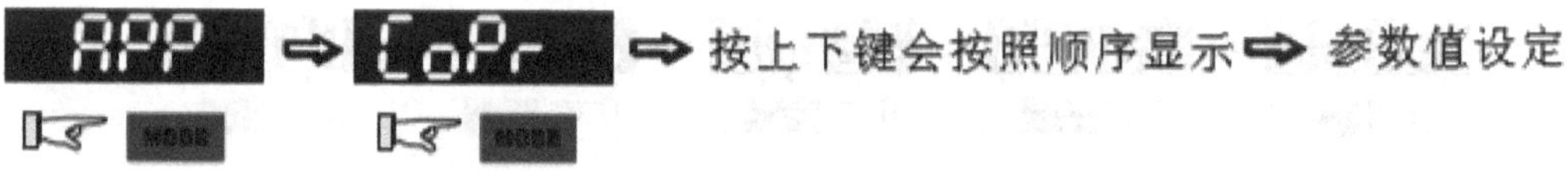

APP ⇒ CoPr ⇒ 按上下键会按照顺序显示 ⇒ 参数值设定

图 5-12　13-00 = 2 的参数设置

4) 参数 13-00 = 3, 风机 (Fan), 显示为 FAn, 如图 5-13 所示。

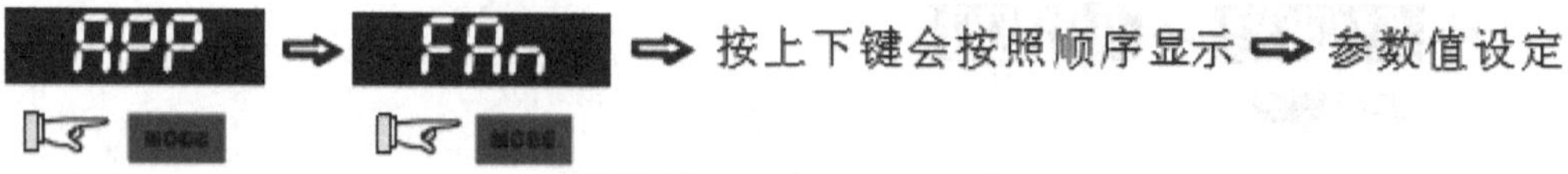

APP ⇒ FAn ⇒ 按上下键会按照顺序显示 ⇒ 参数值设定

图 5-13　13-00 = 3 的参数设置

5）参数 13-00=4，水泵（Pump），显示为 PUNP，如图 5-14 所示。

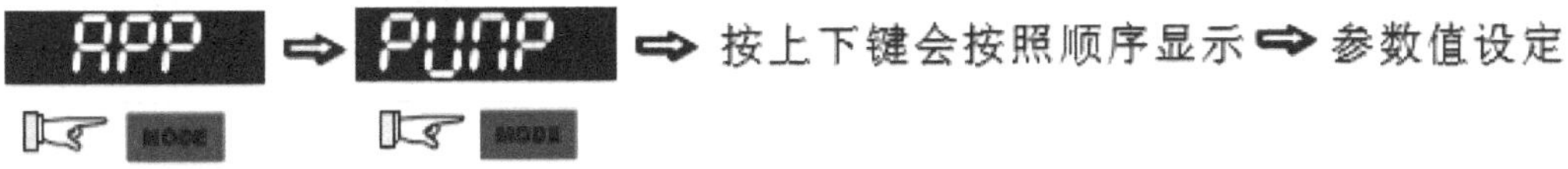

图 5-14　13-00=4 的参数设置

6）参数 13-00=5，传送（Conveyor），显示为 CnYr，如图 5-15 所示。

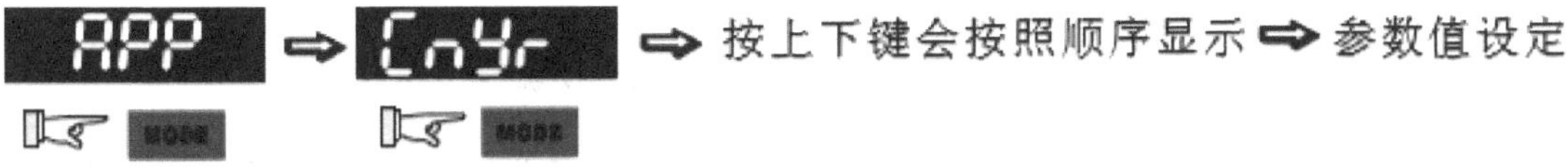

图 5-15　13-00=5 的参数设置

7）参数 13-00=6，工具机应用（Machine tool），显示为 CnC，如图 5-16 所示。

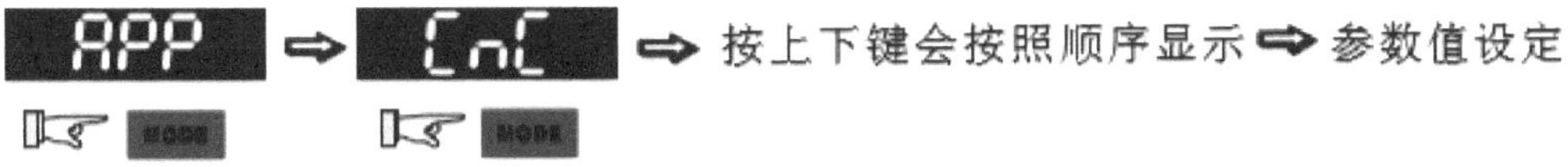

图 5-16　13-00=6 的参数设置

8）参数 13-00=7，包装（Packing），显示为 PAC，如图 5-17 所示。

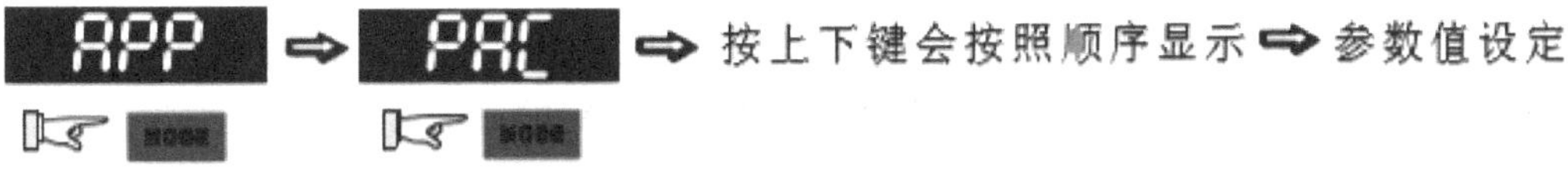

图 5-17　13-00=7 的参数设置

9）参数 13-00=8，纺织应用（Textiles），显示为 tiLE，如图 5-18 所示。

图 5-18　13-00=8 的参数设置

在参数 13-00 设定不为 0 的情况下，按〈ENTER〉键进入 APP 页面，会根据参数 13-00 的设定值显示对应的快捷显示，接着在各快捷显示页面下按〈ENTER〉键会看到使用者自定义或各行业的参数集合，参数设定方式与一般情况下的参数设定相同，可直接按上键或下键选择欲设定的参数。若选择使用者自定义但却没有在参数 13-01～13-50 设定任何常用的参数，则在 USEr 显示页面时按〈ENTER〉键无法进入下一层。

另外参照下面流程说明设定用户自定义应用宏参数（参数 13-00=1），如图 5-19 所示。具体步骤说明如下。

1）应用宏功能需至参数 13 群组设定，参数 13-00 设定为非 0 值即开启应用宏功能。

2）设定 13-00=1 即开启用户自定义应用宏功能。

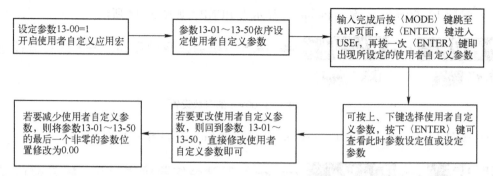

图5-19　设定用户自定义应用宏参数流程

3）使用者可至参数 13-01~13-50 按需求依序设定自定义参数，默认值为 0-00 即代表目前无自定义参数。按下〈ENTER〉键后可将对应数设定至参数 13-01~13-50 中。

4）设定自定义参数的方式与一般参数设定相同，按上、下键或启用左移键功能可加快设定的速度。

请注意只读的参数无法设定。另外必须按照顺序设定，即 13-01、13-02、13-03…，否则会跳出 Err。

5）若已设定参数后需要修改，则返回参数 13-01~13-50 处进行修改。

6）若已设定参数后想要移除不需要的参数，则必须从最后一个参数开始移除，即如果原本设定了 5 个自定义参数 13-01、13-02…13-05，欲移除参数 13-02，需要从 13-05、13-04、13-03 开始依序移除。

7）在使用者自定义应用宏的自定义参数设定完成后回到 APP 页面下时，按〈ENTER〉键会显示 USEr，再按一次〈ENTER〉键就会出现刚才设定的自定义参数。

请参照如图5-20 所示流程说明设定行业应用宏参数。

图5-20　设定行业应用宏参数流程

4. 参数设定

（1）无号参数（参数设定范围≥0）

1）左移键功能关闭：按上、下键调整参数值，调整至欲设定的值后按〈ENTER〉键即可。

2）左移键功能开启：长按〈MODE〉键 2 s 直到参数值最低位开始闪烁，于此时按上键，数值会依序增加，当前前位数数值为 9 时再按上键会跳回至 0。

3）若按下键则闪烁的光标位置会左移一位，同样于此时按上键，位数的值会递增；再按下键光标位置会再左移一位。

4）完成设定后，左移键功能并不会被关闭，若要关闭左移键功能则需再次长按〈MODE〉键 2 s。

例如，参数 01-00 预设是 60.00，长按〈MODE〉键后开启左移功能，按左移键的流程如图5-21 所示。

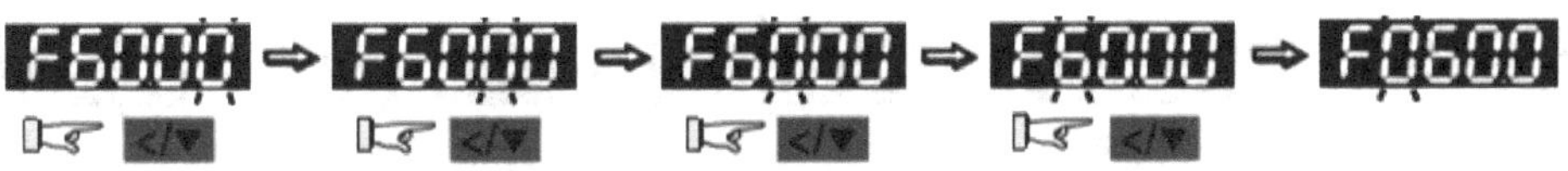

图 5-21　左移功能流程图

参数 01-00 的上限值是 599.00，若设定超过 599.00，按〈ENTER〉键会先跳出 Err 字样，然后短暂显示上限值 599.00 以提醒使用者设定超过界限，最后会回到当前的参数设定值（预设是 60.00，代表参数值并未被改变），并且光标位置恢复为最末位。

（2）有号数参数设定情境 1

参数值为一位小数或无小数位，例如，参数 03-03。

1）左移键功能关闭：按上、下键调整参数值，调整至欲设定的值后按〈ENTER〉键。

2）左移键功能开启：长按〈MODE〉键 2 s 直到参数值最低位开始闪烁，于此时按上键，数值会依序增加，当此位数数值为 9 时再按上键会跳回至 0。

3）若按下键则闪烁的光标位置会左移一位，同样于此时按上键，数值会递增；再按下键光标位置会再左移一位；至最高位数时按上键会由 "0" 转成 "-"（负号）。

4）完成设定后，左移键功能并不会被关闭，若要关闭左移键功能则需再次长按〈MODE〉键 2 s。

例如，参数 03-03 预设是 0.0，长按〈MODE〉键后开启左移功能，按左移键的流程如图 5-22 所示。

图 5-22　左移功能流程图

参数 03-03 的上限值是 100.0，下限值是 -100.0，若设定超过 100.0 或 -100.0，按〈ENTER〉键会先跳出 Err 字样，然后显示上限值 100.0 或下限值 -100.0，以提醒使用者设定超过界限，最后会显示当前的参数设定值（预设是 0.0，代表参数值并未被改变），并且光标位置恢复为最末位。

（3）有号数参数设定情境 2

参数值为两位小数，例如，参数 03-74。

1）左移键功能关闭：按上、下键调整参数值，调整至欲设定的值后按〈ENTER〉键。

2）左移键功能开启：长按〈MODE〉键 2 s 直到参数值最低位开始闪烁，于此时按上键，数值会依序增加，当此位数数值为 9 时再按上键会跳回至 0。

3）若按下键则闪烁的光标位置会左移一位，同样于此时按上键，数值会递增；再按下键光标位置会再左移一位；至最高位数时按上键会由 "0" 转成 "-"（负号）。

4）对于有三位数字以及两位小数的，且有正负值的参数设定值（Pr.03-74，-100.00% ~ 100.00%），数字显示器只会显示四位数字（-100.0 或 100.0）

例如，参数 03-74 预设是 -100.0，如图 5-23 所示。若将参数设定往上调整 0.001，则会显示 -99.99。

图 5-23　参数情境 2 流程图

参数 03-74 的上限值是 100.00，下限值是-100.00，在左移功能开启时，若设定超过 100.00 或-100.00，按〈ENTER〉键会先跳出 Err 字样，然后短暂显示上限值 100.0 或下限值-100.0（只显示一位小数），以提醒使用者设定超过界限。最后会显示当前的参数设定值（代表参数值并未被改变），并且光标位置恢复为最末位。

5.1.3　快速调试

台达变频器使用快速调试只需按〈ENTER〉键选择快速简易设定，在方框中输入参数值即可。具体值（如重载、一般负载等）详细说明可参见 5.2 节 MS300 系列变频器常用参数说明，常用选项内容如下。

1）设置负载（P00-16），确定电动机的负载类型（默认一般负载）。当 P00-16 = 0 时，为一般负载；当 P00-16 = 1 时，为重载。其中，一般负载为过载时，额定输出电流 150%、3 s（120%、1 min），重载为过载时，额定输出电流 200%、3 s（150%、1 min）。

2）设置停车方式（P00-22），确定电动机的停车方式（默认减速制动方式停止）。当 P00-22 = 0 时，为以减速制动方式停止；当 P00-22 = 1 时，为以自由运转方式停止。当电动机以减速制动方式停止时，变频器会依目前所设定的减速时间，减速至 0（或最低输出频率）后停止；当电动机以自由运转方式停止时，变频器会立即停止输出，电动机依负载惯性自由运转至停止。

3）设置运转方向（P00-23），确定电动机的运转方向（默认可正反转）。当 P00-23 = 0 时，为可正反转；当 P00-23 = 1 时，为禁止反转；当 P00-23 = 2 时，为禁止正转。

4）设置上限频率（P01-10），确定电动机最大频率。设定值范围为 0.00 ~ 599.00 Hz，这里设定的值对电动机的正转和反转均适用。默认 P01-10 = 599.00，即 599.00 Hz。

5）设置下限频率（P01-11），确定电动机最小频率。设定值范围为 0.00 ~ 599.00 Hz，这里设定的值对电动机的正转和反转均适用。默认 P01-11 = 0，即 0 Hz。上下限输出频率的设定是用来限制实际输出至电动机的频率值；若设定频率高于上限频率 01-10，则以上限频率运转；若设定频率低于下限频率 01-11 且设定频率高于最小频率 01-07，则以下限频率运行。设定时，上限频率>下限频率。上限频率设定值会限制变频器的最大输出频率，如果频率命令设定值高于 01-10 设定值，则输出频率会被限制在 01-10 上限频率设定值。当变频器的频率命令小于此设定值时，变频器的输出频率会受到此下限频率限制。

6）设置永磁同步电动机满载电流（P05-34）。根据铭牌输入电动机满载电流，设置范围为变频器额定电流的 0 ~ 120%. 默认 P05-34 = #. #。

7）设置永磁同步电动机额定功率（P05-35）。根据铭牌输入电动机额定功率，设置范围为 0.00 ~ 655.35 kW，默认 P05-35 = #. #，即出厂设定值为变频器的功率值。

8）设置永磁同步电动机额定转速（P05-36）。根据铭牌输入电动机额定转速，设置范围为 0 ~ 65535，默认 P05-36 = 2000，即 2000 r/min。

9）设置永磁同步电动机极数（P05-37）。根据铭牌输入电动机极数，设置范围为 0~65535，默认极数为 10。

5.1.4　基本参数表

MS300 变频器基本参数表见表 5-3。

表 5-3　MS300 变频器基本参数表

参数码	参数名称	设定范围	初始值
01-00	电动机 1 最高操作频率	0.00~599.00 Hz	60.00/ 50.00
01-01	电动机 1 输出频率设定	0.00~599.00 Hz	60.00/ 50.00
01-02	电动机 1 输出电压设定	110 V/230 V 机种：0.0~255.0 V 460 V 机种：0.0~510.0 V	220.0 440.0
01-03	电动机 1 输出中间 1 频率设定	0.00~599.00 Hz	3.00
01-04 *	电动机 1 输出中间 1 电压设定	110 V/230 V 机种：0.0~240.0 V 460 V 机种：0.0~480.0 V	11.0 22.0
01-05	电动机 1 输出中间 2 频率设定	0.00~599.00 Hz	0.50
01-06 *	电动机 1 输出中间 2 电压设定	110 V/230 V 机种：0.0~240.0 V 460 V 机种：0.0~480.0 V	2.0 4.0
01-07	电动机 1 输出最低频率设定	0.00~599.00 Hz	0.00
01-08 *	电动机 1 输出最小电压设定	110 V/230 V 机种：0.0~240.0 V 460 V 机种：0.0~480.0 V	0.0 0.0
01-09	起动频率	0.00~599.00 Hz	0.50
01-10 *	上限频率	0.00~599.00 Hz	599.00
01-11 *	下限频率	0.00~599.00 Hz	0.00
01-12 *	第一加速时间设定	参数 01-45=0：0.00~600.0 s 参数 01-45=1：0.00~6000.s	10.00 10.0
01-13 *	第一减速时间设定	参数 01-45=0：0.00~600.0 s 参数 01-45=1：0.00~6000.0 s	10.00 10.0
01-14 *	第二加速时间设定	参数 01-45=0：0.00~600.0 s 参数 01-45=1：0.00~6000.0 s	10.00 10.0
01-15 *	第二减速时间设定	参数 01-45=0：0.00~600.00 s 参数 01-45=1：0.00~6000.0 s	10.00 10.0
01-16 *	第三加速时间设定	参数 01-45=0：0.00~600.00 s 参数 01-45=1：0.00~6000.0 s	10.00 10.0
01-17 *	第三减速时间设定	参数 01-45=0：0.00~600.00 s 参数 01-45=1：0.00~6000.0 s	10.00 10.0
01-18 *	第四加速时间设定	参数 01-45=0：0.00~600.00 s 参数 01-45=1：0.00~6000.0 s	10.00 10.0
01-19 *	第四减速时间设定	参数 01-45=0：0.00~600.00 s 参数 01-45=1：0.00~6000.0 s	10.00 10.0
01-20 *	寸动（JOG）加速时间设定	参数 01-45=0：0.00~600.00 s 参数 01-45=1：0.00~6000.0 s	10.00 10.0

（续）

参数码	参数名称	设定范围	初始值
01-21 *	寸动（JOG）减速时间设定	参数 01-45=0：0.00~600.00 s 参数 01-45=1：0.00~6000.0 s	10.00 10.0
01-22 *	寸动（JOG）频率设定	0.00~599.00 Hz	6.00
01-23 *	第一/第四段加减速切换频率	0.00~599.00 Hz	0.00
01-24 *	S 加速起始时间设定 1	参数 01-45=0：0.00~25.00 s 参数 01-45=1：0.0~250.0 s	0.20 0.2
01-25 *	S 加速到达时间设定 2	参数 01-45=0：0.00~25.00 s 参数 01-45=1：0.0~250.0 s	0.20 0.2
01-26 *	S 减速起始时间设定 1	参数 01-45=0：0.00~25.00 s 参数 01-45=1：0.0~250.0 s	0.20 0.2
01-27 *	S 减速到达时间设定 2	参数 01-45=0：0.00~25.00 s 参数 01-45=1：0.0~250.0 s	0.20 0.2
01-28	禁止设定频率 1 上限	0.00~599.00 Hz	0.00
01-29	禁止设定频率 1 下限	0.00~599.00 Hz	0.00
01-30	禁止设定频率 2 上限	0.00~599.00 Hz	0.00
01-31	禁止设定频率 2 下限	0.00~599.00 Hz	0.00
01-32	禁止设定频率 3 上限	0.00~599.00 Hz	0.00
01-33	禁止设定频率 3 下限	0.00~599.00 Hz	0.00
01-34	零速模式选择	0：输出等待 1：零速运转 2：Fmin（依据参数 01-07、01-41）	0
01-35	电动机 2 输出频率设定	0.00~599.00 Hz	60.00/50.00
01-36	电动机 2 输出电压设定	110 V/230 V 机种：0.0~255.0 V 460 V 机种：0.0~510.0 V	220.0 440.0
01-37	电动机 2 输出中间 1 频率设定	0.00~599.00 Hz	3.00
01-38 *	电动机 2 输出中间 1 电压设定	110 V/230 V 机种：0.0~240.0 V 460 V 机种：0.0~480.0 V	11.0 22.0
01-39	电动机 2 输出中间 2 频率设定	0.00~599.00 Hz	0.50
01-40 *	电动机 2 输出中间 2 电压设定	110 V/230 V 机种：0.0~240.0 V 460 V 机种：0.0~480.0 V	2.0 4.0
01-41	电动机 2 输出最低频率设定	0.00~599.00 Hz	0.00
01-42 *	电动机 2 输出最小电压设定	110 V/230 V 机种：0.0~240.0 V 460 V 机种：0.0~480.0 V	0.0 0.0
01-43	V/F 曲线选择	0：依照参数 01-00~01-08 设定 1：1.5 次方曲线 2：2 次方曲线	0
01-44 *	自动加减速设定	0：直线加减速 1：自动加速，直线减速 2：直线加速，自动减速 3：自动加减速 4：直线，以自动加减速作为失速防止（受限参数 01-12~01-21）	0

（续）

参数码	参 数 名 称	设 定 范 围	初始值
01-45	加减速及 S 曲线时间单位	0：单位 0.01 s 1：单位 0.1 s	0
01-46 *	CANopen 快速停止时间	参数 01-45 = 0：0.00～600.00 s 参数 01-45 = 1：0.0～6000.0 s	1.00
01-49	减速方式	0：一般减速 1：抑制过电压减速 2：牵引能量控制	0
01-52	电动机 2 最高操作频率	0.00～599.00 Hz	60.00/50.00
01-53	电动机 3 最高操作频率	0.00～599.00 Hz	60.00/ 50.00
01-54	电动机 3 输出频率设定	0.00～599.00 Hz	60.00/50.00
01-55	电动机 3 输出电压设定	110 V/230 V 机种：0.0～255.0 V 460 V 机种：0.0～510.0 V	220.0 440.0
01-56	电动机 3 输出中间 1 频率设定	0.00～599.00 Hz	3.00
01-57 *	电动机 3 输出中间 1 电压设定	110 V/230 V 机种：0.0～240.0 V 460 V 机种：0.0～480.0 V	11.0 22.0
01-58	电动机 3 输出中间 2 频率设定	0.00～599.00 Hz	0.50
01-59 *	电动机 3 输出中间 2 电压设定	110 V/230 V 机种：0.0～240.0 V 460 V 机种：0.0～480.0 V	2.0 4.0
01-60	电动机 3 输出最低频率设定	0.00～599.00 Hz	0.00
01-61 *	电动机 3 输出最小电压设定	110 V/230 V 机种：0.0～240.0 V 460 V 机种：0.0～480.0 V	0.0 0.0
01-62	电动机 4 最高操作频率	0.00～599.00 Hz	60.0/50.0
01-63	电动机 4 输出频率设定	0.00～599.00 Hz	60.0/50.0
01-64	电动机 4 输出电压设定	110 V/230 V 机种：0.0～255.0 V 460 V 机种：0.0～510.0 V	220.0 440.0
01-65	电动机 4 输出中间 1 频率设定	0.00～599.00 Hz	3.00
01-66 *	电动机 4 输出中间 1 电压设定	110 V/230 V 机种：0.0～240.0 V 460 V 机种：0.0～480.0 V	11.0 22.0
01-67	电动机 4 输出中间 2 频率设定	0.00～599.00 Hz	0.50
01-68 *	电动机 4 输出中间 2 电压设定	110 V/230 V 机种：0.0～240.0 V 460 V 机种：0.0～480.0 V	2.0 4.0
01-69	电动机 4 输出最低频率设定	0.00～599.00 Hz	0.00
01-70 *	电动机 4 输出最小电压设定	110 V/230 V 机种：0.0～240.0 V 460 V 机种：0.0～480.0 V	0.0 0.0

注：* 表示可在运转中执行设定功能。

5.1.5　变频器的调试步骤

以 PM（Permanent Magnet，永磁）电动机标准调机流程为例，其速度模式选择（Pr.00-11）和电动机选择（Pr.05-33）参数为 Pr.00-11 = 2 SVC（Pr.05-33 = 1 或 2）

1. 空载起动流程图

空载起动流程图如图 5-24 所示。

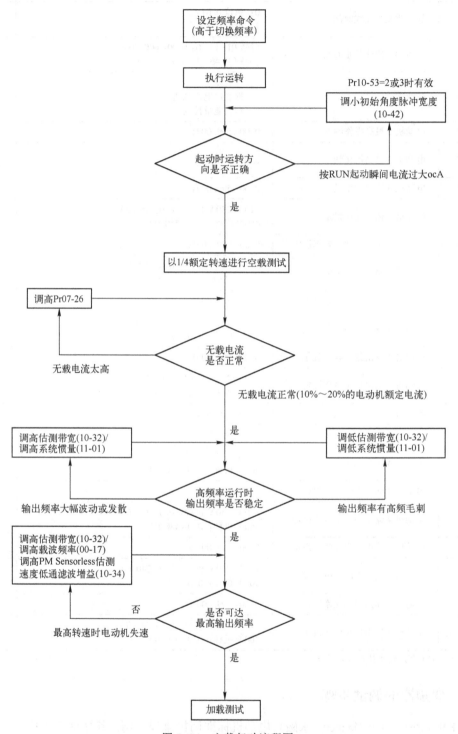

图 5-24　空载起动流程图

2. 带载起动流程图

带载起动流程如图 5-25 所示。

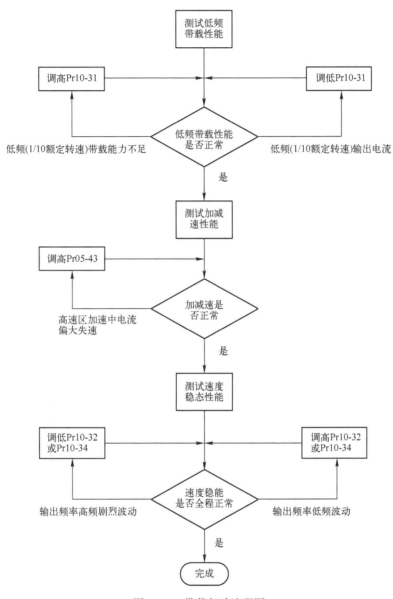

图 5-25 带载起动流程图

3. PM 电动机 SVC 控制框图

PM 电动机 SVC 控制框图如图 5-26 所示。

4. 调机程序

1）选择 PM 电动机控制 Pr.05-33 = 1 或 2。

2）设定电动机铭牌参数。

① Pr.01-01 额定频率。

② Pr.01-02 额定电压。

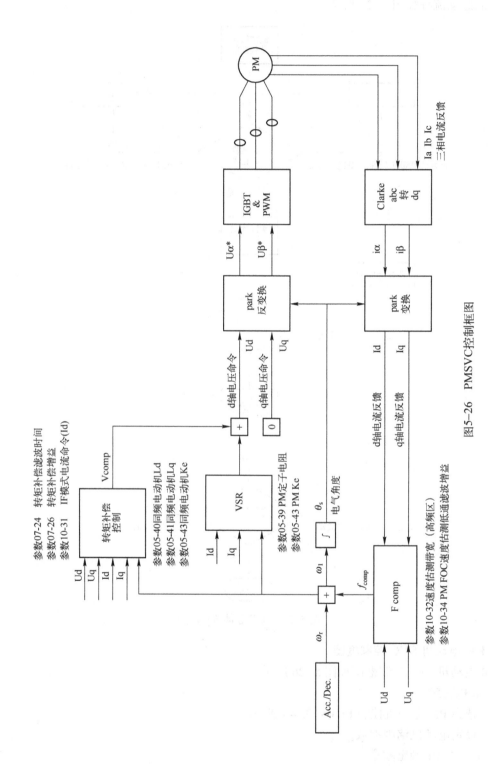

图5-26 PMSVC控制框图

③ Pr. 05-34 额定电流。

④ Pr. 05-35 额定功率。

⑤ Pr. 05-36 额定转速。

⑥ Pr. 05-37 电动机极数。

3）执行 PM 参数自学习（静态）。

设定 Pr. 05-00＝13，按〈RUN〉键后完成电动机参数自学习，得到下列参数。

① Pr. 05-39 定子相电阻。

② Pr. 05-40 d 轴相电感。

③ Pr. 05-41 q 轴相电感。

④ PM 电动机 Ke 参数（V/1000 r/min）。

⑤ Pr. 05-43（会根据电动机功率、电流及转速自动计算得到）

4）设定速度控制模式：Pr. 00-10＝0，Pr. 00-11＝2 SVC。

5）建议完成调整后，断电后重新上电一次。

6）PM 电动机 SVC 控制模式的控速比为 1：20。

7）PM 电动机 SVC 控制模式在 1/20 额定转速下，带载能力为 100％ 电动机额定转矩。

8）PM 电动机 SVC 控制模式不适用零速控制。

9）PM 电动机 SVC 控制模式的带载起动与带载正反转负载能力为 100％ 电动机额定转矩。

10）速度估测器调整相关参数。

11）速度调整参数。

5.2　MS300 变频器常用参数说明

5.2.1　保护参数

1. 参数 06-00：低电压准位

设定范围如下。

110 V/230 V：150.0～220.0V_{dc}，出厂设定值：180V_{dc}。

460 V：300.0～440.0V_{dc}，出厂设定值：360V_{dc}。

低电压准位用来设定 Lv 判别准位。当变频器直流侧电压低于低电压准位时，会触发低电压故障，随后停止输出、自由停车。而故障种类将视当时加减速状态而定，共分 LvA（加速中低电压）、Lvd（减速中低电压）以及 Lvn（定速中低电压）三种，需按〈RESET〉键才能清除低电压故障，但若有设定瞬停再起动则会自动回复。

若变频器于停机中触发低电压故障，将显示 LvS（停机中低电压），此故障不会被记录，且当输入电压高于低电压准位 30 V（230 V 机种）或 60 V（460 V 机种）时可自动回复。

2. 参数 06-01：过电压失速防止

设定范围如下。

110 V/230 V 机种：0.0～450.0V_{dc}，出厂设定值：DC 380.0V。

460 V 机种：DC 0.0～900.0V，出厂设定值：DC 760.0V。

0：无功能。

设定值为 0.0 时，无过电压失速防止功能，当有接制动单元或电阻时，建议使用此设定。

当设定值不为 0.0 时，过电压失速防止功能有效。此设定值应参考电源系统与负载而定，若设定太小则易因起动过电压失速防止功能而延长减速时间。

3. 参数 06-02：过电压失速防止动作选择

设定范围（出厂设定值：0）如下。

0：使用传统过电压失速防止功能。

1：使用智能型过电压失速防止功能。

此功能的应用是针对负载惯量不确定的场合。当正常负载下停止时，并不会产生减速过电压的现象，且满足所设定的减速时间。但偶尔负载回升，惯量增加，减速停止时不能因过电压而跳机，此时，变频器便会自动将减速时间延长直到停止。

设定值为 0 时，当变频器执行减速时，由于电动机负载惯量的影响，电动机会有超越同步转速的情形发生，此情况下电动机就成为发电机。若电动机侧负载惯量较大或变频器减速时间设定过小，此时电动机会产生回升能量至变频器内部，使得直流侧电压升高，直到最大容许值。因此当起动过电压失速防止功能时，变频器侦测直流侧电压过高时，变频器会停止减速（输出频率保持不变），直到直流侧电压低于设定值时，变频器才会再执行减速。

设定值为 1 时，使用智能型过电压失速防止功能，在减速过程中，会维持 Dcbus 电压使变频器不会发生过电压动作。

使用过电压失速防止功能时，变频器的减速时间将大于所设定的时间，如图 5-27 所示。

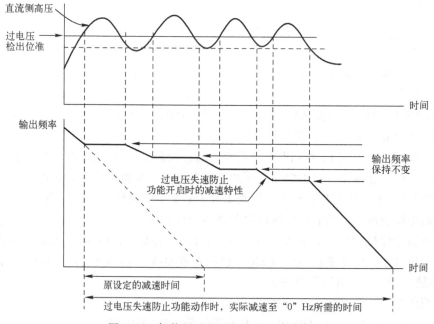

图 5-27　智能型过电压失速防止过程曲线

若减速的时间对应用有碍，则此功能就不适用了。解决的方案如下。

1）自行适量增加减速时间。

2）加装制动电阻将电动机回灌的电能以热能形式消耗掉。

4. 参数 06-03：加速中过电流失速防止准位

设定范围如下。

一般负载：0~150%（100% 对应变频器的额定电流），出厂设定值：120。

重载：0~200%（100% 对应变频器的额定电流），出厂设定值：180。

此参数只在 VF、VFPG、SVC 模式下有效。

若电动机的负载过大或变频器的加速时间过短，加速时变频器的输出电流可能太大，导致电动机损坏或触发变频器的保护功能（OL、OC 等）。使用此参数可避免这些状况的发生。

如图 5-28 所示，加速时变频器输出电流会急速上升，若超出参数 06-03 过电流失速防止准位设定值，变频器会停止加速，输出频率保持固定，待输出电流降低之后再继续加速的动作。

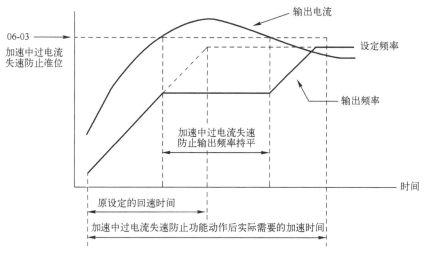

图 5-28　加速中过电流失速防止准位曲线图

使用过电流失速防止功能时，变频器的加速时间将大于所设定的时间。

若是因电动机容量过小或是在出厂设定的状态下运转而进入失速状态，请降低参数 06-03 设定值。

若加速的时间对应用有碍，则此功能就不适用了，解决的方案如下。

1）自行适量增加速时间。

2）设定参数：01-44 自动加减速选择设定为 1、3 或 4 自动加速。

3）相关参数：01-12，01-14，01-16，01-18 第一~第四加速时间设定，01-44 自动加减速选择设定，02-13 多功能输出端子（Relay）、02-16~02-17 多功能输出端子（MO1,2）。

5. 参数 06-04：运转中过电流失速防止准位

设定范围如下。

一般负载：0~150%（100%对应变频器的额定电流），出厂设定值：120。

重载：0~200%（100%对应变频器的额定电流），出厂设定值：180。

此参数只在 VF、VFPG、SVC 模式下有效。

在运转中过电流失速防止是指电动机在定速运转中，发生了瞬间过载时变频器会自动降低输出频率，以防止电动机失速的一种保护措施，如图 5-29 所示。

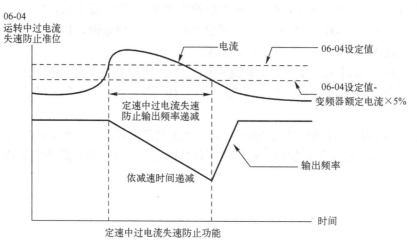

图 5-29　运转中过电流失速防止准位过程曲线图

若变频器运转中，输出电流超过参数 06-04（运转中，过电流失速防止电流准位）设定值时，变频器会依照参数 06-05 定速运转中过电流失速防止的加减速时间选择进行减速，避免电动机失速。若输出电流低于参数 06-04 设定值，则变频器才重新加速（依照参数 06-05）至设定频率。

5.2.2　特殊参数

1. 参数 07-00：软件制动动作准位设定

设定范围如下。

110 V/230 V 系列：350.0~450.0V$_{dc}$，出厂设定值：370.0。

460 V 系列：700.0~900.0V$_{dc}$，出厂设定值：740.0。

此参数设定控制制动动作的准位，参考值为 DC-BUS 上的直流电压值，可以选用适当制动电阻，以达到最佳减速特性。

2. 参数 07-01：直流制动电流准位

设定范围：0~100%，出厂设定值：0。

此参数设定起动及停止时送入电动机直流制动电流准位。直流制动电流百分比为 100% 时，即为变频器额定电流。所以当设定此参数时，务必由小慢慢增大，直到得到足够的制动转矩；但不可超过电动机的额定电流，以免烧毁电动机，所以请不要使用变频器的直流制动作为机械装置的制动保持，可能造成伤害事故。

3. 参数 07-02：起动时直流制动时间

设定范围：0.0~60.0 s，出厂设定值：0。

电动机可能因为外力或本身惯量而处于旋转状态，此时变频器贸然投入可能使输出电流过大，造成电动机损坏或出现变频器的保护动作。此参数可在电动机运行前先输出一直流电流产生转矩迫使电动机停止，以得到平稳的起动特性。此参数为设定变频器起动时，送入电动机直流制动电流持续的时间。设定为 0.0 时，起动时直流制动为无效。

4. 参数 07-03：停止时直流制动时间

设定范围：0.0~60.0 s，出厂设定值：0.0。

电动机可能因为外力或本身惯量，在变频器停止输出之后仍处于旋转状态，无法进入完全静止状态。此参数可在变频器停止输出后，输出一直流电流产生转矩迫使电动机停止，以确保电动机已准确停车。

此参数设定制动时送入电动机直流制动电流持续的时间。停止时若要做直流制动，则参数 00-22 电动机停车方式选择需设定为减速停车（0），此功能才会有效。设定为 0.0 时，停止时直流制动为无效。

5. 参数 7-04：直流制动起始频率

设定范围：0.00~599.00 Hz，出厂设定值：0.00。

变频器减速至停止前，此参数设定直流制动起始频率。当设定值小于起动频率（参数 01-09）时，直流制动起始频率以最低频率开始，如图 5-30 所示。

图 5-30　直流制动输出时序图

运转前的直流制动通常应用于如风车、冰泵等停止时负载可移动的场合。这些负载在变频器起动前电动机通常处于自由运转中，且运转方向不定，可于起动前先执行直流制动再起动电动机。停止时的直流制动通常应用于希望能很快将电动机停止，或是做定位的控制，如天车、切削机等。

6. 参数 7-06：瞬时停电再起动

设定范围：（出厂设定值：0）。

0：停止运转。

1：由停电前速度做速度追踪。

2：从最小输出频率做速度追踪。

该参数定义瞬时停电再复电后变频器运转的状态。

变频器所连接的电源系统可能因各种原因而瞬时断电，此功能可允许变频器在电源系统恢复之后，继续输出电压不致因此而停机。

设定为 1：变频器由断电前的频率往下做速度追踪，待变频器的输出频率与电动机转子速度同步之后，再加速至主频率命令。若电动机的负载具有惯性大、各种阻力较小的特性，例如像有大惯量飞轮的机械设备，再起动时就不需等到飞轮完全停止后才能执行运转指令，如此可节省时间。建议使用此设定。

设定为 2：变频器由最低频率往上开始做速度追踪，待变频器的输出频率与电动机转子速度同步之后，再加速至主频率命令。若电动机的负载具有惯性小、各种阻力较大的特性，建议使用此设定。

在有 PG 的控制模式下，只要设非零值，变频器就会自行依照 PG 的转速做速度追踪。

7. 参数 7-07：允许停电时间

设定范围：0.0~20.0 s，出厂设定值：2.0。

此参数设定可允许停电的最大时间。若中断时间超过可允许停电的最大时间，则复电后变频器停止输出。

允许停电的最大时间内只要变频器还显示 LU，则瞬时停电再起动功能有效。但若负荷过大，即使停电时间未超过，变频器已关机时，则复电后不会执行瞬时停电再起动，仅做一般开机的动作。

8. 参数 7-21：自动节能设定

设定范围（出厂设定值：0）如下。

0：关闭；1：开启。

在节能运转模式开启时，在加减速中以全电压运转；定速运转中会由负载功率自动计算最佳的电压值供应给负载。此功能较不适用于负载变动频繁或运转中已接近满载额定运转的负载。

输出频率一定，即恒速运转时，随着负载变小，输出电压自动降低，使电动机在电压和电流的乘积（电功率）为最小的节能状态下运转。

9. 参数 7-22：节能增益

设定范围：10~1000%，出厂设定值100。

参数 07-21 设为 1 时，此参数增益可用来调整节能之增益。出厂设定值为 100%，若节能效果不佳时，可往下做调整，如果电动机振荡时，则应往上增加。

在某些应用场合，如高速主轴，非常注意电动机本身的温升情况，所以希望当电动机在非工作状态时，电动机的电流可以降至较低的电动机电流准位，调低此参数，可达到此要求。

10. 参数 7-23：自动稳压功能（AVR）

设定范围（默认为0）如下。

0：开启 AVR 功能。

1：取消 AVR 功能。

2：减速时，关闭 AVR 功能。

通常电动机的额定电压为 AC 220 V/200 V、60 Hz/50 Hz，变频器的输入电压可自 AC 180 V~264 V、50 Hz/60 Hz。所以当变频器没有 AVR 自动稳压输出功能时，若输入变频器电源为 AC 250 V，则输出到电动机的电压也为 AC 250 V，电动机在超过额定电压 12%~20% 的电源运转，造成电动机的温升增加、绝缘能力遭破坏、转矩输出不稳定，长期下来将使电动机寿命缩短，造成损失。

变频器的自动稳压输出可在输入电源超过电动机额定电压时，自动将输出电源稳定在电动机的额定电压。例如 U/f 曲线的设定为 AC 200 V/50 Hz，此时若输入电源在 AC 200~264 V，输出至电动机的电压会自动稳定在 AC 200 V/50 Hz，绝不会超出所设定的电压。若输入的电源在 AC 180~200 V 变动，输出至电动机的电压会正比于输入电源。

设为 0：开启自动稳压功能时，变频器以实际 DC BUS 电压值计算输出电压，输出电压将不因 DC BUS 电压飘动而飘动。

设为 1：关闭自动稳压时，变频器以实际 DC BUS 电压值计算输出电压，输出电压值将因 DC BUS 电压飘动而飘动，可能造成输出电流不足、太大或振荡。

设为 2：变频器只在停车减速时取消自动稳压，可加速制动。

当电动机在减速制动停止时，将自动稳压的功能关闭会缩短减速的时间，再加上搭配自动加减速功能，电动机的减速更加平稳且快速。

5.3　MS300 变频器的应用实例

5.3.1　变频器在纺织机械的应用

1. 应用特点

纺织行业包括从纤维原料到服装，日用或产业用布料、绳、线的工艺过程中的生产企业，以及为这些企业提供专用设备的配套企业。纺织行业的主工艺流程示意如图 5-31 所示。

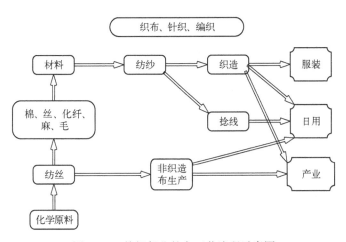

图 5-31　纺织行业的主工艺流程示意图

交流变频调速技术在纺织机械中推广应用的必要性如下。

1）当电动机通过工频直接起动时，将会产生 7~8 倍的电动机额定电流。这个电流值将大大增加电动机绕组的电应力并产生热量，从而降低电动机寿命。而变频调速可在零速零电压起动（当然要给予适当转矩提升）。一旦频率和电压的关系建立，变频器就可按照 U/f 控制方式或矢量控制方式带动负载进行工作。使用变频调速能够充分降低起动电流，提高绕组承受力，降低电动机的维护成本。

2）纺纱工艺流程中要求加工设备的电气传动系统在运行中稳定，点动、起动及升降速都应平滑实现，这样才能使纤维的牵伸均匀，降低重量不匀值。在纺机设备的传动系统中，都是由皮带和齿轮来承担负载。由于电动机起动硬度的原因，在点动与起动过程中，不可避免地出现皮带打滑、齿轮冲击等现象。在机械传动中，齿轮越多，造成齿轮损伤的概率就越大。应用交流变频技术就能很好地实现平滑起动，消除机械起动时的冲击力，实现无级调速，满足工艺生产要求，提高了生产效率和成纱质量，降低了运行成本。应用交流变频技术在纱织品种变化的情况时，不需改变皮带轮，设备工艺转速的改变只需通过变频设定就可完成。

3）运用变频调速能够优化工艺过程，并能根据工艺过程迅速改变转速，还能通过远程PLC 或其他控制器来实现速度变化。

4）如同可控的加速一样，在变频调速中，停止方式可以受控，并且可以选择不同的停止方式，从而使整个系统更加稳定。

2. MS300 在印花机上的应用实例

平网印花机是纺织印染行业特别是毛巾（含浴巾、沙滩巾、装饰巾、毛巾挂毯等）制造企业的重要生产设备。平网印花机由橡胶输送带（简称"导带"）输送毛巾运动，多个平网在毛巾上套印不同的颜色，其印花及套色的准确性直接影响毛巾成品的美观和质量等级，因而拖动系统大多采用伺服电动机。为了提高生产效率、降低成本，又必须保持一定的印染速度，控制刮刀运动基本采用伺服或者变频器。本实例主要涉及台达伺服驱动器 ASD-A5523-B 拖动输送带、变频器驱动刮刀来回刮刷的应用。

（1）设备运行步骤

首先在导带的预定位置用乳白胶粘贴白色毛巾坯，然后起动伺服电动机，电动机经蜗轮减速机减速后拖动输送带，当输送带上的毛巾对准印花平网的位置停稳后，平网网框下压贴紧毛巾，通过网框上方的刮刀紧贴网框刮刷，将平网内放置的颜料透过镂空的图案印染到毛巾上。第一个颜色的图案印完之后，网框抬起，导带将毛巾送到下一个网框位置停稳，开始第二个颜色图案的印染，直到 10 个颜色依次套准印完，一条彩色毛巾才告完成，而第二条毛巾紧接着第一条毛巾不间隔地套色印染，周而复始，连续作业。印刷部分示意图如图 5-32 所示。

每条毛巾印染完成后，随即送到隧道式蒸汽烘房内烘干，然后整理、质检、包装，直至入库出厂。烘干、收料部分示意图如图 5-33 所示。

图 5-32　印刷部分示意图

图 5-33　烘干、收料部分示意图

（2）方案概述与制订

十色印花机中间的印花部分的长度有 20 多米。加上前面的送料部分和后面的烘箱部分，设备总长 40 m 左右。设备要求刮刀行走尽量同步，这样设备运行会比较美观，效率也高。传统的 485 通信，传输速率低，容易受干扰，所以考虑采用 CANopen 通信。

每个刮头工位都有 3 个气缸与 2 个关电传感器，所以需要 2 个输入点与 3 个输出点。每个工位需要手动操作台板、换刮刀、刮刷动作、回墨动作等。并且需要在每个点控制整个设备的起动和停止。需要的输入点比较多，客户选择触摸屏来实现手动操作，而 MS300 变频器都可以满足要求。主机 28SV 与 10 个 MS300 通过 CANopen 通信，每个工位的触摸屏与相应的 MS300 通过 RS485 通信。

控制器采用 DVP28SV11T。28SV 提供左侧并列式高速扩展。由于方案需要通过 CANopen 通信，所以选用此款 PLC 并扩展 DVPCOPM-SL，如图 5-34 所示。

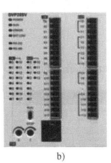

a)　　　　　　　　　　b)

图 5-34　控制器

a) DVPCOPM-SL　b) DVP28SV11T

牵引部分要求精确定位，这样每个颜色才能印到恰当的位置，不至于跑色。选用 ASD-A5523-B 伺服。因为导带比较长，负载比较大，所以 5.5 kW 伺服配 20∶1 的减速机，如图 5-35 所示。

图 5-35　5.5 kW 伺服配 20∶1 的减速机

印刷头部分是由刮刀与印刷模板组成。印刷步骤基本是先下网框，再印刷，接着上台网框，然后回墨，印刷次数与回墨次数都是可设的。刮刷与回墨停车的位置是靠光电开关感应。刮头部分需要一个变频器来控制电动机来回刮刷，并控制三个气缸，进行网框上下动作与换刀动作。印刷头如图 5-36 所示。

图 5-36　印刷头示意图

选用 MS300 变频器能满足生产要求。MS300 配置 CANopen 通信卡，内置 PLC，有 8 个输入口与 4 个输出口。刮刀反复动作基本是快走快刹，所以 MS300 的长寿命设计与环境的耐受性符合这样的环境。

（3）方案的实施

首先，需要设置 CANopen 网络，配置 PDO 映像。配置如图 5-37 所示。

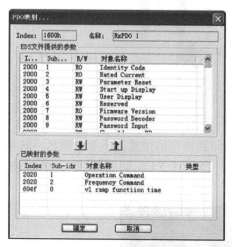

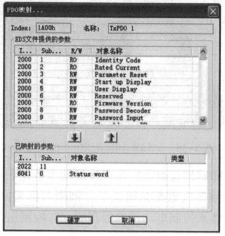

图 5-37　配置示意图

由于设备需要刮刀起停尽量同步，所以需要将主站设置里的同步时间修改为 20 ms，POD 属性里的传输类型改为 1。MS300 的参数设置：P00-20 为 6，P00-21 为 3，P09-30 为 0，P09-36 为从站地址，P09-37 为 0，P09-40 为 0。最后，在节点列表设置里添加一下设备就完成网络配置了。网络配置完成之后，28SV 就可以通过读写 PLC 内部对应的寄存器来读写 MS300 的控制字、目标频率、加速时间、减速时间、MI 与 MO 端子。

5.3.2　MS300 其他行业的应用

1. 工具机

图 5-38　工具机

如图 5-38 所示，该工具机支持高速主轴功能（1500 Hz 输出频率），可应用于复杂、精密的加工制程；具有快速加减速特性，提升机台效率；内置制动电阻，节省系统成本；内置 PLC 功能，提供更广泛的应用功能；内置 STO 安全停止功能，具备紧急停止相关功能并有效防止意外起动，提供具经济效益的安全系统解决方案；完善的瞬时停电操控对策，可在电源异常时安全地将电动机减速至停止，避免刀具断裂损坏。

内置 PID 反馈控制，不需再安装额外的 PID 装置，节省系统成本；内置 PLC 功能，节省额外加装 PLC 和继电器的成本；广泛的输入电压，可适用于不同国家规格、多种形式的水泵应用；可设定减速能量控制模式，缩短减速时间，并减少制动电阻配置成本，节省配盘空间。

2. 包装机

如图 4-39 所示，该包装机设计精巧，节省安装空间；内置 STO 安全停止功能，具备紧急停止相关功能并有效防止意外起动，提供具经济效益的安全系统解决方案；内置制动电阻，节省系统成本；内置 RS-485（MODBUS）高速通信，另提供通信配件卡，支持多种网络通信需求；支持高速脉波给定频率命令功能，提升控制精度；针对不同材料特性进行设定，提供快速稳定的张力控制。

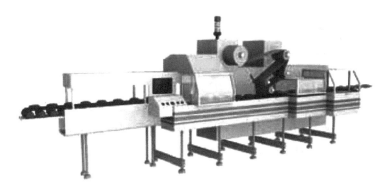

图 5-39　包装机

3. 数控雕刻机

数控雕刻机断刀后可实现保护功能和高频稳定输出特性，如图 5-40 所示。

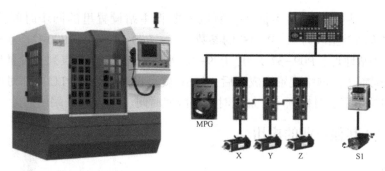

图 5-40 数控雕刻机

4. 木工雕刻机

木工雕刻机最高输出频率 800 Hz，稳定运行出力；TEC 功能实现快速制动，如图 5-41 所示。

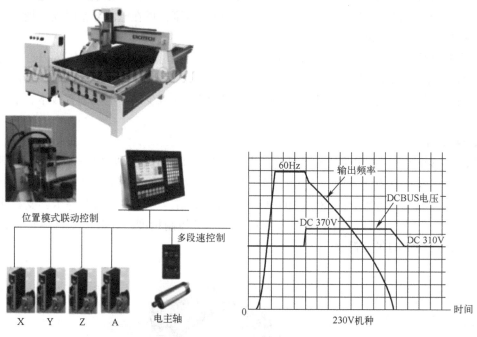

图 5-41 木工雕刻机

其工作机理是在减速过程中，检测 DC 电压使木工雕刻机在不过电压报警的情况下，尽量快地停止下来。因为木工雕刻机会根据 DC 电压的大小，调整输出速度，所以减速曲线不是直线。

5. 自动换刀装置

（1）快速加减速

在整个换刀过程中有两次的加减速时间，变频器要在这两次加减速时间内完成快速加减动作，BT30 机型不超过 0.87 s。变频器的加速时间是在 0~60 Hz 电主轴的实际加速时间以内完成才能满足工艺需求。

148

（2）多电动机切换功能

MS300 系列变频器可实现多电动切换功能，其连线示意图如图 5-42 所示。

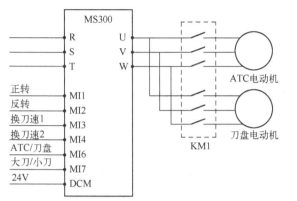

图 5-42　MS300 变频器与雕刻机的连线示意图

第 6 章

内置 PLC 功能应用

台达 C2000 和 MS300 系列均内置了 PLC，这提升了变频器系统的集成化和智能化。搭配网络可轻易达到分散式控制及独立操作控制。CANopen 通信配合内置 PLC，可以实现同步动作及快速资料交换功能，并通过 PLC 编程设计，就能轻易达成多样化系统整合，节省系统构建的成本。

C2000 和 MS300 系列内置 PLC 的功能应用基本一致，本章以 MS300 为例进行说明。

6.1 PLC 概要

可编程序逻辑控制器（PLC）是 20 世纪 70 年代初发展起来的一种适用于工业控制的设备，采用一类可编程的存储器，用于其内部存储，执行逻辑运算、顺序控制、定时、计数和运算等面向用户的指令，并通过数字或模拟式输入/输出控制各种类型的机械或生产过程，其结构如图 6-1 所示。PLC 出现后因其独特的优势而取代了传统的继电器，广泛应用于工业控制的各个领域，发展迅速。相比较于传统继电器，PLC 的优势在于：①使用方便，编程简单，易于掌握；②功能强，性价比高；③硬件配套齐全，适用性强，通用性好；④可靠性高，抗干扰性强；⑤开发周期短，成功率高，工作量少；⑥体积小，重量轻，功耗低；⑦维修方便。

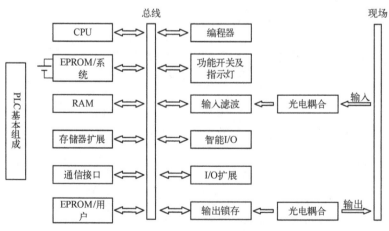

图 6-1　PLC 总线结构框图

PLC 实质是一种以微处理器为核心的、用于工业控制的微型计算机，其组成分为硬件部分和软件部分，如图 6-2 所示。其中硬件部分由电源、中央处理单元（CPU）、存储器、输入/输出接口电路、功能模块、通信模块构成；软件部分由系统程序和用户程序构成。

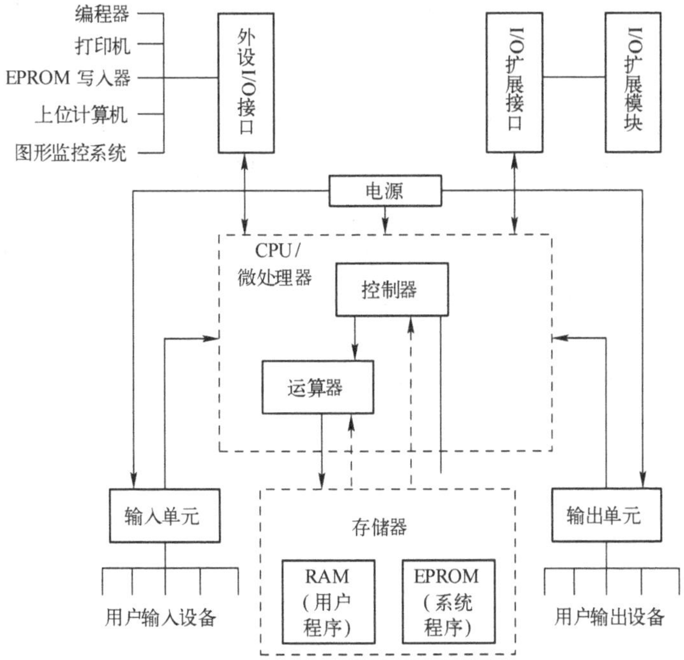

图 6-2　PLC 的硬件系统简化图

　　PLC 投入运行后的工作过程一般分为三个阶段：输入采样阶段、用户程序执行阶段和用户刷新阶段。当三个阶段依次完成即为一个扫描周期。

1. 采样阶段

　　PLC 通过扫描的方式依次读取输入信息的数据和状态，并将它们存入 I/O 映像区，采样结束后，转入用户程序执行和输出刷新阶段。在这两个阶段中，即使输入状态和数据发生变化，I/O 映像区中的相应单元的状态和数据也不会改变。因此，如果输入是脉冲信号，则该脉冲信号的宽度必须大于一个扫描周期，才能保证在任何情况下，该输入均能被读入 PLC。

2. 用户程序执行阶段

　　在用户程序执行阶段，PLC 总是按由上而下的顺序依次地扫描用户程序（梯形图）。在扫描每一条梯形图时，又总是先扫描梯形图左边的由各触点构成的控制线路，并按先左后右、先上后下的顺序对由触点构成的控制线路进行逻辑运算，然后根据逻辑运算的结果，刷新该逻辑线圈在系统 RAM 存储区中对应位的状态；或者刷新该输出线圈在 I/O 映像区中对应位的状态；或者确定是否要执行该梯形图所规定的特殊功能指令。即在用户程序执行过程中，只有输入点在 I/O 映像区内的状态和数据不会发生变化，而其他输出点和软设备在 I/O 映像区或系统 RAM 存储区内的状态和数据都有可能发生变化，而且排在上面的梯形图，其程序执行结果会对排在下面的凡是用到这些线圈或数据的梯形图起作用；相反，排在下面的梯形图，其被刷新的逻辑线圈的状态或数据只能到下一个扫描周期才能对排在其上面的程序起作用。

　　在程序执行的过程中如果使用立即 I/O 指令则可以直接存取 I/O 点。即使用 I/O 指令的话，输入过程影像寄存器的值不会被更新，程序直接从 I/O 模块取值，输出过程影像寄存器会被立即更新，这和立即输入有些区别。

3. 输出刷新阶段

当扫描用户程序结束后，PLC 就进入输出刷新阶段。在此期间，CPU 按照 I/O 映像区内对应的状态和数据刷新所有的输出锁存电路，再经输出电路驱动相应的外设。这时，才是 PLC 的真正输出。

C2000 系列和 MS300 系列变频器内置 PLC 功能，所提供的指令包含阶梯图编辑工具 WPLSoft、基本指令应用和指令使用方法，主要均延用台达 DVP 系列 PLC 产品的操作方式。

WPLSoft 是台达 DVP 系列 PLC 以及 MS300/C2000 在 Windows 操作系统环境下所使用的程序编辑软件。WPLSoft 除了可实现一般 PLC 程序的编写及 Windows 的常规编辑功能（例如剪切、粘贴、复制、多窗口等）外，还提供多种中/英文批注编辑及其他便利功能（例如缓存器编辑、设定、档案读取、存盘及各触点图示监测与设定等）。

C2000 与 MS300 系列内置 PLC 的功能、应用以及操作基本一致，下文将以 MS300 为例进行详细说明。

6.2　PLC 使用上需注意事项

在使用 MS300 系列变频器的内置 PLC 功能前，需要注意以下几点。

1）MS300 提供两个通信的串口来上下载 PLC 程序，如图 6-3 所示。

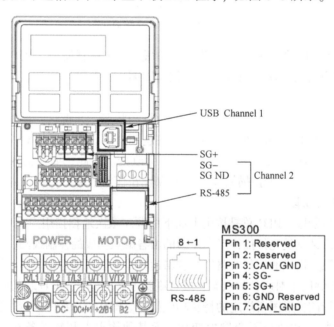

图 6-3　MS300 通信串口

2）Channel1（USB 口）通信格式与 Channel2 相同。

3）Channel2 通信格式默认为 7，N，2，9600。ASCII 可通过参数修改（传输速度由参数 09-01 修改；通信格式由参数 09-04 修改）。

4）PLC 预设为站号 2，可在参数 09-35 修改 PLC 站号，但此地址不可与变频器地址 09-00 设为一样。

5）上位机可以同时在变频器和内部 PLC 存取资料，实现方式为通过站号的识别，例如，如果变频器站号为 1，内部 PLC 站号为 2，则上位机命令为

01（站号）03（读取）0400（地址）0001（1 笔），表示要读取变频器参数 04-00 的资料。

02（站号）03（读取）0400（地址）0001（1 笔），表示要读取内部 PLC X0 的数据。

6）上/下载程序时，PLC 程序将停止动作。

7）使用 WPR 指令时请注意，如果是用在写入参数的部分，则容许改值次数限于 106 内，否则会发生内存写坏的情况。次数的计算以写入值是否变更为依据。若写入值不变，在下一个执行时，次数不累加；若写入值与上一次不同，则计算为一次。

8）将参数 00-04 设定为 28 时，显示的值为 PLC 缓存器 D1043 的值，如图 6-4 所示。

9）在 PLC Run 及 PLC Stop 模式下，参数 00-02 不能设定为 9 与 10，也就是不能重设回出厂值。

10）参数 00-02 设为 6 时，可以恢复到出厂值。

11）当 PLC 有写到输入触点 X 时，所对应的 MI 功能会无作用。

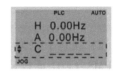

图 6-4　PLC 缓存器 D1043 值

12）当 PLC 有控制变频器运转时，控制命令完全由 PLC 控制而不理会参数 00-21 的设定。

13）当 PLC 有控制变频器频率（FREQ 指令），频率命令完全由 PLC 控制而不理会参数 00-20 的设定和 Hand ON/OFF 的组合。

14）当 PLC 有控制变频器运转时，如果此时 Keypad 设定 Stop 有效，则会出发 FStP 错误并停车。

6.3　开始起动

MS300 变频器内置 PLC 功能起动步骤如下。

1. 第一步：计算机联机

（1）请依下面 4 个步骤开始操作 PLC 功能。

在数字操作器 KPC - CC01（选配）按 MENU 键选择"4. PLC 功能"后，按下〈ENTER〉键，如图 6-5 所示。

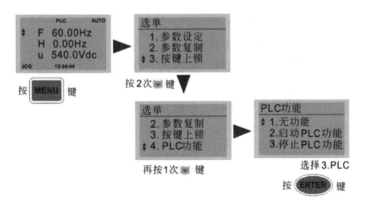

图 6-5　开始操作 PLC 功能

（2）接线

将变频器 RJ-45 通信接口经由 RS485 与计算机联机，如图 6-6 所示。

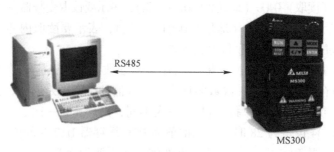

图 6-6　接线过程

（3）执行 PLC 功能方式

PMS-LE01 面板及 PLC 功能如图 6-7 所示。

PLC 功能如左图所示，选择 PLC 1
PLC0：不执行 PLC 功能
PLC1：触发 PLC RUN
PLC2：触发 PLC STOP

图 6-7　KPMS-LE01 面板及 PLC 功能

当外部多功能输入端子（MI1～MI7）设定为 PLC Modeselectbit0（51）或 PLC Modeselectbit1（52）时，端子触点导通（Close）或断路（Open）时，会强制切换 PLC 的模式，此时 Keypad 的切换无效。而对应见表 6-1。

表 6-1　PLC 模式对照表

PLC 模式		PLC Modeselectbit1（52）	PLC Modeselectbit0（51）
使用 KPC-CC01	MS300		
Disable	PLC 0	OFF	OFF
PLC Run	PLC 1	OFF	ON
PLC Stop	PLC 2	ON	OFF
维持前一态	维持前一态	ON	ON

MS300 数字操作器执行 PLC 功能方式如下。

1）当 PLC 页面切换到 PLC 1 页面时，会触发一次 PLC 执行，并且可经 WPL 由通信控制 PLC 程序执行/停止。

2）当 PLC 页面切换到 PLC 2 页面时，会触发一次 PLC 停止，并且可经 WPL 由通信控制 PLC 程序执行/停止。

3）外部端子控制方式见表 6-1。

注意：

1）当输出/输入（MI1～MI7 Relay1）被编写至 PLC 程序时，这些输出/输入端子将只被 PLC 使用。举例来说，PLC 执行时（PLC1 或 PLC2），PLC 程序中有控制到 Y0 时，对应的输出端子 Relay（RA/RB/RC）就会跟着程序动作。此时多功能输入/输出端子的设定会无效，因为这些端子的功能已经被 PLC 所使用，可参考参数 02-52、02-53、03-30 看看哪些 DI/DO/AO 已被 PLC 所占用。

2）当 PLC 程序中使用到特殊缓存器 D1040 时，其对应的 AO 触点 AFM1 会被占用。

3）参数 03-30 为监控 PLC 功能模拟输出端子动作状态，其 bit0 对应为 AFM1 动作状态。

2. 第二步：I/O 装置对应说明

（1）输入设备

输入设备对照表见表 6-2。

表 6-2　输入设备对照表

编　号	X0	X1	X2	X3	X4	X5	X6
1	MI1	MI2	MI3	MI4	MI5	MI6	MI7

（2）输出装置

输出设备对照表见表 6-3。

表 6-3　输出设备对照表

编　号	Y0	Y1	Y2	Y3	Y4
1	RY			MO1	MO2

3. 第三步：安装 WPLSoft

WPLSoft 编辑软件请到台达官网进行下载安装。

4. 第四步：程序编写

WPLSoft 程序安装完成后，将会被建立在指定的默认目录"C:\Program Files\Delta Industrial Automation\WPLSoft x. xx"下。在该目录中找到目标文件后直接单击 WPL 图标按钮即可打开编辑软件，如图 6-8 所示。

图 6-8　单击 WPL 图标按钮

弹出的 WPL 编辑窗口（见图 6-9），第一次进入 WPLSoft 且尚未执行"开启新文件"时，在功能工具栏只有"文件（F）""通信（C）""视图（V）""设置（O）""帮助

（H）"栏。

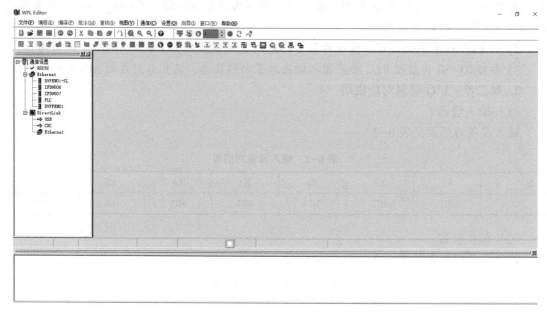

图 6-9　WPL 编辑窗口

第二次进入 WPLSoft 后则会直接打开最后一次编辑的文件并显示于编辑窗口。下面以图 6-10 为例进行说明。

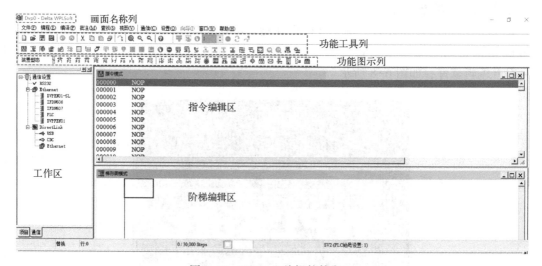

图 6-10　WPLSoft 编辑软件窗口

单击图 6-11 中左上功能工具列中的"文件"图标按钮可打开新文档（Ctrl+N）。也可以单击菜单栏中的"文件（F）"→"新建（N）"，新建一个文件，如图 6-12 所示。

单击后会出现"机种设定"窗口，需设定程序标题、文件名称，并选择目前使用的机种类别、机种设置及通信设置，如图 6-13 所示。

图 6-11　打开新文档过程　　　　图 6-12　打开新文档过程

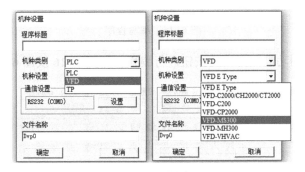

图 6-13　机种设置

通信设置：按所需的通信方式进行设定，如图 6-14 所示。

图 6-14　通信设置

设定完成并单击"确认"按钮后,则可开始编写程序;编写程序的方式有两种:利用指令模式和梯形图模式,如图 6-15 所示。

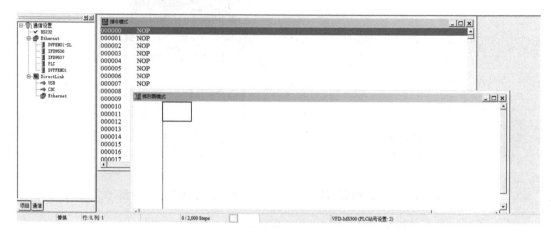

图 6-15　编写程序

在梯形图中可利用功能图标中的按钮进行编程,如图 6-16 及图 6-17 所示。

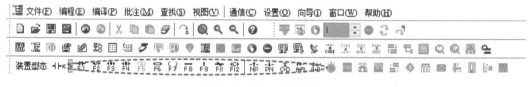

图 6-16　功能图标

图 6-17　利用功能图标进行编程

【例 6-1】基本操作——输入下列梯形图例(见图 6-18)

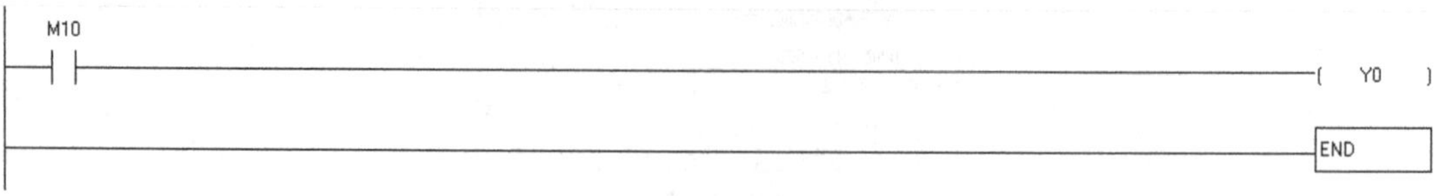

图 6-18　梯形图例

鼠标操作及键盘功能键（〈F1〉~〈F12〉）操作如下。

1）建立新文档后进入图 6-19 所示画面。

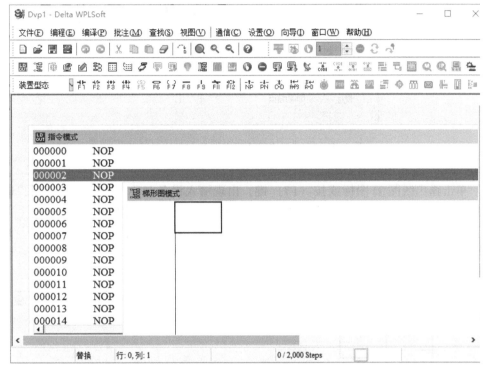

图 6-19　新建文档

2）单击常开开关 图标或按键盘上的〈F1〉键，如图 6-20 所示。

图 6-20　选择功能键

3）出现输入设备名称与批注对话框后便可以选取装置名称（例如 M）、装置编号（例如 10）及输入批注（例如辅助触点），完成后单击"确定"按钮，如图 6-21 所示。

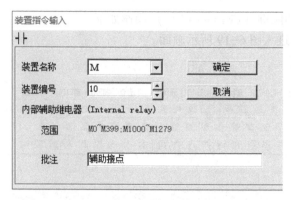

图 6-21　常开触点输入设备名称与批注对话框

4）单击输出线圈 ⚡ 图标或按〈F7〉键，出现输入设备名称与批注对话框后，选取装置名称、装置编号及批注，完成后单击"确定"按钮，如图 6-22 所示。

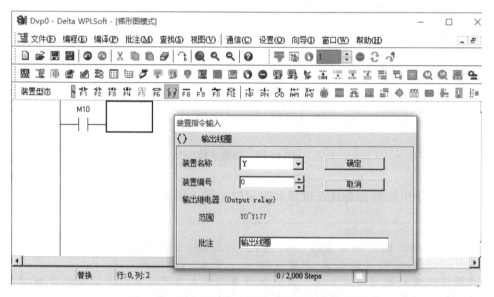

图 6-22　输出线圈输入设备名称与批注对话框

5）单击应用命令 ⚡ 图标或按〈F6〉键，在功能分类字段中选择"所有应用命令"，在应用命令下拉菜单中单击 END 指令，于该字段直接用键盘输入"END"后单击"确定"按钮。如图 6-23 所示。

6）单击 ⚡ 图标，将编辑完成的梯形图编译转换成指令程序，编译完成后母线左边会出现步级数（steps），如图 6-24 所示。

5. 第五步：程序下载

在 WPLSoft 输入程序后，单击编译 ⚡ 图标。编译完成后单击 ⚡ 图标下载程序。WPLSoft将按照设定选项中通信设置的通信格式与联机的 PLC 进行程序下载。

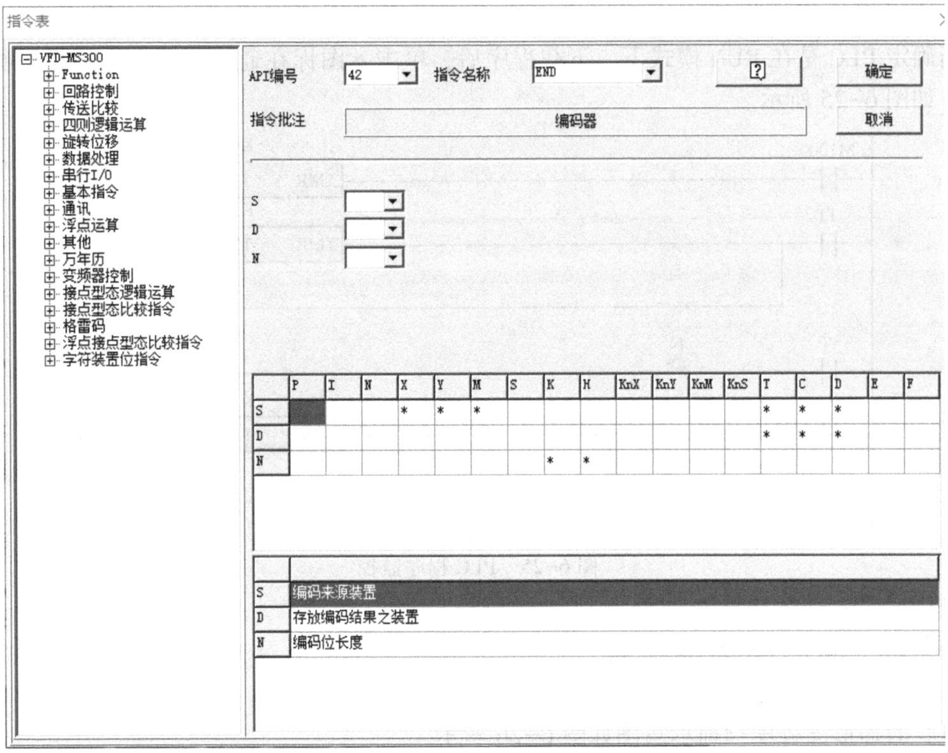

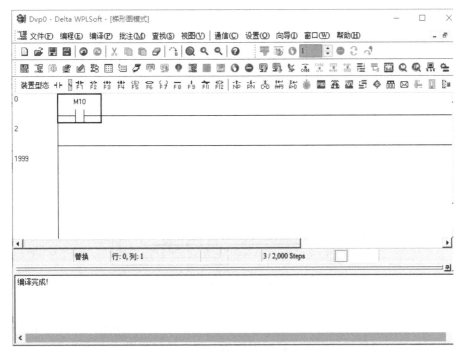

图 6-23 应用命令选择

图 6-24 编译完成

6. 第六步：程序监测

当确定 PLC 是在 RUN 模式下，下载程序后，单击 🖱 图标在通信菜单中选择梯形图监控开始，如图 6-25 所示。

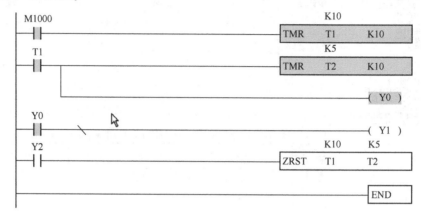

图 6-25　PLC 程序监控

6.4　PLC 梯形图基本原理

PLC 的梯形图程序扫描示意图如图 6-26 所示。

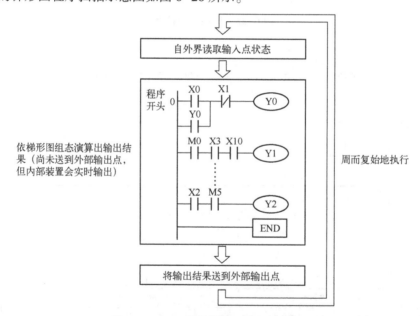

图 6-26　PLC 的阶梯图程序扫描示意图

1. 梯形图简介

梯形图是广泛应用在自动控制领域的一种图形语言。这是沿用电气控制电路的符号所组成的一种图形，通过梯形图编辑器画好梯形图后，PLC 的程序设计也就完成了。以图形表示控制的流程较为直观，容易为熟悉电气控制电路的技术人员所接受。在梯形图很多基本符号及动作都是根据传统自动控制配电柜中常见的机电装置简化而成，如按钮、开关、继电器（Relay)、定时器（Timer）及计算器（Counter）等。

PLC 的内部装置：PLC 内部装置的种类及数量随各品牌产品的不同而不同。内部装置虽然沿用了传统电气控制电路中的继电器、线圈及触点等名称，但 PLC 内部并不存在这些实际物理装置，与它对应的只是 PLC 内部存储器的一个基本单元（一个位，bit），若该位为 1 表示该线圈通电，该位为 0 表示线圈断电，使用常开触点（Normal Open，NO 或 a 触点）即直接读取该对应位的值，若使用常闭触点（Normal Close，NC 或 b 触点）则取该对应位值的反相。多个继电器将占有多个位（bit），8 位组成一个字节（byte），两个字节称为一个字（Word），两个字组合成双字（Double Word）。当多个继电器一并处理时（如加/减法、移位等）则可使用字节、字或者双字，且 PLC 内部的另外两种装置定时器和计数器，不仅有线圈，而且还有计时值与计数值，因此还要进行一些数值的处理，这些数值多属于字节、字或双字的形式。

综上所述，各种内部装置在 PLC 内部的数值存储区，各自占有一定数量的存储单元，当使用这些装置时，实际上就是对相应的存储内容以位、字节或字的形式进行读取，具体内部装置功能说明见表 6-4。

表 6-4　PLC 的基本内部装置介绍

装 置 种 类	功 能 说 明
输入继电器 （Input Relay）	输入继电器是 PLC 与外部输入点（用来与外部输入开关连接并接受外部输入信号的端子）对应的内部存储器存储基本单元。它由外部送来的输入信号驱动，使它为 0 或 1。用程序设计的方法不能改变输入继电器的状态，即不能对输入继电器对应的基本单元改写，也无法由 WPLSoft 做强制 On/Off 动作。它的触点（a、b 触点）可无限制的多次使用。无输入信号对应的输入继电器只能空着，不能移作他用。装置表示为 X0，X1，…X7，X10，X11，…，装置符号以 X 表示，顺序以八进制编号
输出继电器 （Output Relay）	输出继电器是 PLC 与外部输出点（用来与外部负载连接）对应的内部存储器单元。它可以由输入继电器触点、内部其他装置的触点以及它自身的触点驱动。它使用一个常开触点接通外部负载，其他触点也像输入触点一样可无限制地被输出继电器多次使用。无输出对应的输出继电器是空的，如果需要，可以当作内部继电器使用。装置表示为 Y0，Y1，…Y7，Y10，Y11，…，装置符号以 Y 表示，顺序以八进制编号
内部辅助继电器 （Internal Relay）	内部辅助继电器与外部没有直接联系，是 PLC 内部的一种辅助继电器，其功能与电气控制电路中的辅助（中间）继电器一样，每个辅助继电器也对应着内存的一个基本单元，可由输入继电器触点、输出继电器触点以及其他内部装置的触点驱动，其触点也可以无限制地多次使用。内部辅助继电器无对外输出，要输出时请透过输出点。装置表示为 M0，M1，…，装置符号以 M 表示，顺序以十进制编号
计数器 （Counter）	计数器用来实现计数操作。使用计数器要事先给定计数的设定值（即要计数的脉冲计数器数）。计数器含有线圈、触点及计数存储器当线圈由 Off→On，即视为该计数器有一脉冲输入，其计数值加一，有 16 位可供用户选用。装置表示为 C0，C1，…，装置符号以 C 表示，顺序以十进制编号
定时器 （Timer）	定时器用来完成定时的控制。定时器含有线圈触点及计时值缓存器，当线圈通电，等到达预定时间，它的触点便动作（a 触点闭合，b 触点开路），定时器的定时值由定时器设定值给定。定时器有规定的时钟周期（计时单位：100ms）一旦线圈断电，则触点不动作（a 触点开路，b 触点闭合），原计时值归零。装置表示为 T0，T1，…，装置符号以 T 表示，顺序以十进制编号
数据缓存器 （Data register）	PLC 在进行各类顺序控制及定时值与计数值有关控制时，常常要做数据处理和数值运算，而数据缓存器就是专门用于存储数据或各类参数。每个数据缓存器内有 16 位二进制数值，即存有一个字，处理双字用相邻编号的两个数据缓存器。装置表示为 D0，D1，…，装置符号以 D 表示，顺序以十进制编号

阶梯图组成图形与说明见表6-5。

表6-5　阶梯图组成图形与说明

阶梯图形结构	命 令 解 说	指　　令	使 用 装 置
	常开开关，a触点	LD	X、Y、M、T、C
	常闭开关，a触点	LDI	X、Y、M、T、C
	串接常开	AMD	X、Y、M、T、C
	串接常闭	ANI	X、Y、M、T、C
	并接常开	OR	X、Y、M、T、C
	并接常闭	ORI	X、Y、M、T、C
	上升沿触发开关	LDP	X、Y、M、T、C
	下降沿触发开关	LDF	X、Y、M、T、C
	上升沿触发串接	ANDP	X、Y、M、T、C
	下降沿触发串接	ANDF	X、Y、M、T、C
	上升沿触发并接	ORP	X、Y、M、T、C
	下降沿触发并接	ORF	X、Y、M、T、C
	区块串接	ANB	无
	区块并接	ORB	无
	多重输出	MPS MRD MPP	无
	线圈驱动输出指令	OUT	Y、M
	部分基本指令、 应用指令	部分基本指令 应用指令	
	反向逻辑	INV	无

2. PLC 梯形图的编写要点

程序编写方式是由左母线开始到右母线（在 WPLSoft 编辑省略右母线的绘制）结束，一列编完再换下一列，一列的触点个数最多可以有 11 个，若是还不够，会产生连续线继续连接，进而续接更多的装置，连续编号会自动产生，相同的输入点可重复使用，如图 6-27 所示。

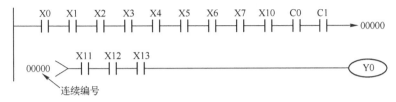

图 6-27　梯形图画法示意图

梯形图程序的运作方式是由左上到右下扫描。线圈及应用命令运算框等属于输出处理，在梯形图形中置于最右边。以图 6-28 为例来逐步分析阶梯图的流程顺序，右上角的编号为其顺序。

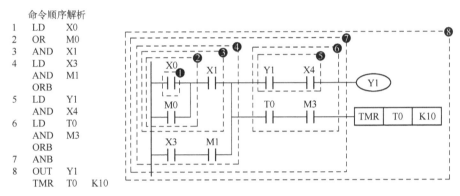

图 6-28　PLC 程序命令顺序说明

梯形图各项基本结构详述如下。

1）LD（LDI）命令：一区块的起始给予 LD 或 LDI 的命令，如图 6-29 所示。

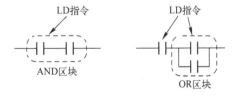

图 6-29　LD（LDI）命令

2）LDP 及 LDF 的命令结构和 LD（LDI）一样，不过其动作状态有所差别。LDP、LDF 在动作时是在触点导通的上升沿或下降沿时才有动作，如图 6-30 所示。

3）AND（ANI）命令：单一装置接于一装置或一区块的串联组合。

4）ANDP、ANDF 的结构和 AND（ANI）一样，只是其动作发生情形是在上升沿与下降沿时。

图 6-30　LDP 及 LDF 的命令结构

5）OR（ORI）命令：单一装置接于一装置或一区块的组合，如图 6-31 所示。

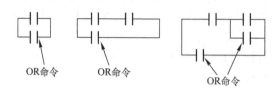

图 6-31　OR（ORI）命令

6）ORP 和 ORF 的命令结构和 OR（ORI）一样，不过其动作发生是在上升及下降沿。

7）ANB 命令：一区块与一装置或一区块的串接组合，如图 6-32 所示。

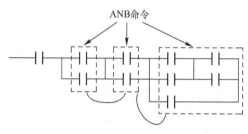

图 6-32　ANB 命令

8）ORB 命令：一区块与一装置或与一区块并接的组合，如图 6-33 所示。

9）ANB 与 ORB 运算：如果有好几个区块结合，应该由上而下或是由左而右，依序合并成区块或网络。

10）MPS、MRD、MPP 命令：多重输出的分支点记忆，这样可以产生多个并且具有变化的不同输出。MPS 指令是分支点的开始，所谓分支点是指水平线与垂直线相交之处，必须经由同一垂直线的触点状态来判定是否应该发出触点记忆命令，基本上每个触点都可以发出记忆命令，但是顾虑到 PLC 的运作方便性及其容

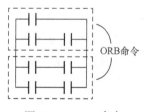

图 6-33　ORB 命令

量的限制，所以有些地方在梯形图转换时就会有所省略，可以由梯形图的结构来判断是属于何种触点存储命令。

MPS 可以由"┬"来做判定，一共可以连续发出此命令 8 次。MRD 指令是分支点记忆读取，因为同一垂直线的逻辑状态是相同的，所以为了继续其他的梯形图的解析，必须要再把原触点的状态读出。MRD 可以由"├"来做判定。MPP 指令是将最上层分支点开始的状态读出并且把它自堆栈中读出（Pop），因为它是同一垂直线的最后一笔，表示此垂直线的状态可以结束了。MPP 可以由"└"来做判定。基本上使用上述的方式解析不会有误，但是有时相同的状态输出，编译程序会将其省略，如图 6-34 所示。

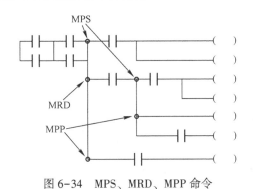

图 6-34　MPS、MRD、MPP 命令

6.5　PLC 常用基本程序设计案例

1. 起动、停止及自保

有些应用场合需利用按钮的瞬时闭合及瞬时断开作为设备的起动与停止。因此若要维持持续动作，则必须设计自保电路，自保电路有下列几种方式。

（1）范例 1

停止优先的自保电路，如图 6-35 所示。当起动常开触点 X1 = On，停止常闭触点 X2 = Off 时，Y1 = On，此时将 X2 = On，则线圈 Y1 停止通电，所以称为停止优先。

（2）范例 2

起动优先的自保电路，如图 6-36 所示。当起动常开触点 X1 = On，停止常闭触点 X2 = Off 时，Y1 = ON，线圈 Y1 将通电且自保，此时将 X2 = ON，线圈 Y1 任因为自保触点而持续通电，所以称为起动优先。

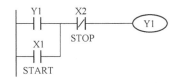

图 6-35　停止优先的自保电路

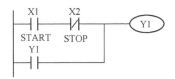

图 6-36　停止优先的自保电路

（3）范例 3

设定（SET）、复位（RST）指令的自保电路。图 6-37 为利用 RST 及 SET 指令组合的自保电路。

图 6-37　设定（SET）、复位（RST）指令的自保电路

RET 指令设置在 SET 指令之后，为停止优先。由于 PLC 执行程序时，是由上而下，因此会以程序最后 Y1 的状态来决定 Y1 的线圈是否通电。所以当 X1 和 X2 同时动作时，Y1 将

失电，因此为停止优先。

SET 指令设置在 RST 指令之后，为起动优先。当 X1 和 X2 同时动作时，Y1 将通电，因此起动优先。

2. 常用的控制电路

（1）范例 4：条件控制

X1/X3 分别起动/停止 Y1，X2、X4 分别起动/停止 Y2，而且均有自保电路，如图 6-38 所示。由于 Y1 的常开触点串联了 Y2 的电路，成为 Y2 动作的一个 AND 的条件，所以 Y2 动作要以 Y1 动作为条件，Y1 动作后 Y2 才可能动作。

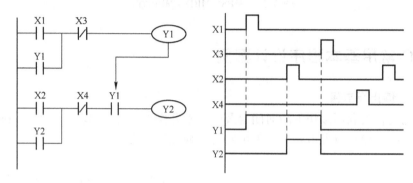

图 6-38　条件控制

（2）范例 5：互锁控制

图 6-39 为互锁控制电路，起动触点 X1、X2 中，哪一个先有效，对应的输出 Y1、Y2 将先动作，而且其中一个动作了，另一个就不会动作，也就是说 Y1、Y2 不会同时动作（互锁作用）。即使 X1、X2 同时有效，由于阶梯图程序时自上而下扫描，Y1、Y2 就不会同时动作。本梯形图只有让 Y1 优先。

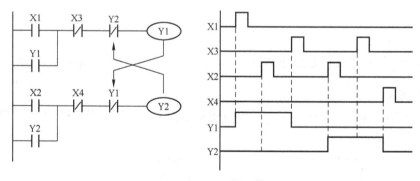

图 6-39　互锁控制

（3）范例 6：顺序控制

若把范例 5 "互锁控制" 中 Y2 的常闭触点串入到 Y1 的电路中，作为 Y1 动作的一个 AND 条件（见图 6-40），则该电路不仅 Y1 作为 Y2 动作的条件，而且当 Y2 动作后还能停止 Y1 的动作，这样就使 Y1 及 Y2 确实执行顺序动作的程序。

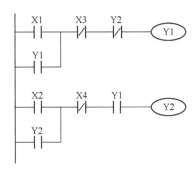

图 6-40　顺序控制

（4）范例 7：振荡电路

1）周期为 ΔT+ΔT 的振荡电路

图 6-41 为一梯形图。当开始扫描 Y1 常闭触点时，由于 Y1 的线圈处于失电状态，所以 Y1 常闭触点闭合，接着扫描 Y1 线圈时，使其通电，输出为 1。下次扫描周期在扫描 Y1 常闭触点时，由于 Y1 线圈受电，所以 Y1 常闭触点打开，进而使线圈 Y1 失电。输出为 0。重复扫描的结果，Y1 线圈上输出了周期为 ΔT(ON)+ΔT(OFF) 的振荡波形。

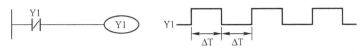

图 6-41　振荡电路

2）周期为 nT+ΔT 的振荡电路

图 6-42 的梯形图程序使用定时器 T0 控制线圈 Y1 的通电时间，Y1 通电后，它在下个扫描周期又使定时器 T0 关闭，进而使得 Y1 的输出成了图 6-42 中的振荡波形。其中 n 为定时器的是即时设定值，T 为该定时器时基（时钟周期）。

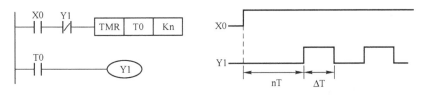

图 6-42　周期为 nT+ΔT 的振荡电路

（5）范例 8：闪烁电路

图 6-43 是常用的使指示灯闪烁或蜂鸣器报警用的振荡电路。它使用了两个定时器，以控制 Y1 线圈的 On 及 Off 时间。其中 n1、n2 分别为 T1 与 T2 的即时设定值，T 为该定时器时基（时钟周期）。

（6）范例 9：触发电路

在图 6-44 中，X0 的上升沿微分指令使线圈 M0 产生了 ΔT（一个扫描周期时间）的单脉冲，在这个扫描周期内线圈 Y1 也通电。下个扫描周期线圈 M0 失电，其常闭触点 M0 与常闭触点 Y1 都闭合，进而使得线圈 Y1 急需保持着通电状态，直到输入 X0 又来到一个上升沿，再次使线圈 M0 通电一个扫描周期，同时导致线圈 Y1 失电。其动作时序如图 6-44 所

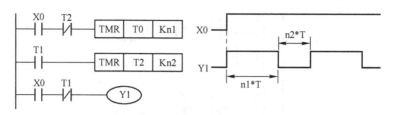

图 6-43　闪烁电路

示。这种电路常用于靠一个输入使两个动作交替执行。另外由时序图形可以看出：当输入 X0 是一个周期为 T 的方波信号时，线圈 Y1 输出便是一个周期为 2T 的方波信号。

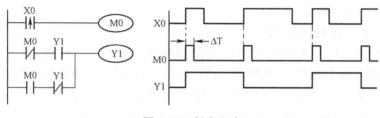

图 6-44　触发电路

（7）范例 10：延迟电路

当输入 X0=On 时，由于其对应常闭触点为 Off，使得定时器 T10 处于失电状态，所以输出线圈 Y1 通电，直到输出 X0=Off 时，T10 得电并开始计时，输出线圈 Y1 延时 100 s（K1000 * 0.1 s=100 s）后失电，请参考图 6-45 的动作时序，其中时机 T=0.1 s。

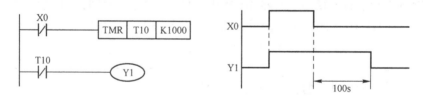

图 6-45　延迟电路

（8）范例 11：通断延迟电路

使用两个定时器组成的电路，当输入 X0=On 与 X0=Off 时，输出 Y4 都会产生延时，如图 6-46 所示。

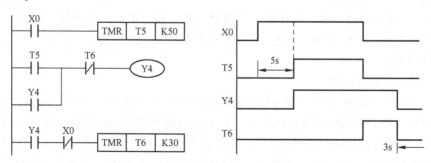

图 6-46　通断延迟电路

（9）范例 12：延长计时电路

在图 6-47 的电路中，从输入 X0 闭合到输出 Y1 得电的总延迟时间为（n1+n2）* T。

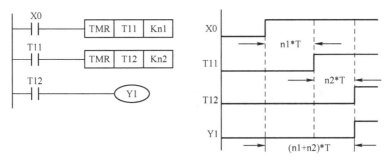

图 6-47　延长计时电路

6.6　错误显示及处理

MS300 变频器在使用 PLC 功能时，常出现的错误显示及其建议处理方法，见表 6-6。

表 6-6　常出现的错误显示及其建议处理方法

代码	编号	描　述	建议处理方式
PLod	50	下载 PLC 程序时，程序代码内的组件超出范围，例如 T 组件支持范围为 T0~T159，当语法有使用 T160 时，则在下载程序时，会显示 PLod 错误	检视程序是否错误，修正后再下载程序检视程序是否有错误并重新下载程序
PLSv	51	PLC 程序执行中，当 PLC 欲写入数据至指定地址时，发现写入地址不合理，会显示 PLSv 错误	检视程序是否有错误修正后再重新下载程序
PLdA	52	PLC 程序执行中，外部 MODBUS 对内部 PLC 读写不合理的组件时会显示 PLdA	确认上位机传送命令是否正确
PLFn	53	下载程序时发现使用不支持指令，会显示 PLFn 错误	请先确认变频器固件版本是否太旧
PLor	54	PLC 程序执行中，检视到内部程序代码异常时会显示 PLor 错误	1. Disable PLC 功能 2. 先清除 PLC 程序（参数 00.02 设为 6） 3. Enable PLC 功能 4. 重新下载 PLC 程序
PLFF	55	PLC 程序执行中，当 PLC 执行对应的指令不合理时，会显示 PLFF 错误	当启用 PLC 功能时，如内部 PLC 无程序则会显示 PLFF，此为正常情形，直接下载程序即可
PLSn	56	PLC 程序执行中发现检查码错误	1. Disable PLC 功能 2. 先清除 PLC 程序（参数 00.02 设为 6） 3. Enable PLC 功能 4. 重新下载 PLC 程序
PLEd	57	PLC 程序执行中发现程序中没有结束指令 END	1. Disable PLC 功能 2. 先清除 PLC 程序（参数 00.02 设为 6） 3. Enable PLC 功能 4. 重新下载 PLC 程序
PLCr	58	MC 指令连续使用 9 次以上	MC 指令无法连续使用 9 次。请检视程序并修正再重新下载程序
PLdF	59	PLC 程序下载过程被强制中断，造成写入不完整	检视程序是否有错误并重新下载程序
PLSF	60	PLC 扫描时间超时	检视程序代码是否有写错并重新下载程序

第 7 章

C2000/MS300 变频器通信

随着计算机技术、网络技术及自动化技术的高速发展，传统变频控制方式已不适用于办公自动化和工业自动化的要求。以计算机网络为基础的企业信息系统，采用数字化信号传输，对变频器进行远程调试或者监控，具有系统及信息集成度高、传送信息精确等特点。本章以台达 C2000/MS300 系列变频器为例，介绍变频器常用通信。

7.1 变频器通信的基础知识

7.1.1 并行通信

并行通信通过同步方式进行传输，优点在于各数据位同时传输，传输速度快，效率高；缺点是只适合近距离通信，硬件成本高等。

1. 并行接口

并行接口的信息传输由状态信息、控制信息和数据信息三部分组成。接口电路通常包括数据输入缓冲器、数据输出缓冲器、状态寄存器和控制寄存器。典型并行接口电路图如图 7-1 所示。

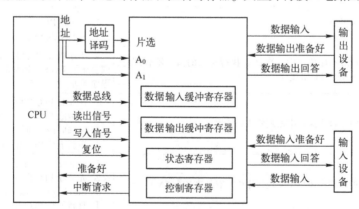

图 7-1　典型并行接口电路图

2. 并行通信接口的基本输入/输出工作过程

（1）输入工作过程

首先，并行传输的数据被传输到外围设备与接口之间的数据总线上，同时使得"数据输入准备好"状态选通信号有效，该选通信号将数据输入到接口的输入数据缓冲器内。当数据被写入输入数据缓冲器后，接口使"数据输入应答"信号有效。外围设备收到此信号后，便撤销"数据输入准备好"信号。数据到达接口后，为方便 CPU 查找，接口在状态寄存器中设置"输入准备好"状态位。

（2）输出工作过程

外设从接口取走数据后，接口会在状态寄存器中建立"输出准备好"状态位，表示此时的 CPU 可向接口传送数据，CPU 可通过此状态位来查找。CPU 既可以用程序中断方式向接口输出数据，也可以用查询程序方式进行查找。

7.1.2　串行通信

串行通信是将数据一位一位依次进行传输的通信方式。相较于并行通信，串行通信的优点在于节省传输线，适合远距离传送，自由度及灵活度较高。缺点是传输时间长，数据传送效率低，传输速度慢等。

1. 串行接口

典型串行芯片结构图如图 7-2 所示。其通过系统总线和 CPU 相连，类似于并行接口，串行接口电路通常包括控制寄存器、状态寄存器、数据输入寄存器和数据输出寄存器。

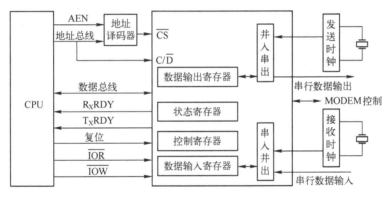

图 7-2　典型串行芯片结构图

2. 串行接口基本工作原理

串行接口发送时，首先，CPU 将 8 位并行数据经过数据总线运到数据输出寄存器，再运给并行输入/串行输出移位寄存器，同时，经过串行数据输出端，再发送时钟和发送控制电路控制下一位一位串行发送出去。在发送时，串行接口自动添加上起始位和停止位。发送完一帧后串行接口产生中断请求，CPU 收到后把下一个字符发送到数据缓冲器。

串行接口接收时，接口监督输入端，每检测到有一个低电平就开始一个新的字符接收过程。接口在收到一位二进制数据位后就使串行输入并行输出寄存器左移一次，连续收到一个字符后将其并行传送到数据输入寄存器，同时出现中断使得 CPU 带走所收到的字符。

7.1.3　变频器的串行通信接口

串行通信方式因具有使用线路少、成本低，能避免远程传输时多条线路特性的不一致等特点而被广泛采用。在串行通信时，为了使不同的设备可以方便地连接起来进行通信，要求通信双方都采用一个标准接口。下面主要介绍 RS-232-C、RS-422 和 RS-485 三种标准接口。

1. RS-232-C 接口

RS-232-C 一般使用 9 针或 25 针的 D 型连接器，工业控制中 9 针连接器用得较多，如图 7-3 所示。为了获得更强的抗干扰能力，RS-232-C 采用负逻辑，用 $-15 \sim -5 \, \text{V}$ 表示逻辑状态"1"，用 $+5 \sim +15 \, \text{V}$ 表示逻辑状态"0"。RS-232-C 的最大通信距离为 15 m（实际上可达约 30 m），最高传输速率为 20 kbit/s，只能进行一对一的通信。

2. RS-422 接口

RS-422 的全称是"平衡电压数字接口电路的电气特性"，为了抑制共模干扰，延长通信距离，RS-422 接口采用平衡式发送、差分式接收的数据收发器来驱动总线，数据信号使用一对双纹线，其中一线定义为 A，另一线定义为 B，两根线发送同一信号但是极性相反；接收器也做了与发送端相对的规定，在接收端将两根线上的电压信号（+Vi 和 -Vi）相减得到实际信号。图 7-4 为 USB 转 RS-485/422 转换线。

图 7-3　RS-232-C 接头 9 针连接器　　　图 7-4　USB 转 RS-485/422 转换线

RS-422 是差模传输，抗干扰能力强，最长传输距离可达 1200 m。

3. RS-485 接口

RS-485 有两线制和四线制两种接线，四线制是全双工通信方式，两线制是半双工通信方式。RS-485 采用差分信号负逻辑，$+2 \, \text{V} \sim +6 \, \text{V}$ 表示"0"，$-2 \sim -6 \, \text{V}$ 表示"1"；RS-485 接口信号电平比 RS-232 降低了，就不易损坏接口电路的芯片，且该电平与 TTL 电平兼容，可方便与 TTL 电路连接。

RS-485 接口是采用平衡驱动器和差分接收器的组合，增强了抗噪声干扰能力。RS-485 接口的最大传输距离标准值为约 1219 m。

7.1.4　变频调速系统通信的干扰

变频器大多运行于恶劣的电磁环境，易受外界的一些电气干扰，其输入侧和输出侧的电压、电流含有丰富的高次谐波，投入运行既要防止外界干扰它，又要防止它干扰外界，即所谓的电磁兼容性。变频器的兼容性决定了交流变频器调速传动系统的可靠性。

1. 主要电磁干扰源

变频器的整流桥对电网来说是非线性负载，同一电网的其他电子、电气设备会受到它所产生的谐波干扰。另外变频器的逆变器大多采用 PWM 技术，当工作于开关模式并作高速切换时，会产生大量耦合性噪声。因此变频器对系统内其他的电子、电气设备来说是一电磁干扰源。

另一方面，电网中的谐波干扰主要通过变频器的供电电源干扰变频器。电网中存在大量谐波源，如各种整流设备、交直流互换设备、电子电压调整设备，非线性负载及照明设备等。这些负荷都使电网中的电压、电流产生波形畸变，从而对电网中其他设备产生危害的干扰。

2. 电磁干扰的途径

变频器能产生功率较大的谐波，由于功率较大，对系统其他设备干扰性较强，其干扰途径与一般电磁干扰途径是一致的，主要分传导、电磁辐射、感应耦合，如图 7-5 所示。具体为：首先对周围的电子、电气设备产生电磁辐射；其次对直接驱动的电动机产生电磁噪声，使得电动机铁耗和铜耗增加；并传导干扰到电源，通过配电网络传导给系统其他设备；最后变频器与相邻的其他线路产生感应耦合，感应出干扰电压或电流。同样，系统内的干扰信号通过相同的途径干扰变频器的正常工作。

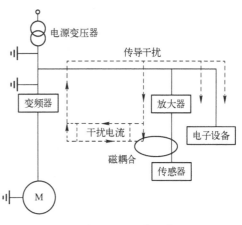

图 7-5　变频调速系统干扰途径

3. 抗电磁干扰的措施

工业上通常采用硬件抗干扰和软件抗干扰两种方式来抗电磁干扰。其中最基本和最重要的措施是硬件抗干扰，硬件抗干扰一般从防和抗两方面入手，其总原则是抑制和消除干扰源、切断干扰对系统的影响。具体措施在工程上可采用隔离、滤波、屏蔽、接地等方法，如图 7-6 所示。

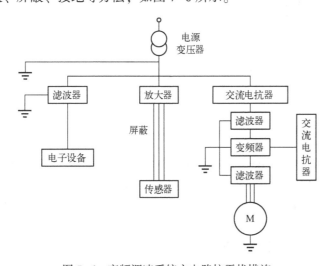

图 7-6　变频调速系统主电路抗干扰措施

（1）隔离

干扰的隔离是指从电路上把干扰源和易受干扰的部分隔离开来，使它们不发生电的联系。在变频调速传动系统中，通常是电源和放大器电路之间的电源线上采用隔离变压器以免传导干扰，电源隔离变压器可应用噪声隔离变压器。图 7-7 为三相干式伺服隔离变压器。

（2）滤波

在系统电路中设置滤波器的作用是为了抑制干扰信号从变频器通过电源线传导干扰到电源和电动机。当系统的抗干扰能力要求较高时，在电源输入端加装电源滤波器可以减少对电源的干扰；在变频器输入端加装交流电抗器，可以抑制变频器输入侧的谐波电流，改善功率因素；在变频器输出端加装交流电抗器，可以改善变频器输出电流，减少电动机噪声。

图 7-7　三相干式伺服隔离变压器

（3）屏蔽

屏蔽有两种，一种为电气屏蔽，就是将被屏蔽的元件、组合件、电话线、信号线用金属导体包围起来，电气屏蔽对电容性耦合噪声抑制效果很好；另一种为磁屏蔽，用铁、镍等导磁性能好的导体进行屏蔽，磁屏蔽主要用在存在强交变磁场的场景，如电站、冶炼厂、重型机械厂等。

（4）接地

接地的作用概括起来有两种：保护人和设备不受损害，称为保护接地；抑制干扰，称为工作接地，具体可参考 3.3.6 节。

7.1.5　台达变频器通信概述

台达 C2000、MS300 变频器都内置了两路 Modbus，一路 CANopen，用于实现常规通信，要想实现另外一些通信，安装相应的网络通信卡即可，常用的通信卡有下面几种：PROFIBUS DP 从站通信卡、DeviceNet 从站通信卡、EtherCAT 从站通信卡等。

7.2　C2000/MS300 变频器 CANopen 通信

7.2.1　CANopen 协议

CANopen 协议是由 CAN-in-Automation（CIA）定义并维护的，是基于 CAN 串行总线系统和应用层 CAL 的高层协议，使用了 CAL 通信协议和服务协议子集，是一种针对行业的标准化协议。CANopen 既能保证网络节点的互用性，同时也能拓展节点的功能，为分布式控制及嵌入式系统的应用提供了必要的实现方法，主要提供：①不同 CAL 设备间的互操作性、互换性；②标准化、统一的系统的通信模式；③设备描述方式和网络功能；④网络节点功能的任意拓展。CANopen 设备间通信相对来说是一个比较抽象的概念，依据其原理可以为以下模型，如图 7-8 所示。

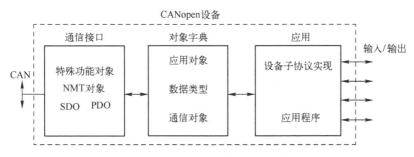

图 7-8　CANopen 通信设备原理模型

7.2.2　C2000 变频器 CANopen 接线方式

C2000 变频器的 CANopen 接线方式需要外接 EMC-COP01，连接头是采用 RJ45 一进一出接头的方式，另外在整个串联网络的起头和结尾必须有终端电阻 120Ω，如图 7-9 所示。

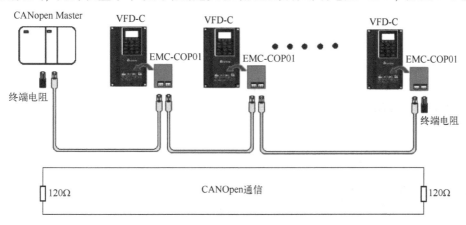

图 7-9　台达 C2000 变频器的接线方式

7.2.3　C2000 变频器 CANopen 通信接口说明

1. 选择控制方式

CANopen 的控制方式有两种：当参数 09-40 被设定为 1 时（也为出厂设定），控制方式为 DS402 规范；当参数 09-40 被设置为 0 时，控制方式采用台达的规范。台达自定义的控制方式也有两种，一种为 p09-30=0，为旧的控制方式，只能通过频率变化来控制变频器；另一种为 P09-30=1，为新定义的方式，可让变频器在所有模式下操作。目前 C2000 支持到速度、转矩、位置和归原点模式。

2. 控制方式

（1）变频器相关设定（使用 DS402 标准）

想要通过 DS402 标准控制变频器，可以依照以下的设定步骤。

1）接线。

2）设定操作来源：变频器参数设定 00-21=3。选择操作命令来源于 CANopen 设定。

3）设定频率来源：变频器参数设定 00-20=6。选择频率命令来自 CANopen 设定。

4）设定扭力来源：变频器参数设定 11-33。选择转矩命令来自 CANopen 设定。

5）设定位置来源：变频器参数设定 11-40。选择位置命令来自 CANopen 设定。

6）设定控制方式使用 DS402：变频器参数设定 09-40＝1。

7）设定 CANopen 站台，可以通过变频器参数 09-36 设定 CANopen 站台（范围为 1-127，0 为 Disable CANopen 从站功能）。

8）设定 CANopen 速率：可以通过变频器参数 09-37 设定 CANopen 速率。

9）如果需要外部端子使用快速停止（Quick Stop）的功能，将 02-01~02-08 或 02-26~02-31 其中一个参数所对应的 MI 端子功能设为 53。（注意：此功能为 DS402 才有，预设不开启）

（2）变频器的状态（使用 DS402 规范）

在 DS402 定义里，把变频器分为 3 个区块和 9 个状态，分别描述如下。

1）3 个区块。

Power Disable：没有 PWM 输出。

Power Enable：有 PWM 输出。

Fault：发生错误。

2）9 个状态。

Start：开机。

Not ready to switch on：变频器在初始化。

Switch On Disable：当变频器完成初始化后进入此状态。

Ready to Switch on：运转前的准备。

Switch On：PWM 输出，但参考命令无效。

Operate Enable：正常控制。

Quick Stop Active：执行快速停止功能，一般而言此状态表示需要变频器尽快停车。

Fault Reaction Active：变频器侦测到触发错误的条件。

Fault：变频器处在错误处置的状态下。

因此，当变频器一开机并完成初始化动作后，变频器会停留在 Ready to Switch on 的状态下。而要能够控制变频器的运转，则须把此状态切换到 Operate Enable 的状态。切换的方法是要控制 Index 6040H 控制字的 bit0~bit3 和 bit7，再搭配 Index 状态字符（Status Word 0x6041）来完成。Index 定义见表 7-1，控制流程如图 7-10 所示。

表 7-1　Index 定义

Index 6040：

15~9	8	7	6~4	3	2	1	0
Reserved	Halt	Fault Reset	Operation	Enableoperation	Quick Stop	Enable Voltage	Switch On

Index 6041：

15~14	13~12	11	10	9	8	7
Reserved	Operation	Internallimitactive	Targetreached	Remote	Reserved	Warning
6	5	4	3	2	1	0
Switchon Disabled	Quick Stop	Voltage Enabled	Fault	Operation Enable	Switch On	Ready to Switchon

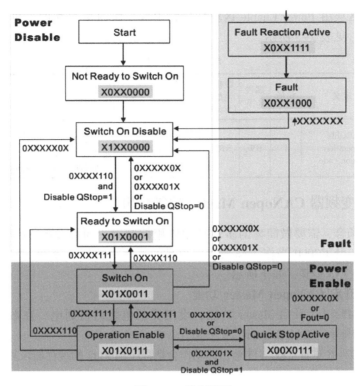

图 7-10　控制流程

　　一般而言，可以直接设置 6040 = 0xE，再设置 6040 = 0xF，就可以切换到 Operation Enable 的状态。而控制状态从 Quick Stop Active 返回 Operation Enable 的虚线是由 Index 605Ah 的选择决定。当设定值为 1~3 时，此虚线有效，反之 605Ah 设为其他值时，则当变频器状态切换到 Quick Stop Active 时，无法直接再返回 Operation Enable，见表 7-2。

表 7-2　605Ah

索引	附属	定义	初值	属性 (R/W)	数据 类型 (Size)	单位	PDO 导图	模式	附　　注
605Ah	0	快速停止 选项代码 （Quick Stop option code）	2	RW	S16	—	无		0：disable drive function（禁用驱动程序）
									1：slow down on Slow down ramp（在慢减速梯度上减速）
									2：slow down on Quick stop ramp（在快速停止梯度上减速）
									5：slow down on slow down ramp and stay in Quick stop（在慢减速梯度上减速并保持在快速停止状态）
									6：slow down on quick stop ramp and stay in Quick stop（在快速停止梯度上减速并保持在快速停止状态）
									7：slow down on the current limit and stay in Quick stop（在电流限制下减速并保持在快速停止状态）

此外，控制区块由 Power Enable 区块切换到 Power Disable 区块时，可以通过 605Ch 来定义停车的方式，见表 7-3 所示。

表 7-3　605Ch

索引	附属	定义	初值	属性 （R/W）	数据 类型 （Size）	单位 （Unit）	PDO 导图	模式	附　　注
605Ch	0	Disable operation option code	1	RW	S16	—	无		0：Disable drive function（禁用驱动程序） 1：Slow down with slow down ramp；（在慢减速梯度上减速） disable of the drive function（禁用驱动功能）

7.2.4　C2000 变频器 CANopen Master 控制应用

在有些应用场合，需要做简易的多轴控制应用控制时，如果设备支持 CANopen 协议的话，可以将其中一台 C2000 当作主站来实现简易的控制（位置、速度、归原点以及扭力控制）。设定方式分 7 个步骤，如下所示。

1. 步骤一：开启 CANopen Master 功能

1）参数 09-45 = 1（开启 Master 功能，设定完断电之后再通电，在数字操作器 KPC-CC01 的状态栏会显示 "CAN Master"）。

2）参数 00-02 = 6 重置 PLC（注意，此动作会把程序和 PLC 的缓存器恢复成出厂值）。

3）断电重开。

4）通过数字操作器 KPC-CC01 设定 PLC 控制模式为 "PLC Stop"（如果是刚出厂的变频器，因为 PLC 程序是空的，会出现 PLFF 警告码）。

2. 步骤二：主站的内存设定

1）接上 RS-485 的通信线之后，通过 WPL Soft 设定 PLC 状态为 Stop（如果 PLC 模式已经切换 "PLC Stop" 模式时，PLC 状态应该已经为 Stop）。

2）设定欲控制的从站地址及对应站号，例如要控制 2 站的从站（同步控制最多 8 个站），其站号分别为 21 和 22，则只需把 D2000 和 D2100 设为 20 和 21，再把 D2200、D2300、D2400、D2500、D2600 和 D2700 设为 0 即可，而设定的方式是通过 PLC 的编辑软件 WPL 实现，操作如下。

① 打开 WPL 并执行"通信" → "寄存器编辑（T，C，D）"命令，如图 7-11 所示。

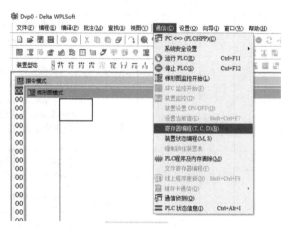

图 7-11　执行寄存器编辑（T，C，D）命令

② 当打开 PLC 寄存器的窗口后，会弹出寄存器的设置画面，如图 7-12 所示。

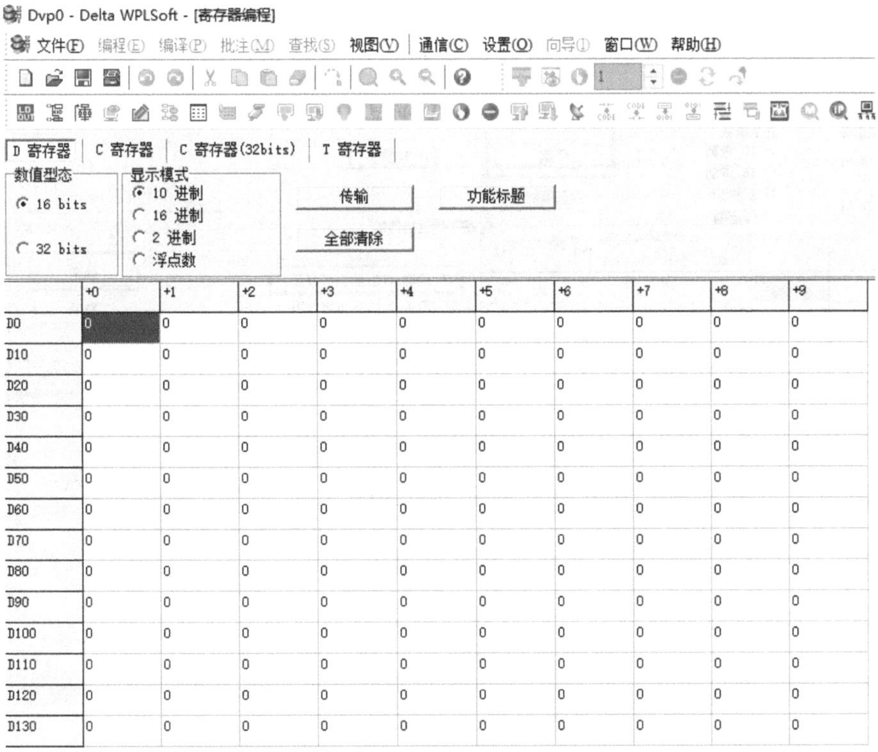

图 7-12　寄存器的设置画面

如果是尚未做过任何设定，也就是新的 PLC 程序，则可以先读取变频器默认的数据，再来修改成应用的情况。反之如果已经设定过了，此时会看到 CANopen 区域的特 D 都有之前所存的状态（CANopen 相关的 D 区位于 D1090～D1099 和 D2000～D2799）。假定是新的程序，所以先从变频器读取默认的值，如果通信不通，则检查通信格式（默认 PLC 为站号为 2，9600，7N2，ASCII）。步骤如下所示：切换 PLC 到 Stop 状态；单击"传输"按钮；在弹出的窗口中单击读取内存；取消勾选 D0～D399；单击"确定"按钮，如图 7-13 所示。

③ 读取内存之后，必须对一些特 D 进行设定。在这之前，先介绍一下这些特 D 的含义和区域范围，目前 CANopen Master 的特 D 范围是 D1070～D1099 和 D2000～D2799，而此区域分为 3 部分。

第一区为当前 CANopen 状态显示，范围为 D1070～D1089。

第二区为 CANopen 的基本设定，范围为 D1090～D1099。

第三区为从站的映像和控制区域，范围为 D2000～D2799。

分别介绍如下。

第一区当前 CANopen 状态显示如下。

如表 7-4 所示，当主站初始化从站时，可以从 D1070 得知是否已经完成从机的配置，以及从 D1071 获得配置过程中是否出错，另外从 D1074 可以知道配置是否有不恰当的情况。进入正常控制之后，可以从 D1073 得知是否有从机已经断线。此外，如果有用到 CANRX、

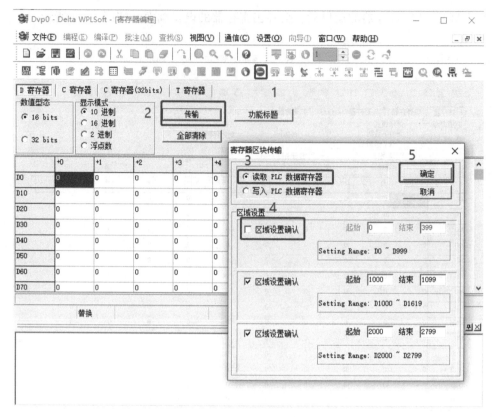

图 7-13　通信设定步骤

CANTX、CANFLS 指令对从机读写信息的话，如果读写失败，可以从 D1076 ~ D1079 来获得相关错误的信息。注：R/W 中 R 代表读取（Read）；W 代表写入（Write）；R/W 即为读取/写入。

表 7-4　D1070 ~ 1079 功能说明

特 D	功能说明	R/W
D1070	CANopen 初始化完成的通道（bit0 = Machine code0 …）	R
D1071	CANopen 初始化过程发生错误的通道（bit0 = Machine code0 …）	R
D1072	保留	—
D1073	CANopen 断线信道（bit0 = Machine code0 …）	R
D1074	主站发生错误的错误代码 0：没有错误 1：从站设定错误 2：同步周期设定错误（太小）	R
D1075	保留	—
D1076	SDO 的错误讯息（主索引值）	R
D1077	SDO 的错误讯息（副索引值）	R
D1078	SDO 的错误讯息（错误代码 L）	R
D1079	SDO 的错误讯息（错误代码 H）	R

第二区 CANopen 的基本设定：此区设定 PLC 需在 Stop 之后，需设定主站和从站信息交换的时间，见表 7-5。

表 7-5　D1090 功能说明

特 D	功 能 说 明	默 认 值	R/W
D1090	同步周期设定	4	RW

可通过 D1090 来设定，而设定时间的关系为

$$\text{Sync time} \geqslant \frac{1M}{\text{Rate}} \cdot \frac{N}{4} \tag{7-1}$$

N：TXPDO+RXPDO

例如通信速度为 500 kbit/s，TXPDO + RXPDO 共 8 组，则同步时间需设超过 4 ms。此外需要定义从站数量，D1091 用来定义启用的通道，D2000+100 * n 用来定义此通道的站号，详细对应见表 7-6 说明，接线图如图 7-14 所示。

表 7-6　D1091 功能说明

特 D	功 能 说 明	R/W
D1091	设定从站的开启或关闭（bit0～bit7 对应从站编号 0～7）	RW
D2000+100 * n	从站站号	RW

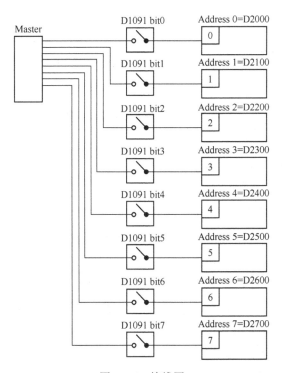

图 7-14　接线图

如果从机的开机速度比较慢，则主站可以先延迟一段时间后再开始对从站做设置，这个时间延迟可以通过 D1092 来设定，见表 7-7。

表 7-7　D1092 功能说明

特 D	功能说明	默认值	R/W
D1092	开始初始化之前的延迟	0	RW

在对从机初始化时，可以设置判定初始化失败的延迟时间，如果通信速度比较慢，则可以调整判定是否初始化完成延迟的时间，见表 7-8。

表 7-8　D1099 功能说明

特 D	功能说明	默认值	R/W
D1099	初始化完成的延迟时间 设定范围：1~60000 s	15 s	RW

当通信开始后，需要侦测从站是否断线，可通过 D1093 设定侦测时间，D1094 设定连续几次错误发生时触发断线错误，见表 7-9。

表 7-9　D1099 功能说明

特 D	功能说明	默认值	R/W
D1093	断线时间侦测	1000 ms	RW
D1094	断线次数侦测	3	RW

另外，进入正常通信之前，可以设定 PDO 的传送封包类型（见表 7-10），原则上这里可以不用调整。

表 7-10　D1097/1098 功能说明

特 D	功能说明	默认值	R/W
D1097	实时对应的传送类型（PDO） 设定范围：1~240	1	RW
D1098	实时对应的接收类型（PDO） 设定范围：1~240	1	RW

第三区是从站的映像和控制区域。

因为 CANopen 提供 PDO 的方式来实现主站和从站的内存映像，也就是主站直接可以对某个内存读写数据，主站的内部就会自动和对应的从机进行数据交换，当进入实时对应后（M1034＝1 时），就可以直接对特 D 读写值。目前 C2000 已有支持 4 组 PDO 的实时映像，分为 RXPDO（读取从机信息）和 TXPDO（写值到从机）两种 PDO。此外，为了控制方便，C2000 也已经把对应常用到的缓存器进行过映像了，表 7-11 是目前各 PDO 映射的情况。

表 7-11　各 PDO 映射的情况

TXPDO							
PDO4（扭力）		PDO3（位置）		PDO2（Remote I/O）		PDO1（速度）	
说明	特 D	说明	特 D	说明	特 D	说明	特 D
控制字	D2008+100 * n	控制字	D2008+100 * n	从机 DO	D2027+100 * n	控制字	D2008+100 * n
目标转矩	D2017+100 * n	目标位置	D2020+100 * n D2021+100 * n	从机 AO1	D2031+100 * n	目标速度	D2012+100 * n
控制模式	D2010+100 * n	控制模式	D2010+100 * n	从机 AO2	D2032+100 * n		
				从机 AO3	D2033+100 * n		

RXPDO							
PDO4（扭力）		PDO3（位置）		PDO2（Remote I/O）		PDO1（速度）	
说明	特 D	说明	特 D	说明	特 D	说明	特 D
控制字	D2009+100 * n	控制字	D2009+100 * n	从机 DO	D2026+100 * n	控制字	D2009+100 * n
实际扭力	D2018+100 * n	实际位置	D2022+100 * n D2023+100 * n	从机 AI1	D2028+100 * n	实际频率	D2013+100 * n
实际模式	D2011+100 * n	实际模式	D2011+100 * n	从机 AI2	D2029+100 * n		
				从机 AI3	D2030+100 * n		

因此使用时只需要很简单地把对应的 PDO 启用就可以了，开启的方式 TXPDO 是通过 D2034+100 * n 设定，而 RXPDO 是通过 D2067+100 * n 设定。

这两个特 D 定义见表 7-12。其中，En 表示是否启用 PDO；长度表示要映像几个变量。

表 7-12　TXPDO/RXPDO 设定

	PDO4		PDO3		PDO2		PDO1	
预设定义	扭力		位置		Remote I/O		速度	
bit	15	14~12	11	10~8	7	6~4	3	2~0
定义	En	长度	En	长度	En	长度	En	长度

简单举例，如果想控制 C2000 的从机，让它操作在速度模式，则只需设定以下情况，见表 7-13、表 7-14。

表 7-13　D2034+100 * n =000Ah

长度	TXPDO							
	PDO4（扭力）		PDO3（位置）		PDO2（Remote I/O）		PDO1（速度）	
	说明	特 D	说明	特 D	说明	特 D	说明	特 D
1	控制字	D2008+100 * n	控制字	D2008+100 * n	从机 DO	D2027+100 * n	控制字	D2008+100 * n
2	目标转矩	D2017+100 * n	目标位置	D2020+100 * n D2021+100 * n	从机 AO1	D2031+100 * n	目标速度	D2012+100 * n
3	控制模式	D2010+100 * n	控制模式	D2010+100 * n	从机 AO2	D2032+100 * n		
4					从机 AO3	D2033+100 * n		

表 7-14 D2067+100 * n ＝000Ah

长度	TXPDO							
	PDO4 (扭力)		PDO3 (位置)		PDO2 (Remote I/O)		PDO1 (速度)	
	说明	特D	说明	特D	说明	特D	说明	特D
1	控制字	D2009+100 * n	控制字	D2009+100 * n	从机 DI	D2026+100 * n	控制字	D2009+100 * n
2	实际扭力	D2018+100 * n	实际位置	D2022+100 * n D2023+100 * n	从机 AI1	D2028+100 * n	实际频率	D2013+100 * n
3	实际模式	D2011+100 * n	实际模式	D2011+100 * n	从机 AI2	D2029+100 * n		
4					从机 AI3	D2030+100 * n		

设定完成之后，让 PLC 切换至 RUN，此时等待完成 CANopen 初始化成功后（M1059＝1 且 M1061＝0），继而启动 CANopen 的内存映像（M1034＝1），这时控制字和频率命令会自动更新到所对应的从机（D2008+n * 100 和 D2012+n * 100），而从机的状态字和当前频率也会自动回传到主站上（D2009+n * 100 和 D2013+n * 100），这也就是表示主站只需直接对此特 D 读写即可。

另外，PDO2 的 Remote I/O 是表示主站可以获取从机当前的 DI 和 AI 状态，也可以控制从机的 DO 和 AO 状态。然而在介绍完自动映射的特 D 后，C2000 的 CANopen 主站还提供额外信息的更新，例如在速度模式下，加减速设定也有可能会更新到，因此在特 D 上还存放了一些比较少需要实时对应的信息，而这些指令可以通过 CANFLS 指令来进行更新。以下是目前 C2000 的 CANopen 主站所开放的数据交换的区域，范围从 D2001+100 * n ~ D2033+100 * n，见表 7-15 ~ 表 7-20。其中，n 范围为 0~7；● 表示 PDOTX，▲ 表示 PDORX，未标示的特 D 可通过 CANFLS 指令更新。

表 7-15 C2000 的 CANopen 主站开放的数据交换的区域设定

特 D	功 能 说 明	默认值	PDO 默认值				R/W
			1	2	3	4	
D2000+100 * n	从站编号 n 的站号 设定范围: 0~127 0: 无 CANopen 功能	0					RW
D2002+100 * n	从站编号 n 的厂家代码 (L)	0					R
D2003+100 * n	从站编号 n 的厂家代码 (H)	0					R
D2004+100 * n	从站编号 n 的厂家的产品代码 (L)	0					R
D2005+100 * n	从站编号 n 的厂家的产品代码 (H)	0					R

表 7-16　基本定义

特 D	功 能 说 明	默认值	PDO 默认值				R/W
			1	2	3	4	
D2006+100 * n	从站编号 n 通信断线处置方式	0					RW
D2007+100 * n	从站编号 n 的错误代码	0					R
D2008+100 * n	从站编号 n 的控制字	0	●		●	●	RW
D2009+100 * n	从站编号 n 的状态字	0	▲		▲	▲	R
D2010+100 * n	从站编号 n 的控制模式	2					RW
D2011+100 * n	从站编号 n 的实际模式	2					R

表 7-17　速度控制

特 D	功 能 说 明	默认值	PDO 默认值				R/W
			1	2	3	4	
D2001+100 * n	从站编号 n 的转矩限制	0					RW
D2012+100 * n	从站编号 n 的目标速度（r/min）	0	●				RW
D2013+100 * n	从站编号 n 的实际速度（r/min）	0	▲				R
D2014+100 * n	从站编号 n 的误差速度（r/min）	0					R
D2015+100 * n	从站编号 n 的加速时间（ms）	1000					RW
D2016+100 * n	从站编号 n 的减速时间（ms）	1000					RW

表 7-18　扭力控制

特 D	功 能 说 明	默认值	PDO 默认值				R/W
			1	2	3	4	
D2017+100 * n	从站编号 n 的目标扭力（-100.0% ~ +100.0%）	0				●	RW
D2018+100 * n	从站编号 n 的实际扭力（XX.X%）	0				▲	R
D2019+100 * n	从站编号 n 的实际电流（XX.XA）	0					R

表 7-19　位置控制

特 D	功 能 说 明	默认值	PDO 默认值				R/W
			1	2	3	4	
D2020+100 * n	从站编号 n 的目标位置（L）	0			●		RW
D2021+100 * n	从站编号 n 的目标位置（H）	0					RW
D2022+100 * n	从站编号 n 的实际位置（L）	0			▲		R
D2023+100 * n	从站编号 n 的实际位置（H）	0					R
D2024+100 * n	从站编号 n 的速度图表（L）	10000					RW
D2025+100 * n	从站编号 n 的速度图表（H）	0					RW

表 7-20　Remote I/O

特 D	功 能 说 明	默认值	PDO 默认值				R/W
			1	2	3	4	
D2026+100 * n	从站编号 n 的 MI 状态	0		▲			R
D2027+100 * n	从站编号 n 的 MO 设定	0		●			RW
D2028+100 * n	从站编号 n 的 AI1 状态	0		▲			R
D2029+100 * n	从站编号 n 的 AI2 状态	0		▲			R
D2030+100 * n	从站编号 n 的 AI3 状态	0		▲			R
D2031+100 * n	从站编号 n 的 AO1 设定	0		●			RW
D2032+100 * n	从站编号 n 的 AO2 设定	0		●			RW
D2033+100 * n	从站编号 n 的 AO3 设定	0		●			RW

④ 了解特 D 的定义之后，回到设定的步骤，填入对应的 D1090~D1099、D2000+100 *
n、D2034+100 * n 和 D2067+100 * n 的值后，开始执行下载命令如图 7-15 所示。

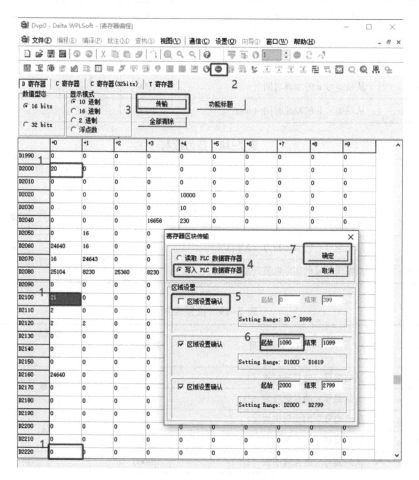

图 7-15　执行下载设置

- D2000 和 D2100 设为 20 和 21，再把 D2200、D2300、D2400、D2500、D2600 和 D2700 设为 0，如果设置 0 麻烦，可以设定 D1091 = 3，也可以把 2~7 的从站关闭。
- 切换 PLC 到 Stop 状态。
- 单击"传输"按钮。
- 在弹出的窗口下选择写入内存。
- 忽略 D0~D399。
- 第二区范围改为 D1090~D1099。
- 单击"确定"按钮。

另一种方式可以设定 D1091，选中从站编号 0~7 中不需用到的那个，将其对应的 bit 设 0，例如不想控制从站 2、6 和 7，则只需设定 D1091 = 003B 即可，设定方式如同上述方式一样，通过 WPL 执行"通信"→"缓存器编辑（T，C，D）"的功能完成设定。

3. 步骤三：设定主站的通信站号及通信速度

1）设定主站的站号（参数 09-46，预设为 100），注意不要跟从站设一样。

2）设定 CANopen 的通信速度（参数 09-37），无论变频器定义为主站或从站，皆由此参数设定。

4. 步骤四：撰写程序代码

实时对应：可以直接读写到对应的 D 区。

非实时对应时的情况如下。

读取指令：使用 CANRX 指令来进行读取，如果读取完成则 M1066 为 1，如果成功则 M1067 为 1，如果错误则 M1067 为 0。

写入指令：使用 CANTX 指令来进行写入，如果设定完成则 M1066 为 1。如果成功则 M1067 为 1，如果错误则 M1067 为 0。

更新指令：使用 CANFLS 指令来进行更新（如果是 RW 属性，主站会把值写到从站，如果是 RO 属性，则会把由从站读回的值放回主站），如果更新完成则 M1066 为 1。如果成功则 M1067 为 1，如果错误则 M1067 为 0。

当使用 CANRX、CANTX 或 CANFLS 时，内部执行命令会等到 M1066 完成时，才会再进行下一次的 CANRX、CANTX 或 CANFLS。之后下载程序到变频器。注意，出厂的 PLC 通信格式为 ASCII 7N2 9600，站号为 2，因此 WPL 的设定要进行修改，方法是执行"设定"→"通信设置"命令。

5. 步骤五：设定从站的站号、通信速度、控制来源和命令来源

台达支持 CANopen 通信接口的变频器现有 C2000 和 EC 系列机种，对应从站站号和通信速度的参数见表 7-21。

表 7-21　各变频器机种对应从站站号和通信速度的参数

	机种对应的参数		值	定　义
	C2000	E-C		
从站地址	09-36	09-20	0	DisableCANopen 硬件接口
			1~127	CANopen 通信地址

（续）

	机种对应的参数		值	定　义
	C2000	E-C		
通信速度	09-37	09-21	0	1 Mbit/s
			1	500 kbit/s
			2	250 kbit/s
			3	125 kbit/s
			4	100 kbit/s
			5	50 kbit/s
控制来源	00-21	—	3	
	—	02-01	5	
频率来源	00-20	—	6	
	—	02-00	5	
扭力来源	11-33	—	3	
位置来源	11-40	—	3	
		—		

　　台达支持 CANopen 通信接口的伺服现阶段有 A2，对应从站站号和通信速度的参数见表 7-22。

表 7-22　A2 从站站号和通信速度的参数

	机种对应的参数	值	定　义
	A2		
从站地址	03-00	1~127	CANopen 通信地址
通信速度	03-01 的 bit8~11 XRXX	R=0	125 kbit/s
		R=1	250 kbit/s
		R=2	500 kbit/s
		R=3	750 kbit/s
		R=4	1 Mbit/s
控制/命令来源	01-01	B	

6. 步骤六：连接硬件线路

接线时，需注意头尾接终端电阻，接法如图 7-16 所示。

7. 步骤七：起动控制

把程序写好并下载之后，把 PLC 模式切换为 PLC Run，同时把主站和从站断电重开即可。

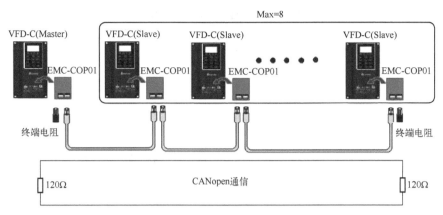

图 7-16　接线图

7.2.5　MS300 变频器 CANopen 接线方式

MS300 变频器的 CANopen 接线方式需要外接 MMC-COP01，连接头是采用 RJ45 一进一出接头的方式，另外在整个串联网络的起头和结尾必须加入终端电阻 120 Ω，如图 7-17 所示。

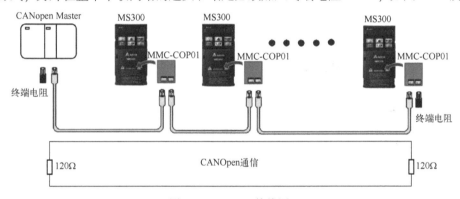

图 7-17　MS300 接线图

7.2.6　MS300 变频器 CANopen 支持索引列表

1. MS300 支持的参数索引

参数索引的部分是规则性的对应，如下所示。

Index sub-Index

2000H + Group member+1

例如，我们要对写参数 10-15（编码器转差异常处理），则有

Group nember

10(OAH)-15(OFH)

所以，Index = 2000H+0AH = 200A

Sub Index = 0FH+1H = 10H

2. MS300 支持的控制索引

1）台达制定的部分（旧定义），见表 7-23。

表 7-23 台达制定的部分（旧定义）

Index	Sub	定 义	初值	R/W	Size	附 注	
2020H	0	Number	3	R	U8		
	1	控制命令	0	RW	U16	Bit1~0	00B：无功能
							01B：停止
							10B：起动
							11B：JOG 起动
						Bit3~2	保留
						Bit5~4	00B：无功能
							01B：正方向指令
							10B：反方向指令
							11B：改变方向指令
						Bit7~6	00B：第一段加减速
							01B：第二段加减速
							10B：第三段加减速
							11B：第四段加减速
						Bit11~8	0000B：主速
							0001B：第一段速
							0010B：第二段速
							0011B：第三段速
							0100B：第四段速
							0101B：第五段速
							0110B：第六段速
							0111B：第七段速
							1000B：第八段速
							1001B：第九段速
							1010B：第十段速
							1011B：第十一段速
							1100B：第十二段速
							1101B：第十三段速
							1110B：第十四段速
							1111B：第十五段速
						Bit12	1：使能 Bit06-11 的功能
						Bit14~13	00B：无功能
							01B：运转指令由数字操作器操作
							10B：运转指令由参数设定（参数 00-21）
							11B：改变运转指令来源
						Bit15	保留

（续）

Index	Sub	定　义	初值	R/W	Size	附　注	
2020H	2	频率命令（XXX.XXHz）	0	RW	U16		
	3	Other trigger	0	RW	U16	Bit0	1：E.F. ON
						Bit1	1：Reset 指令
						Bit2	1：外部中断（B.B）ON
						Bit15~3	保留
2021H	0	Number	10	R	U8		
	1	错误码（Error code）	0	R	U16		High byte：Warn Code Low Byte：Error Code
	2	变频器状态	0	R	U16	Bit1~0	00B：变频器停止
							01B：变频器减速中
							10B：变频器待机中
							11B：变频器运转中
						Bit2	1：寸动指令
						Bit4~3	00B：正转
							01B：反转到正转状态
							10B：正转到反转状态
							11B：反转
						Bit7~5	保留
						Bit8	1：主频率来源由通信界面
						Bit9	1：主频率来源由模拟信号输入
						Bit10	1：运转指令由通信界面
						Bit11	1：参数锁定
						Bit12	1：数字操作器复制参数功能使能
						Bit15~13	保留
	3	频率指令（XXX.XXHz）	0	R	U16		
	4	输出频率（XXX.XXHz）	0	R	U16		
	5	输出电流（XX.XA）	0	R	U16		
	6	DC bus 电压（XXX.XV）	0	R	U16		
	7	输出电压（XXX.XV）	0	R	U16		
	8	多段速指令目前所执行段数	0	R	U16		
	9	保留	0	R	U16		
	A	显示计数值（c）	0	R	U16		
	B	输出功因角（XX.X 度）	0	R	U16		
	C	输出转矩（XXX.X%）	0	R	U16		
	D	电动机实际转速（rpm）	0	R	U16		
	E	PG 反馈脉冲数（0~65535）	0	R	U16		
	F	PG2 脉冲命令数（0~65535）	0	R	U16		
	10	输出功率（X.XXXKWH）	0	R	U16		
	17	多功能显示（参数 00-04）	0	R	U16		

（续）

Index	Sub	定　义	初值	R/W	Size	附　注
2022H	0	保留	0	R	U16	
	1	显示变频器输出电流	0	R	U16	
	2	计数值	0	R	U16	
	3	实际输出频率	0	R	U16	
	4	DC-BUS 电压	0	R	U16	
	5	输出电压值	0	R	U16	
	6	功率因素角度	0	R	U16	
	7	显示 U, V, W 输出的功率/kW	0	R	U16	
	8	变频器估测或由编码器（Encoder）反馈的电动机速度，以 r/min 为单位	0	R	U16	
	9	变频器估算的输出正负转矩 %（t 0.0：正转矩；- 0.0：负转矩）	0	R	U16	
	A	显示 PG 反馈	0	R	U16	
	B	在 PID 功能起动后，显示 PID 反馈值，以%为单位	0	R	U16	
	C	显示 AVI 模拟输入端子的信号值，0~10 V 对应 0~100%	0	R	U16	
	D	显示 ACI 模拟输入端子的信号值，4~20 mA/0~10 V 对应 0~100%	0	R	U16	
	F	功率模块 IGBT 温度/℃	0	R	U16	
	10	变频器电容温度/℃	0	R	U16	
	11	数字输入 ON/OFF 状态，参考 02-12	0	R	U16	
	12	数字输出 ON/OFF 状态，参考 02-18	0	R	U16	
	13	多段速指令目前执行的段速	0	R	U16	
	14	数字输入对应的 CPU 脚位状态	0	R	U16	
	15	数字输出对应的 CPU 脚位状态	0	R	U16	
	16	电动机实际运转圈数（PG 卡 PG1），在实际运转方向改变及停机时数字操作器显示值归零，由 0 开始计算。最大值为 65535	0	R	U16	
	17	脉波输入频率（PG 卡 PG 2）	0	R	U16	
	18	脉波输入位置（PG 卡 PG 2），最大值为 65535	0	R	U16	
	1A	过载计数（0.00~100.00%）	0	R	U16	

（续）

Index	Sub	定　义	初值	R/W	Size	附　注
	1B	GFF 的%值	0	R	U16	
	1C	母线电压 Dcbus 链波（单位：Vdc）	0	R	U16	
	1D	PLC 缓存器 D1043 的值	0	R	U16	
	1E	同步电动机的磁极区段	0	R	U16	
	1F	使用者物理量输出	0	R	U16	
	20	参数 00-05 的输出值	0	R	U16	
	21	电动机的运转圈数（停机时保持，运转前归零）	0	R	U16	
	22	电动机的运转位置（停机时保持，运转前归零）	0	R	U16	
	23	变频器风扇运转速度（%）	0	R	U16	
	24	变频器控制状态 0：速度模式	0	R	U16	
2022H	25	变频器运转载波频率	0	R	U16	
	26	保留	0	R	U16	
	27	变频器状态	0	R	U16	
	28	变频器估算之输出正负转矩	0	R	U16	
	29	保留	0	R	U16	
	2A	KWH 显示	0	R	U16	
	2B	PG2 脉波输入低字符	0	R	U16	
	2C	PG2 脉波输入高字符	0	R	U16	
	2D	电动机实际位置低字符	0	R	U16	
	2E	电动机实际位置高字符	0	R	U16	
	2F	PID 参考目标	0	R	U16	
	30	PID 偏移量	0	R	U16	
	31	PID 输出频率	0	R	U16	

2）CANopen Remote IO 映射，见表 7-24。

表 7-24　CANopen Remote IO 映射

Index	Sub	属　性	描　述
	01h	R	每个位对应不同的端子输入触点
	02h	R	每个位对应不同的端子输入触点
	03h~40h	R	保留
2026h	41h	RW	每个位对应不同的端子输出触点
	42h~60h	R	保留
	61h	R	AVI 比例值
	62h	R	ACI 比例值

（续）

Index	Sub	属　性	描　述
2026h	63h	R	保留
	64h~A0h	R	保留
	A1h	RW	AFM1 输出比例值
	A2h	RW	AFM2 输出比例值

3）台达制定的部分（新定义），见表7-25。

表 7-25　台达制定的部分（新定义）

Index	sub	属　性	Size	描　述			速度模式
				bit	定义	权限	
2060h	00h	R	U8				
	01h	RW	U16	0	Ack	4	0：fcmd = 0 1：fcmd = Fset（Fpid）
				1	Dir	4	0：正转方向命令 1：反转方向命令
				2			
				3	Halt	3	0：继续跑至目标速度 1：根据减速设定，暂时停车
				4	Hold	4	0：继续跑至目标速度 1：频率停在当前频率
				5	JOG	4	0：JOG OFF Pulse 1：JOG RUN
				6	QStop	2	Quick Stop
				7	Power	1	0：Power OFF 1：Power ON
				8	Ext_Cmd2	4	0变为1：清除绝对位置
				14~8			
				15	RST	4	Pulse 1： 清除错误代码
	02h	RW	U16		ModeCmd		0：速度模式
	03h	RW	U16				速度命令（无号数）
	04h	RW	U16				
	05h	RW	S32				
	06h	RW					
	07h	RW	S16				
	08h	RW	U16				
2061h	01h	R	U16	0	Arrive		频率命令到达
				1	Dir		0：电动机正转 1：电动机反转
				2	Warn		发生警告
				3	Error		发生错误

（续）

Index	sub	属性	Size	描述			速度模式
				bit	定义	权限	
2061h	01h	R	U16	4			
				5	JOG		JOG
				6	QStop		Quick Stop
				7	Power On		励磁
				15~8			
	02h	R					
	03h	R	U16				实际输出频率
	04h	R					
	05h	R	S32				实际位置（绝对）
	06h	R					
	07h	R	S16				实际扭力

7.3　C2000 变频器 PROFIBUS-DP 通信

本节将以台达 C2000 变频器为例介绍 PROFIBUS-DP 协议、PROFIBUS-DP 从站通信卡 CMC-PD01 安装、PROFIBUS-DP 通信信息以及 PROFIBUS-DP 网络设置。

7.3.1　PROFIBUS-DP 协议

PROFIBUS-DP 中的 DP（Decentralized Periphery，分散外围）是指将从站分散，主站可控制多个从站。PROFIBUS-DP 用于现场层的高速数据传送，主站和从站周期性地信息交互，主站进行数据获取和输出。PROFIBUS-DP 具有低成本、高速数据传送和传输距离远的优势，主要用于分散式 I/O 和控制设备系统的通信。

PROFIBUS 标准由 PROFIBUS-PA（Process Automation）、PROFIBUS-DP（Decentralized Periphery）、PROFIBUS-FMS（Fieldbus Message Specification）共同组成。PROFIBUS 的传输线路既可以是光缆也可以是双绞线，可挂接 127 个站点。

7.3.2　C2000 变频器 PROFIBUS-DP 从站通信卡 CMC-PD01 安装

1. CMC-PD01 通信卡与 VFD-C2000 的连接

1）关闭交流电动机驱动器电源。

2）打开交流电动机驱动器上盖。

3）先将绝缘片放入定位柱，再将 PCB 上两个圆孔对准定位柱后下压，让两个卡勾卡住 PCB，如图 7-18a 所示。

4）确认 PCB 上两个卡勾确实卡住 PCB 后，将螺钉锁上，如图 7-18b 所示。

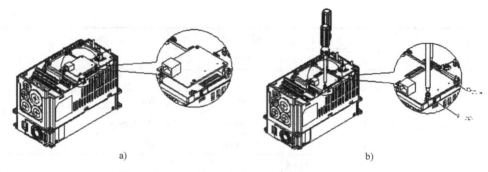

图 7-18 CMC-PD01 通信卡与 VFD-C2000 的连接

a）步骤 3 b）步骤 4

2. CMC-PD01 通信卡与 VFD-C2000 的拆卸

1）将两颗螺钉拆下，如图 7-19a 所示。

2）将卡勾扳开，将一字螺钉旋具斜插入凹陷处，将 PCB 撬开脱离卡勾，如图 7-19b 所示。

3）再将另一卡勾扳开，将 PCB 取出，如图 7-19c 所示。

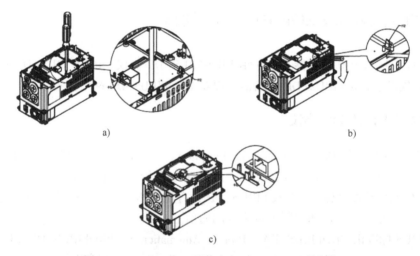

图 7-19 CMC-PD01 通信卡与 VFD-C2000 的拆卸

a）步骤 1 b）步骤 2 c）步骤 3

3. CMC-PD01 通信卡 PROFIBUS-DP 通信口引脚定义

引脚定义如图 7-20 所示。

4. PROFIBUS-DP 总线连接器与 VFD-C2000 交流电动机驱动器的连接

将 PROFIBUS-DP 总线连接器按图 7-21 箭头所示的方向插入 CMC-PD01 通信卡的 PROFIBUS-DP 通信连接口，旋紧 PROFIBUS-DP 总线连接器上的螺钉以保证 CMC-PD01 通信卡与 PROFIBUS DP 总线可靠连接。

脚位	定义	叙述
1		N/C
2		N/C
3	RxD/TxD-P	接收/传送数据P(B)
4		N/C
5	DGND	数据参考电位(C)
6	VP	提供正电压
7		N/C
8	RxD/TxD-N	接收/传送数据N(A)
9		N/C

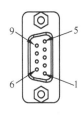

图 7-20　PROFIBUS DP 通信口引脚定义

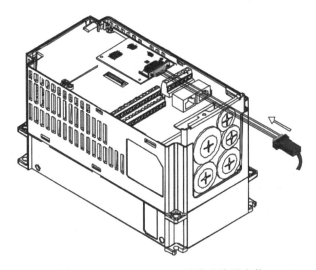

图 7-21　PROFIBUS DP 总线连接器安装

7.3.3　C2000 变频器 PROFIBUS-DP 通信

1. 台达 VFD-C2000 系列交流电动机驱动器通信参数设定

台达 VFD-C2000 交流电动机驱动器接入 PROFIBUS-DP 网络时，须根据表7-26 设置交流电动机驱动器的通信参数。设置完成后，PROFIBUS-DP 主站才可以对台达 VFD-C2000 交流电动机驱动器的参数进行读写操作。

表 7-26　交流电动机驱动器的通信参数

参　　数	参 数 名 称	参 数 值	含　　义
00-20	频率命令来源设定	8	频率命令由通信卡控制
00-21	运转命令来源设定	5	运转命令由通信卡控制
09-30	通信解码方式选择	0/1	0：台达交流电动机驱动器旧的解码方式（20XX） 1：台达交流电动机驱动器新的解码方式（60XX）
09-70	通信卡站号	自行设定	VFD-C2000 Driver 在 PROFIBUS DP 网络中的站号

PROFIBUS-DP 通信速率范围为 9.6 kbit/s ~ 12 Mbit/s，传输线长度视传输速率而决定，传输距离范围为 100 ~ 1200 m。CMC-PD01 通信卡支持的通信速率及各通信速率下的通信距离见表 7-27。

表 7-27　CMC-PD01 通信速率及通信距离

通信速率/(bit/s)	9.6k	19.2k	93.75k	187.5k	500k	1.5M	3M	6M	12M
长度/m	1200	1200	1200	1000	400	200	100	100	100

2. CMC-PD01 通信卡可供使用的数据结构及 PKW、PZD 简介

（1）CMC-PD01 通信卡可供使用的数据结构

周期性的数据交换可使用 PROFIDrive 所定义的数据结构，这些数据结构被称为参数处理数据对象（Parameter Process data Object，PPO）。除了 PPO 结构外，周期性数据（Cyclical Data）也可被配置为 EXT CONF 1 或 EXT CONF2。依据需求，这两个扩充配置最多可达到 4 个字的过程数据，CMC-PD01 支持的数据结构见表 7-28。

（2）PKW、PZD 简介

当台达 VFD-C2000 系列交流电动机驱动器通过 CMC-PD01 通信卡接入 PROFIBUS-DP 网络后，有两种方式访问交流电动机驱动器参数，一种方式为通过 PKW 访问，一种方式为通过 PZD 访问。PKW 由 4 个字（Word）组成，每个字代表特定的含义，4 个字组合在一起可以读或写一个交流电动机驱动器参数。PKW 可通过改变 PKW 中各个字的值访问交流电动机驱动器的各种参数。当通过 PZD 访问交流电动机驱动器参数时，PZD 可以直接映射交流电动机驱动器的地址。当 PZD 映射交流电动机驱动器的参数地址后，PZD 会固定对应交流电动机驱动器某一参数的地址。

表 7-28　PROFIBUS DP 网络参数对应表

PKW 区				PZD 区									
PKE	IND	PWE1	PWE2	PZD1	PZD2	PZD3	PZD4	PZD5	PZD6	PZD7	PZD8	PZD9	PZD10
1st word	2nd word	3rd word	4th word	1st word	2nd word	3rd word	4th word	5th word	6th word	7th word	8th word	9th word	10th word
PPO1													
PPO2													
				PPO3									
				PPO4									
PPO5													
EXT CONF1													
				EXT CONF2									

3. 数据结构介绍及范例介绍

PKW 数据结构见表 7-29。在周期性数据中，PKW 的数据存在请求与响应机制，所以主站必须收到相对应的响应后才能够传送新的请求消息。

表 7-29　PKW 数据结构

PKW	PKW 区各个 WORD 的 Bit 含义															
	bit15	bit14	bit13	bit12	bit11	bit10	bit9	bit8	bit7	bit6	bit5	bit4	bit13	bit2	bit1	bit0
Word1	PKE（参数 ID）															
	AK				SPM	PNU（基本参数号码）										
Word2	IND（参数子索引）															
	页号选择				未使用											
Word3	PWE1（保留）															
Word4	PWE2（读/写参数值）															

（1）PKE（Word1）

1）PNU（PKE bit0~bit10）：基本参数号码。

基本参数号码（PNU）= 欲访问交流电机驱动器参数地址 n * 2000（n 为 PNU 页号）。参数号码 PNU 的范围为 1 ~ 1999（十进制）。交流电动机驱动器的参数地址不超过 1999（十进制）时，PNU 页号为 0；交流电动机驱动器的参数地址超过 1999（十进制）时，需设定合适的 PNU 页号，以使 PNU 小于 1999（十进制）。

2）SPM（PKE bit11）：保留（默认为 0）。

3）AK（PKE bit12~bit15）：请求或响应设别 ID。

请求识别 ID（主站→CMC-PD01）见表 7-30。

表 7-30　请求识别 ID（主站→CMC-PD01）

请求识别 ID	含　　义
0	无请求
1	请求参数值
2	更改参数值

响应识别 ID（CMC-PD01→主站）见表 7-31。

表 7-31　响应识别 ID（CMC-PD01→主站）

响应识别 ID	含　　义
0	无响应
1	传送参数值
7	请求无法进行（根据 PWE2 错误码判断原因）

请求无法进行时 PWE2 内会产生错误代码，错误代码的含义见表 7-32。

表 7-32　错误代码含义

错误代码	说　　明
0	不合法的参数号码（参数不存在）
1	参数值无法更改（参数只读/无法变更现在值）
2	最小或最大值未到达或超出
18	其他错误

（2）IND（Word2）

IND（参数子索引）的数据结构见表 7-33，IND bit12~bit15 用于页号选择，其各位权的定义见表 7-34。当用 PKW 访问交流电动机驱动器参数时，首先要确定页号的值，页号值的计算由 IND 的 bit12~bit15 决定，计算方法为各位值乘以各自权相加之和。如页号大小选择为 4 时，IND 的 bit12~bit15 的值为 0100（根据页号大小确定 IND bit12~bit15 的值）。当页号的值确定之后，IND 值也随之确定。IND 的值可直接根据其 bit0~bit15 的值通过二进制求得，如页号选择为 4，IND 的值为 2000（hex）。

表 7-33　IND 数据结构表

参数子索引（IND）															
bit12~bit15 （页号选择）				bit0~bit11 （保留，默认值为 0）											
bit15	bit14	bit13	bit12	bit11	bit10	bit9	bit8	bit7	bit6	bit5	bit4	bit13	bit2	bit1	bit0
0	0	1	0	0	0	0	0	0	0	0	0	0	0	0	0

表 7-34　IND bit12~bit15 各位权定义表

页 号 选 择				
位	IND bit15	IND bit14	IND bit13	IND bit12
权	2^0	2^3	2^2	2^1
位值	0/1	0/1	0/1	0/1

当知道交流电动机驱动器的参数地址后，可根据表 7-35 确定 PNU 页号的值，根据 PNU 页号的值可求出 IND 的值及 PNU 的值。PNU 值的计算方法如下：PNU＝交流电机驱动器的参数地址 PNU 页号×2000。

表 7-35　PNU 页号值

PNU（PKE bit0~bit10） （十六进制）	PNU 页号选择（INC bit12~bit15） （十进制）	交流电机驱动器的参数地址 （十进制）
0…1999	0	0…1999
0…1999	1	2000…3999
0…1999	2	4000…4999
…	…	…
0…1999	15	30000…31999

（3）PWE1 和 PWE2（word3 和 word4）

PWE1 为 PD-01 保留用，当用 PKW 读或写交流电动机驱动器的参数时，PROFIBUS-DP 主站需设定 PWE1 为 0。当用 PKW 读取交流电动机驱动器的参数值时，PWE2 需填入 0；当用 PKW 写入交流电动机驱动器的参数值时，PWE2 需填入欲写入的参数值。

（4）通过 PKW 区读取 VFD-C2000 系列交流电动机驱动器实际输出频率的值

为了读取交流电动机驱动器实际输出频率，应先设定请求为 1（读取参数值）。交流电动机驱动器实际输出频率的地址为 2103（hex），2103 的十进制为 8451。由于 PNU 的范围为 1~1999，则 PNU 的页号选择设定为 4，IND 的值为 2000，PNU＝8451－4×2000＝451（01C3 （hex））。PKW 区的数据格式如下。

　　主站→VFD-C2000：11C3 2000 0000 0000。

　　VFD-C2000→主站：11C3 2000 0000 1070。

　　主站请求数据见表 7-36。

表 7-36　主站请求数据

PKW 区参数	PKW 区参数值（HEX）
Word1（PKE）	11C3
Word2（IND）	2000
Word3（PWE1）	0000
Word4（PWE2）	0000

　　从站响应数据见表 7-37。

表 7-37　从站响应数据

PKW 区参数	PKW 区参数值（HEX）
Word1（PKE）	11C3
Word2（IND）	2000
Word3（PWE1）	0000
Word4（PWE2）	1070

　　（5）通过 PKW 区将数值 2 写入交流电动机驱动器 2000（hex）地址内。

　　为了将数值 2 写入交流电动机驱动器 2000（hex）参数内，先设定请求 ID 为 2（修改参数值）。交流电动机驱动器控制字的地址为 2000（hex），2000 的十进制为 8192。由于 PNU 的范围为 1～1999，则 PNU 的页号选择设定为 4，IND 的值为 2000，PNU=8192-4× 2000=192（0C0（hex））。PKW 区的数据格式如下。

　　Master→VFD-C2000：20C0 2000 0000 0002。

　　VFD-C2000→Master：10C0 2000 0000 0002。

　　主站请求数据见表 7-38。

表 7-38　主站请求数据

PKW 区含义	PKW 区参数值（HEX）
Word1（PKE）	20C0
Word2（IND）	2000
Word3（PWE1）	0000
Word4（PWE2）	0002

　　从站响应数据见表 7-39。

表 7-39   从站响应数据

PKW 区参数含义	PKW 区参数值（HEX）
Word1（PKE）	10C0
Word2（IND）	2000
Word3（PWE1）	0000
Word4（PWE2）	0002

4. 使用 PZD 读写交流电机驱动器参数

通过 PZD 读/写交流电动机驱动器参数时，交流电动机驱动器的配置参数和主站寄存器形成一一对应的关系。当通过主站读/写从站参数时，可通过从站地址在主站内的映射地址直接操作。

7.3.4   C2000 变频器 PROFIBUS-DP 网络设置

通过 PROFIBUS-DP 网络完成台达 C2000 交流电动机驱动器的数据交换范例。

1. VFD-C2000 接入 PROFIBUS-DP 网络

1）此范例使用西门子 S7-300 作 PROFIBUS DP 主站，台达 VFD-C2000 交流电动机驱动器作从站。PROFIBUS DP 网络示意图如图 7-22 所示。

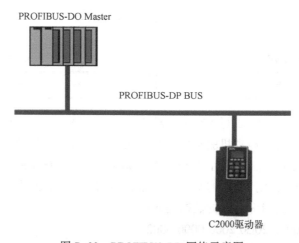

图 7-22   PROFIBUS DP 网络示意图

2）设置 VFD-C2000 交流电动机驱动器 00-20 的参数值为 8。00-21 参数值为 5，09-30 的值为 0，09-70 的参数值为 8。09-70 的值为 VFD-C2000 交流电动机驱动器在 PROFIBUS-DP 网络中的站号。当更改 09-70 的参数值后，交流电动机驱动器须重新上电，新更改值才有效。

3）检查并确认 VFD-C2000 交流电动机驱动器与 CMC-PD01 通信卡已可靠连接，检查并确认整个网络配线正确。

2. VFD-C2000 交流电动机驱动器在 PROFIBUS-DP 网络中配置（软件配置）

（1）利用工程向导建立一个新的工程文件

1）打开 SIMATIC Manager 软件，软件界面如图 7-23 所示。

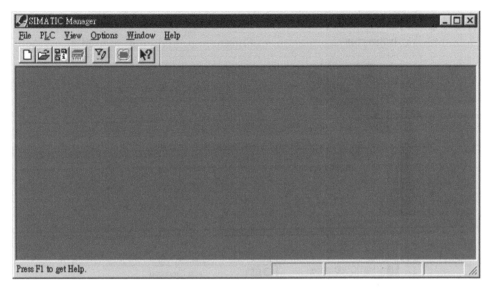

图 7-23　打开 SIMATIC Manager 软件

2）选择"File"→"New Project Wizard"，如图 7-24 所示。

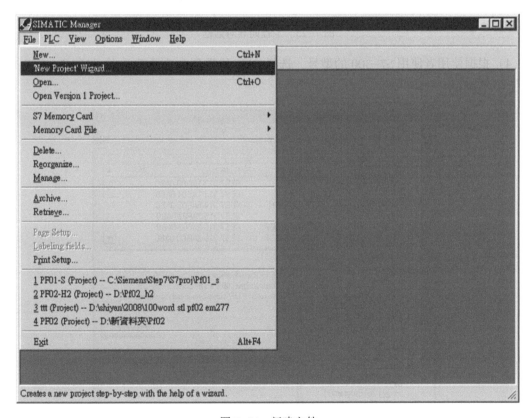

图 7-24　新建文件

3）在出现的工程向导对话框中单击"Next"按钮，如图 7-25 所示。

图 7-25　工程向导对话框

4）根据使用者使用 S7-300 的型号，选择 CPU 的类型，选择后单击"Next"按钮，如图 7-26 所示。

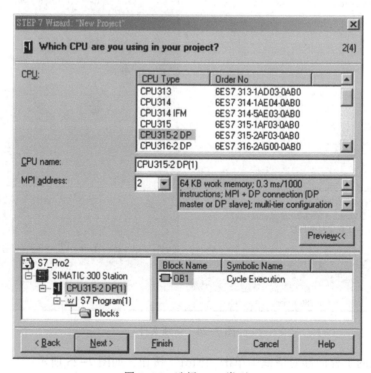

图 7-26　选择 CPU 类型

5）根据使用者的需要，选择需要的程序块及程序块使用的编程语言，选择后单击"Next"按钮，如图 7-27 所示。

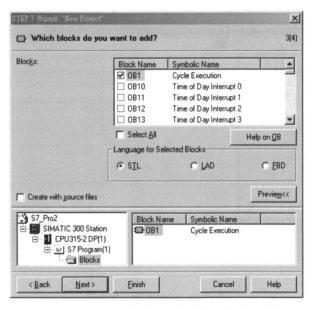

图 7-27　需要的程序块及程序块使用的编程语言

6）如图 7-28 所示，在"Project name"栏内输入工程文件的文件名，输入后单击"Finish"按钮。

图 7-28　输入工程文件的文件名

7）工程文件建立后会出现一个新的窗口，如图 7-29 所示，这样一个新的工程文件就建立了。

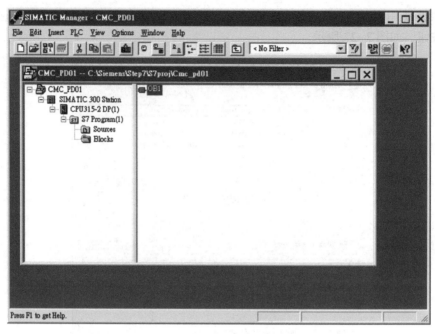

图 7-29　创建新的工程文件

（2）PROFIBUS DP 总线的加入

1）在新建的工程文件中选择"SIMATIC 300 Station"会出现如图 7-30 所示的画面，双击图 7-30 右栏内的"Hardware"，会出现"HW-Config"窗口。

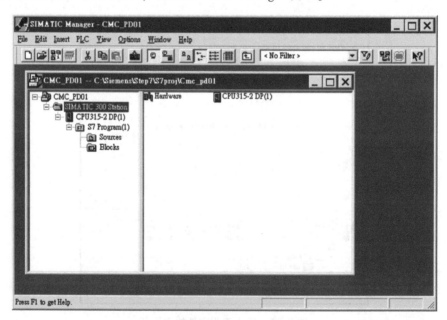

图 7-30　选择"SIMATIC 300 Station"

2）在 HW Config 窗口中，双击图 7-31 所示左栏内选中的 DP，会出现一个新的对话框。

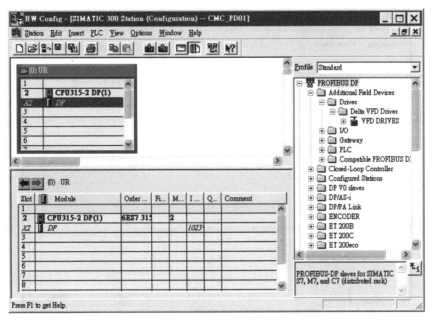

图 7-31　选中的 DP

3）在图 7-32 所示对话框中单击 "Properties" 按钮，会出现一个新的对话框。

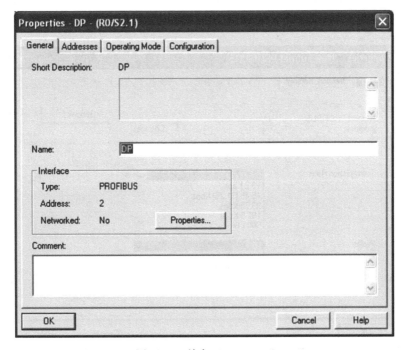

图 7-32　单击 "Properties"

4）在图 7-33 所示对话框 "Address" 下拉菜单中选择地址，该地址为主站的地址，然后单击 "New" 按钮，出现一个新的对话框。

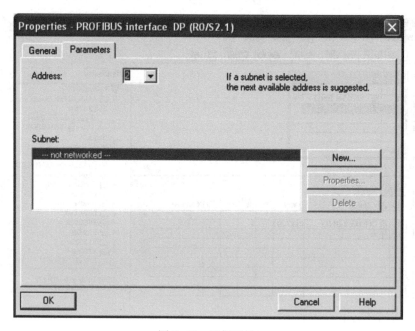

图 7-33 选择地址

5）在图 7-34 所示对话框中选择总线的通信速率和总线类型，选择后单击"OK"按钮。

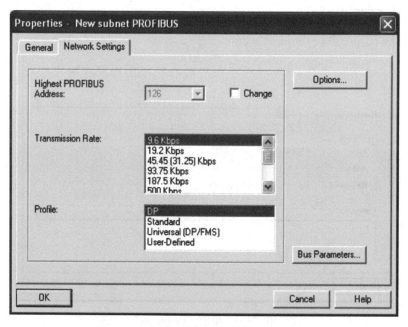

图 7-34 选择总线的通信速率和总线类型

6）在图 7-35 所示对话框中对 PROFIBUS-DP 总线通信速率及主站地址进行确认，确认无误后单击"OK"按钮。

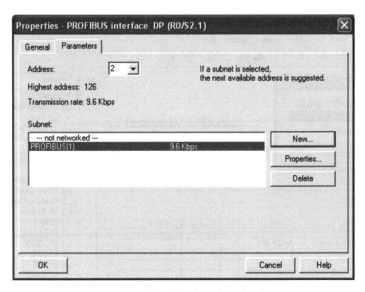

图 7-35　确认总线通信速率及主站地址

7）在图 7-36 所示对话框中对 PROFIBUS-DP 总线信息进行确认，确认无误后单击"OK"按钮。

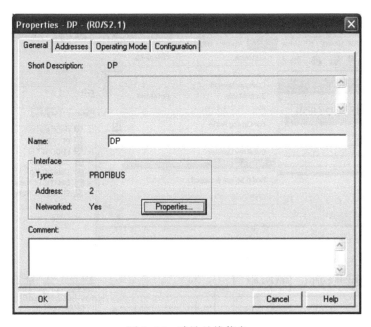

图 7-36　确认总线信息

8）当上述参数设置好后，UR 后面会出现一条 PROFIBUS-DP 总线，如图 7-37 所示。

（3）VFD-C2000 GSD 文档的加入

1）在 HW Config 窗口中，选择"Options"→"Install GSD File"，如图 7-38 所示。

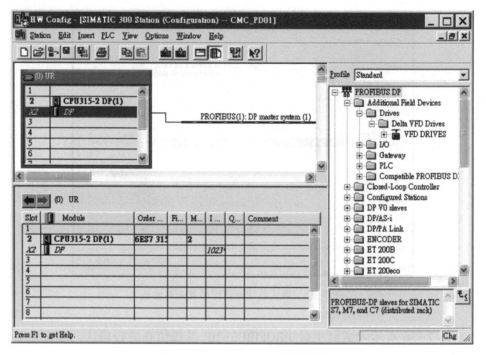

图 7-37　PROFIBUS-DP 总线显示

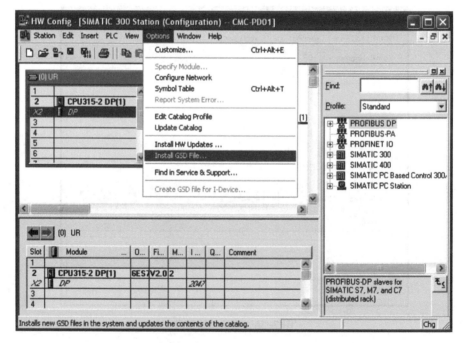

图 7-38　Install GSD File

2）找到 GSD 的存放路径，选择要安装的 GSD 文件后单击 "Open" 按钮即可加入所需要的 GSD 文件，如图 7-39 所示。

3）当加入 VFD-C2000 的 GSD 文件后，可在图 7-40 所示窗口的右栏找到 VFD-C2000

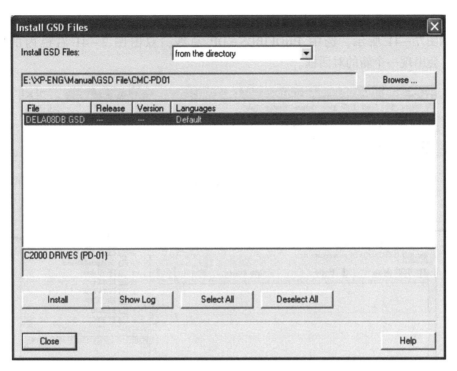

图 7-39　安装 GSD 文件

交流电动机驱动器的名称。如图 7-40 所示，VFD-C2000 DRIVES 即为 VFD-C2000 交流电动机驱动器的名称。

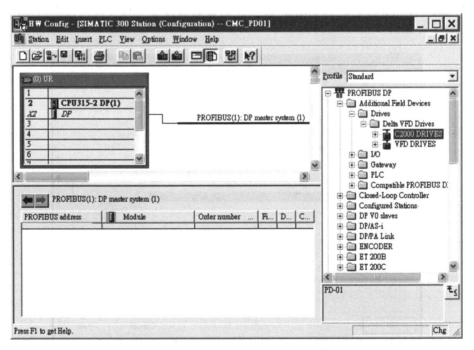

图 7-40　加入 GSD 文件后显示名称

（4）VFD-C2000 从站的加入及参数配置

1）如图 7-41 所示，选中 PROFIBUS-DP 总线，双击图 7-41 右栏内的"C2000 DRIVES"会出现一个新的对话框。

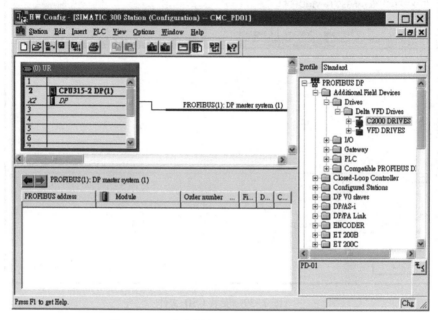

图 7-41　双击右栏内的 C2000 DRIVES 图标

2）在图 7-42 所示对话框中，在 Address 下拉菜单中选择 VFD-C2000 从站的地址（十进制），此地址须与交流电动机驱动器 09-70 的参数值设置一致，地址设定后单击"OK"按钮。

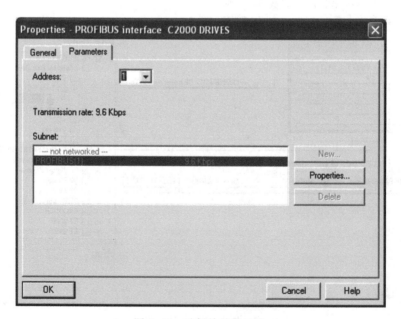

图 7-42　选择从站的地址

3) 将 VFD-C2000 加入 PROFIBUS-DP 总线，如图 7-43 所示。

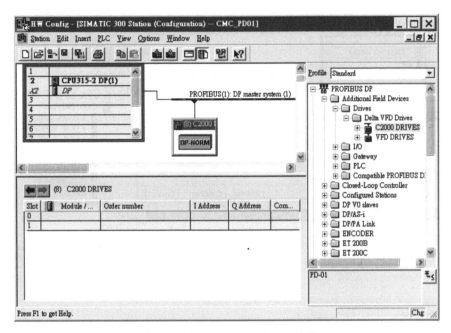

图 7-43　加入 PROFIBUS-DP 总线

4) 如图 7-44 所示，选择槽 0，双击图 7-44 右栏 "4PKW，4PZD"。

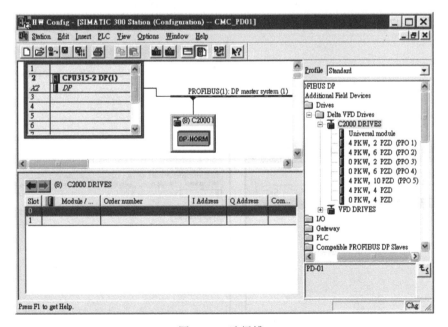

图 7-44　选择槽 0

5) 如图 7-45 所示，4PKW，4PZD 的参数配置到槽 0 和槽 1。

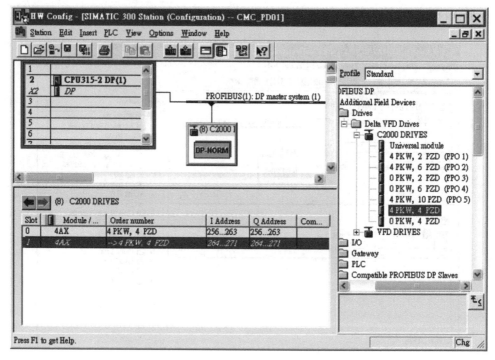

图 7-45　4PKW，4PZD 参数配置

6）参数配置好后，单击 HW Config 窗口中的 按钮，出现图 7-46 所示的对话框，在图 7-46 所示的对话框中单击"OK"按钮，会出现一个新的对话框。

7）在图 7-47 所示对话框中单击"OK"按钮，可下载配置的参数。

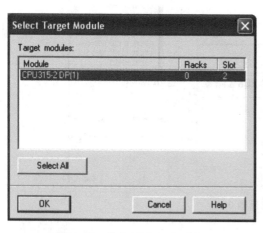

图 7-46　单击 HW Config 窗口

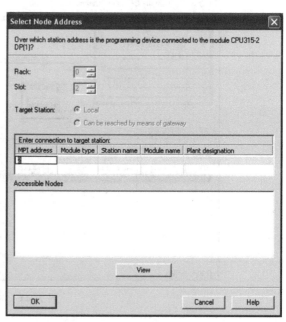

图 7-47　下载配置的参数

8）如图 7-48 所示，正在下载配置参数。

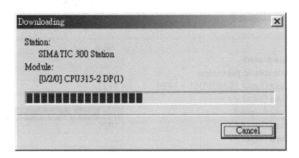

图 7-48　完成配置参数

9）配置参数下载完毕后，CMC-PD01 通信卡的 NET 灯会常亮绿色。

（5）数据映射

双击图 7-49 中 PROFIBUS-DP 总线下的 C2000 DRIVES 从站图标，弹出图 7-50 所示的对话框。图 7-50 中 Data Output 区及 Data Input 区为 PZD 映射从站地址，Data Output 及 Data Input 数据格式为十进制，可手动输入。如 Data Output3 输入的数值为 1024（十进制），表示交流电动机驱动器的地址为 0400（十六进制），即表示交流电动机驱动器 04-00 参数。

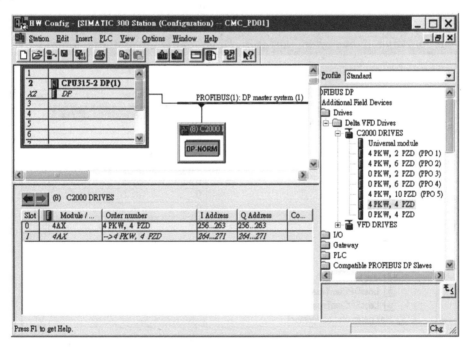

图 7-49　C2000 DRIVES 从站

图 7-51 为图 7-50 下拉滚动条后的对话框。图 7-51 所示 din_len 表示 Data Input 区的数据长度，dout_len 表示 Data Output 区的数据长度。

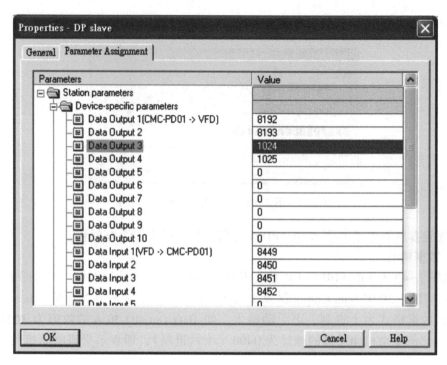

图 7-50　双击从站图标

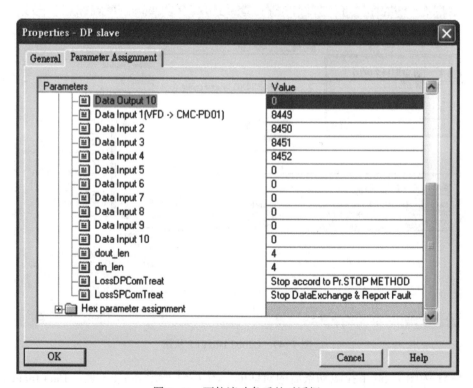

图 7-51　下拉滚动条后的对话框

LossDPComTreat 下拉菜单中选项如图 7-52 所示，各选项的含义见表 7-40。

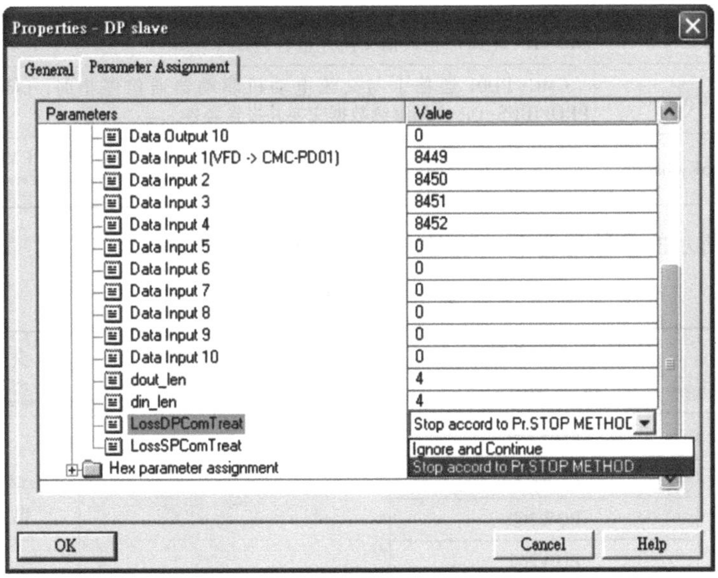

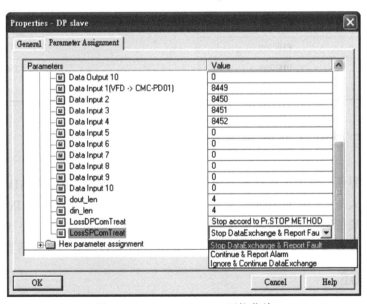

图 7-52 LossDPComTreat 下拉菜单

表 7-40 LossDPComTreat 各选项含义

Ignore and continue	CMC-PD01 通信卡与 PROFIBUS-DP 主站通信断线时，交流电动机驱动器按照断线前的状态继续运转
Stop accord toPr. STOP METHOD	CMC-PD01 通信卡与 PROFIBUS-DP 主站通信断线时，交流电动机驱动器按照交流电动机驱动器设定的停止方式进行停止

LossSPComTreat 下拉菜单中选项如图 7-53 所示，各选项的含义见表 7-41。

图 7-53 LossSPComTreat 下拉菜单

表 7-41　LossDPComTreat 各选项含义

StopDataExchange&Report Fault	CMC-PD01 通信卡与交流电动机驱动器通信停止时，CMC-PD01 通信卡与 PROFI-BUS-DP 主站停止数据交换并报告错误
Congtinue&Report Alarm	CMC-PD01 通信卡与交流电动机驱动器通信停止时，CMC-PD01 通信卡与 PROFIBUS-DP 主站继续数据交换并报告警告
Ignore&ContinueDataExchange	CMC-PD01 通信卡与交流电动机驱动器通信停止时，CMC-PD01 通信卡与 PROFIBUS-DP 主站继续数据交换并报告警告

在图 7-49 所示的参数配置下，数据映像关系见表 7-42。

表 7-42　数据映像

PKW/PZD	S7-300 外部 输入/输出字	PROFIBUS DP 网络 数据传输方向	交流电动机驱动器 参数地址（HEX）
PKW 区	PQW256	⇨	4 个字组合读/写一个交流 电动机驱动器参数
	PQW258		
	PQW260		
	PQW262		
	PIW256	⇦	PKW 回复数据
	PIW258		
	PIW260		
	PIW262		
PZD 区	PQW264	⇨	2000（Data output1）
	PQW266		2001（Data output2）
	PQW268		0400（Data output3）
	PQW270		0401（Data output4）
	PIW264	⇦	2101（Data input1）
	PIW266		2102（Data input2）
	PIW268		2103（Data input3）
	PIW270		2104（Data input4）

7.4　HMI 与 C2000 变频器直接通信

人与产品的界面，称为人机界面（Human Machine Interface，HMI）。HMI 介于用户和产品系统之间，是人与产品之间传递、交换信息的媒介。在工业应用中，HMI 包含触摸屏和组态软件。在一般情况下，人机界面都是与 PLC 相连的，但是没有 PLC，HMI 也可以与变频器相连。本章主要以台达 C2000 变频器为例介绍 HMI 与台达系列变频器直接通信。

7.4.1　应用概述

在台达 C2000 系列变频器中，数字操作器（MKC-KPPK）面板采取内嵌式安装，有凸盘式安装和平盘式安装两种方式可供选择，此型号操作面板仅可用于台达电子变频器

C2000、CH2000、CP2000 等产品。一般而言，多台变频器的应用，必须使用 PLC 作为系统控制核心以满足要求。然而，台达 C2000 系列不同，其内置 10K 步 PLC 程序，可实现分布式控制与独立操作。台达 C2000 系列通信时，通常使用 USB/RS-485 通信转换模块 IFD6530，大大简化了通信过程，降低了难度。操作面板上的功能键，可以依用户设定定义，但有出厂预设定义。目前出厂只有〈F1〉与〈F4〉键可以搭配页面下方功能列执行功能，如〈F1〉为 JOG 功能及〈F4〉为快速简易设定功能（"我的模式参数"→"增加与删除"），其余功能键功能需要使用 TPEditor 编辑定义完成之后才有作用。

台达 C2000 系列使用 USB/RS-485 通信转换模块 IFD6530。这种转换装置，不需外接电源，不需任何设定，即可支持不同的传输速率（75~115.2 kbit/s），并可自动切换数据流方向。通过 USB 接口可即插即用和热插入，提供和 RS-485 装置的沟通接口，体积小且方便使用，RS485 采用 RJ-45 网络线接口，用户能更便利地接线，IFD6530 外观如图 7-54 所示，IFD6530 功能规格见表 7-48。

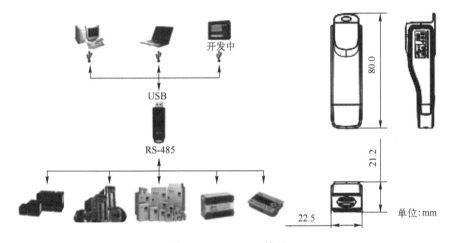

图 7-54　IFD6530 外观

表 7-43　IFD6530 功能规格

电源需求	不需外接电源
消耗功率	1.5 W
隔离电压	DC 2500 V
传输速度/bit/s	75、150、300、600、1200、2400、4800、9600、19200、38400、57600、115200
RS-485 端子形式	RJ-45
USB 接头	A type（plug）
兼容性	符合 USB V2.0 规格
最大使用线长	RS-485 通信端口：100 m
支持 RS-485 半双工	

在安装驱动程序前，先将随机所附 CD 内的 USB driver 驱动程序（IFD6530_Drivers.exe）按图 7-55~图 7-58 所示步骤解压缩。在解压缩文件之前，请勿将 IFD6530 插入计算机。

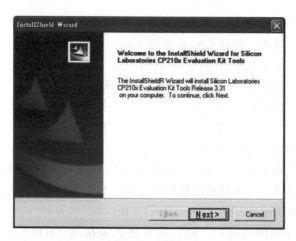

图 7-55　步骤 1

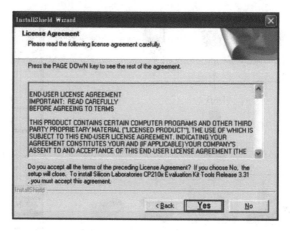

图 7-56　步骤 2

图 7-57　步骤 3

完成后，IFD6530 驱动程序将会被放置于 C：\SiLabs。再将 IFD6530 连接至计算机 USB
端口，完成后，按图 7-59~图 7-62 所示步骤即可安装驱动程序。

图 7-58　步骤 4

图 7-59　步骤 5

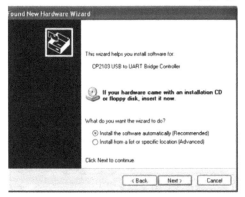

或

请浏览选择目录，或直接输入C：\SiLabs\MCU \CP210x\WIN

图 7-60　步骤 6

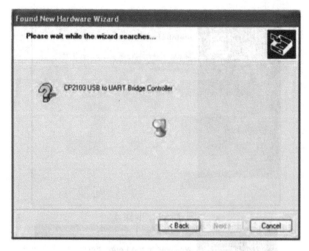

图 7-61　步骤 7

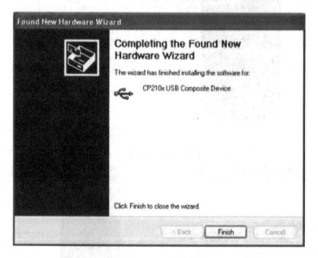

图 7-62　步骤 8

重复步骤 1~步骤 4 以完成 COM PORT 设定。

LED 显示中，绿色 LED 亮起，表示有电源；橘色 LED 闪烁，表示数据正在传输。

7.4.2　功能描述

台达 C2000 系列变频器使用内嵌入式数字操作器，无须外接电源和其他设定，安装 USB/RS-485 通信转换模块 IFD6530，启用 TPEditor 功能，即可编辑多个人机显示界面，从而控制变频器。

7.4.3　台达 C2000 变频器与 DOP-W 系列 HMI 通信

台达 C2000 变频器与 HMI 通信时，需要先在 KPC-CC01 或 MKC-KPPK 数字操作器面板上完成设置，输入频率指令并控制运转指令。用台达 DOP-W 系列 HMI 写入工作参数或输入操作命令，实现人与机器信息交互。

台达 DOP-W 系列 HMI 型号分为 DOP-W105B、DOP-W127B 与 DOP-W157B

W 系列 HMI 没有提供 USB 下载方式，只能通过 Ethernet 或 COM Port 方式上/下载画面。软件默认的上/下载设定为以太网络，如图 7-63 所示。

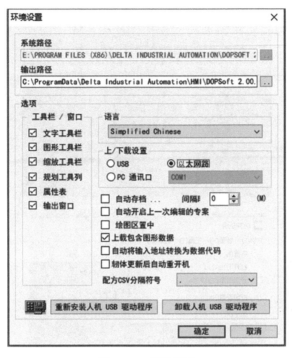

图 7-63　环境设定

若是选择"以太网络"为下载方式，需先进入系统画面将 DHCP 设为 OFF，且手动设定 HMI 的 IP 地址，否则软件搜寻 HMI 时，可能会因为无法搜寻到 HMI 而导致下载异常。系统画面设定如图 7-64 所示。

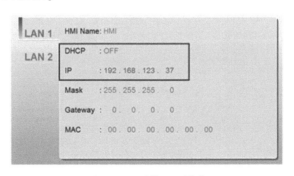

图 7-64　系统画面设定

W 系列 HMI 提供两个网络接口装置供用户通过网络上/下载画面/配方、取得固件序号、恢复出厂默认值。也可按照使用者的应用来规划，让两个网络接口处在不同网段，有效灵活运用网络。

利用 DOPSoft 软件建立一个项目时，按照以下步骤操作。

打开软件后，会出现如图 7-65 所示视图，单击新增项目 图标或选择"文件"→"新建"来建立一个新的项目。

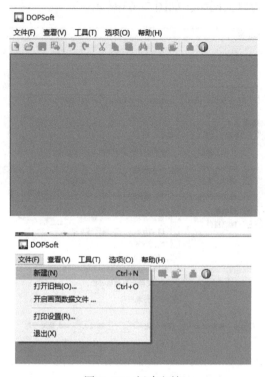

图 7-65　新建文档

新建项目后，可选择 HMI 机种、通信端口控制器与通信格式。可通过左上角的上、下小箭头来移动希望使用的 COM 1、COM 2 或 COM 3，之后便可开始编辑新画面与建立新文件了。

第8章

变频器的维修与检查

随着工厂自动化技术的发展，变频器日益成为重要的驱动和控制设备，因此保障变频器可靠运行也成为降低故障停机时间的重要议题。确保变频器可靠、连续地运行的关键之处就在于日常维护保养。

8.1 变频器的定期维护和保养

8.1.1 日常维护

日常维护保养的具体内容可以分为：运行数据记录和故障记录。维护保养人员每天要记录变频器及电动机的运行数据，包括变频器输出频率、输出电流、输出电压、变频器内部直流电压、散热器温度等参数，将这些数据与标准数据对照比较，排除故障隐患。若变频器发生故障跳闸，须记录故障代码和跳闸时变频器的运行工况，以便具体分析故障原因。

在变频器的日常维护中也要按照规程去做，若发现变频器故障跳停时，不要立即打开变频器进行维修，因为即使变频器不处于运行状态，甚至电源已经切断，变频器的电源输入线、直流端子和电动机端子上仍然可能带有电压。断开开关后必须等待几分钟，使变频器内部电容器放电完毕，才能开始维护工作。

在日常使用中，应根据变频器的实际使用环境状况和负载特点，制订出合理的检修周期和制度，在每个使用周期后，将变频器全面维护一次。每台变频器每季度要清灰保养1次，要清除变频器内部和风路内的积灰、脏物，将变频器表面擦拭干净；变频器的表面要保持清洁光亮；在保养的同时要仔细检查变频器，查看变频器内有无发热变色部位，水泥电阻有无开裂现象，电解电容有无膨胀、漏液、防爆孔突出等现象，PCB有无异常，有没有发热烧黄部位。保养结束后，要恢复变频器的参数和接线，送电后起动变频器带电动机工作在 3 Hz 的低频约 1 min，以确保变频器工作正常。

8.1.2 定期检查

变频器需要定期进行检查和维护的项目如下所示。

1）利用每年一次的大修时间，将重点放在变频器日常运行时无法检查的部位。

2）变频器长时间不使用时要做的维护有：电解电容器不通电时间不要超过 3~6 个月，因此要求间隔一段时间通一次电，新买来的变频器如离出厂时间超过半年至一年，也要先通低电压空载，经过几小时，让电容器恢复充放电性能后再使用。

3）如条件允许，要用示波器测量开关电源输出各路电压的平稳性，如 5 V、12 V、15 V、24 V 等电压；测量驱动电路各路波形的方波是否有畸变；U、V、W 相间波形是否为正弦波；接触器的触点是否有打火痕迹，严重的要更换同型号或大于原容量的新品；确认控制电压的正确性，进行顺序保护动作试验；确认保护显示电路无异常；确认变频器在单独运行时输出电压的平衡度。

具体项目见表 8-1。

表 8-1 日常检查和定期检查

检查部位	检查项目	检查事项	检查周期			检查方法	判定基准	使用仪表
			日常	定期				
				1 年	2 年			
整机	周围环境	确认周围温度、湿度、尘埃、有毒气体等	○				周围温度 -10 ~ +50℃ 不冰冻，周围温度 90% 以下，不结露	温度计、湿度计、记录仪
	整机装置	是否有异常振动，异常声音	○			利用观察和听觉	没有异常	
	电源电压	主电路电压是否正常	○			测定变频器端子排 R、S、T 相间电压相同	170~242 V（323 ~506 V）50 Hz 170~253 V（323 ~506 V）60 Hz	万用表、数字式多用仪表
主回路	全部	（1）兆欧表检查 （2）紧固部分是否松脱 （3）各零件是否有过热的迹象 （4）清扫		○ ○ ○ ○	○	（1）拆下变频器接线端，将端子 R、S、T、U、V、W 一齐短路用兆欧表测量它与接地端子的电阻 （2）加强紧固件 （3）观察	（1）应在 5 MΩ 以上 （2）、（3）没有异常	DC 500 V 兆欧表
	连接导体电线	（1）导体是否歪斜 （2）导线外层是否破损		○ ○		用眼观察	没有异常	
	端子排	是否损伤				用眼观察	没有异常	
	IPM 模块整流桥	检查各端子间电阻			○	拆下变频器连接线，在端子 R、S、T-P、N 之间以及 U、V、W 之间用万用表×1Ω 测量		指针式万用表
	平滑电容器	（1）是否泄漏液体 （2）保险阀是否突出、是否膨胀 （3）测定静电容量	○ ○ ○	○		（1）、（2）用眼观察 （3）用电容量测定器测量	（1）、（2）没有异常 （3）定额容量的 85% 以上	容量计

（续）

检查部位	检查项目	检查事项	检查周期			检查方法	判定基准	使用仪表
			日常	定期				
				1年	2年			
主电路	继电器	（1）动作是否有"呲呲"的声音 （2）触点是否粗糙、破裂		○ ○		（1）用听觉 （2）用眼观察	（1）没有异常 （2）没有异常	
	电阻器	（1）电阻器绝缘物是否有裂痕 （2）是否有断线		○ ○		（1）用眼观察水泥电阻、线绕类电阻 （2）拆下侧连接，用万用表测量	（1）没有异常 （2）误差在标称阻值的±10%以内	万用表、数字式多用仪表
控制电路保护电路	动作检查	（1）变频器单独运行时，各相输出电压是否平衡 （2）进行顺序保护动作试验，显示保护电路是否正常		○ ○		（1）测定变频器U、V、W端子相间电压 （2）模拟地将变频器的保护电路输出短路或断开	（1）相间电压平衡为200 V且变动在4 V以内 （2）在程序上没有异常动作	数字式多用仪表、整流型电压表
冷却系统	冷却风机	（1）是否有异常振动、异常声音 （2）连接部件是否有松脱				（1）在不通电时，用手拨动旋转 （2）加强固定	（1）平滑的旋转 （2）没有异常	
电机	全部	（1）是否有异常振动 （2）是否有异味	○ ○	○		（1）听觉、身体感觉、视觉 （2）由于过热损伤产生的异味	（1）、（2）没有异常	
	绝缘电阻	兆欧表（全部端子与接地端子用）			○	拆下U、V、W的连接线，包括电动机接线	应在5 MΩ以上	500 V兆欧表

8.2　C2000 的保护特性以及故障处理

8.2.1　C2000 的保护特性

C2000 系列变频器的保护特性见表 8-2。

表 8-2　C2000 保护特性

保护特性	电动机保护	电子热继电器保护
	过电流保护	过电流保护：240%（额定电流） 电流钳制：170%～175%
	过电压保护	DC-BUS 电压超过 820 V 时，变频器会停止运转

（续）

保护特性	过温保护	内置温度感测器
	失速防止	加速中/减速中/运转中失速防止
	瞬间停电再起动	参数设定可达 20 s
	接地漏电流保护	漏电流高于变频器的额定电流 50%
	短路电流额定值（SCCR）	根据 UL 508C，搭配熔丝适用于短路容量 100 kA 以下的电源系统

8.2.2　C2000 的故障代码显示及处理方法

C2000 变频器数字操作器面板显示说明如图 8-1 所示，ocA 故障代码显示及其处理方法说明见表 8-3。

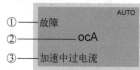

①——故障　　　　　　　　AUTO　　　①显示异常记号
②——　　　ocA　　　　　　　　　　②显示异常信号错误码（缩写）
③——加速中过电流　　　　　　　　　③显示异常信号说明

*:依据参数 06-17~06-22 设定值。

图 8-1　C2000 数字操作器面板

表 8-3　ocA 故障代码显示及处理方法

设定值	LCM 面板显示	错误名称	说　明
1	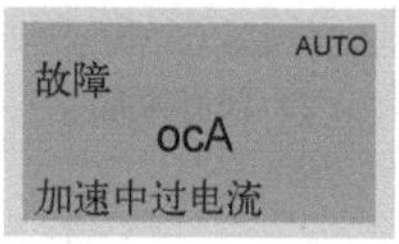 故障　　　　AUTO 　　ocA 加速中过电流	加速中过电流（ocA）	加速过程中，输出电流超过变频器 2.4 倍的额定电流当 ocA 发生时，变频器输出会立刻关停，电动机会自由运转，面板显示 ocA 错误

动作重置	
动作准位	240% 的额定电流
动作确认时间	立即动作
错误处置方式参数	无
重置方式	手动重置
重置条件	错误消失后 5 s 才可以被重置
是否会记录	是

可能原因	处置对策
设定的加速时间过短	1. 增加加速时间 2. 增加 S 曲线加速时间设定 3. 使用自动加速减速功能（参数 01-44） 4. 使用过电流失速防让功能（参数 06-03） 5. 更换较大输出容量的变频器
电动机配线是否绝缘不良造成输出短路	检查电动机的动力电缆，排除发生短路的部位或更换电缆后，再接通电源
检查电动机是否烧毁或发生绝缘老化	使用高阻计确认电动机的绝缘阻值，如果已绝缘不良，则更换电动机
负载过大	测量整体工作流程的输出电流值是否超过变频器的额定电流，如果是，则更换为容量更大的变频器

（续）

可能原因	处置对策
负载急速变化	减小负载变动，或者增大变频器的容量
使用了特殊电动机或电动机容量大于变频器容量	确认电动机容量（电动机铭牌的额定电流应≤变频器额定电流）
在变频器输出侧（U/V/W）使用了电磁接触器的开、闭控制	确认接触器的动作时序，使变频器输出电压过程中电磁接触器不会发生开、闭动作
V/f 曲线设定异常	重新调整 V/f 曲线设定的频率和电压的关系。当错误发生，频率的电压过高时，降低电压
转矩补偿量过大	重新调整转矩补偿量（参数07-26 转矩补偿增益）的值，直到输出电流降低且电动机不失速
因干扰而发生误动作	检查控制电路的接线、主电路的接线及接地线是否符合干扰对策
电动机在自由运行中起动	将参数07-12 起动时速度追踪功能开启
速度追踪功能参数设定不适当（包括瞬时停电再起动以及异常再起动的情况）	修改速度追踪相关参数的设定 1. 启用起动时速度追踪功能 2. 调整参数07-09 速度追踪最大电流
控制模式与使用电动机的组合不正确	确认参数00-11 控制模式的设定 1. 使用感应电动机时，参数00-11=0、1、2、3、5 2. 使用永磁同步电动机时，参数00-14=4、6 或 7
电动机电缆的接线长度	增大变频器的容量 （U/V/W）输出侧加装 AC 电抗器
硬件故障	由于变频器输出侧短路或接地短路，导致 ocA 使用电表确认以下端子是否短路： B1 对应 U、V、W；DC-对应 U、V、W；⏚对应 U、V、W 如果存在短路，则送厂维修
失速防止动作设定不正确	将失速防止动作设定为维持合适的值

ocd 故障代码显示及处理方法说明见表8-4。

表 8-4　ocd 故障代码显示及处理方法

设定值	LCM 面板显示	错误名称	说　　明
2	故障　　AUTO **ocd** 减速中过电流	减速中过电流（ocd）	减速或停止过程中，输出电流超过变频器2.4 倍的额定电流 当 ocd 发生时，变频器输出会立刻关停，电动机会自由运转，面板显示 ocd 错误

动作重置	
动作准位	240%的额定电流
动作确认时间	立即动作
错误处置方式参数	无
重置方式	手动重置
重置条件	错误消失后5s 才可以被重置
是否会记录	是

（续）

可能原因	处置对策
设定的加速时间过短	1. 增加加速时间 2. 增加 S 曲线加速时间设定 3. 使用自动加速减速功能（参数 01-44） 4. 使用过电流失速防止功能（参数 06-03） 5. 更换较大输出容量的变频器
电动机的机械制动是否过早动作	检查机械制动的整体动作时序
电动机的配线是否绝缘不良导致输出短路	检查电动机的动力电缆，排除发生短路的部位或更换电缆后，再接通电源
检查电动机是否烧毁或发生绝缘老化	使用高阻计确认电动机的绝缘阻值，如果已绝缘不良，则更换电动机
负载过大	测量整体工作流程的输出电流值是否超过变频器的额定电流，如果是，则更换为容量更大的变频器
负载急速变化	减小负载变动，或者增大变频器的容量
使用了特殊电动机或电动机容量大于变频器容量	确认电动机容量（电动机铭牌的额定电流应≤变频器额定电流）
在变频器输出侧（U/V/W）使用了电磁接触器的开、闭控制	确认接触器的动作时序，使变频器在输出电压过程中电磁接触器不会发生开、闭动作
V/f 曲线设定异常	重新调整 V/f 曲线设定的频率和电压的关系。当错误发生，频率的电压过高时，降低电压
转矩补偿量过大	重新调整转矩补偿量（参数 07-26 转矩补偿增益）的值，直到输出电流降低且电动机不失速
干扰而发生误动作	检查控制电路的接线、主电路的接线及接地线是否符合干扰对策
电动机电缆的接线长度较长	增大变频器的容量 U/V/W 输出侧加装 AC 电抗器
硬件故障	由于变频器输出侧短路或接地短路，导致 ocA 使用电表确认以下端子是否短路： B1 对应 U、V、W；DC-对应 U、V、W 如果存在短路，则送厂维修
失速防止动作设定是否正确	将失速防止动作设定维持合适的值

ocn 故障代码显示及处理方法说明见表 8-5。

表 8-5 ocn 故障代码显示及处理方法

设定值	LCM 面板显示	错误名称	说　明
3	故障　ocn　定速运转中过电流	定速运转中过电流（ocn）	恒速过程中，输出电流超过变频器 2.4 倍的额定电流 当 ocn 发生时，变频器输出会立刻关停，电动机会自由运转，面板显示 ocn 错误
动作重置			
动作准位	240%的额定电流		
动作确认时间	立即动作		
错误处置方式参数	无		
重置方式	手动重置		

（续）

动作重置	
重置条件	错误消失后 5 s 才可以被重置
是否会记录	是

可能原因	处置对策
设定的加速时间过短	1. 增加加速时间 2. 增加 S 曲线加速时间设定 3. 使用自动加速减速功能（参数 01-44） 4. 使用过电流失速防止功能（参数 06-03） 5. 更换较大输出容量的变频器
电动机配线是否绝缘不良造成输出短路	检查电动机的动力电缆，排除发生短路的部位或更换电缆后，再接通电源
检查电动机是否烧毁或发生绝缘老化	排除电动机堵转现象 使用高阻计确认电机的绝缘阻值，如果已绝缘不良，则更换电机
负载急速变化	请减小负载变动，或者增大变频器的容量
使用了特殊电动机或电动机容量大于变频器容量	确认电动机容量（电动机铭牌的额定电流应≤变频器额定电流）
在变频器输出侧（U/V/W）使用了电磁接触器的开、闭控制	确认接触器的动作时序，使变频器输出电压过程中电磁接触器不会发生开、闭动作
V/f 曲线设定异常	重新调整 V/f 曲线设定的频率和电压的关系。当错误发生，频率的电压过高时，请降低电压
转矩补偿量过大	重新调整转矩补偿量（参数 07-26 转矩补偿增益）的值，直到输出电流降低且电动机不失速
干扰而发生误动作	检查控制电路的接线、主电路的接线及接地线是否符合干扰对策
电动机电缆的接线长度较长	增大变频器的容量 U/V/W 输出侧加装 AC 电抗器
硬件故障	由于变频器输出侧短路或接地短路，导致 ocA 使用电表确认以下端子是否短路： B1 对应 U、V、W；DC-对应 U、V、W；⏚对应 U、V、W 如果存在短路，则送厂维修

GFF 故障代码显示及处理方法说明见表 8-6。

表 8-6　GFF 故障代码显示及处理方法

设定值	LCM 面板显示	错误名称	说　明
4	故障　AUTO **GFF** 接地保护线路动作	接地保护线路动作（GFF）	当交流电动机变频器侦测到输出端接地且接地电流高于参数 06-60 设定值，且侦测时间大于参数 06-61 的时间设定时触发 注意：此保护是针对交流电动机变频器，而非人体

动作重置	
动作准位	参数 06-60（出厂值＝60%）
动作确认时间	参数 06-61（出厂值＝0.10 s）
错误处置方式参数	无
重置方式	手动重置

（续）

动作重置	
重置条件	错误消失后 5 s 才可以被重置
是否会记录	是

可能原因	处置对策
检查电动机是否烧毁或发生绝缘老化	使用高阻计确认电动机的绝缘阻值，如果已绝缘不良，则更换电动机
由于电缆破损而发生接触、短路	排除发生短路的部位 更换电缆
电缆与⏚端子的杂散电容较大	当现场电动机电缆长度超过 100 m 时，降低载波频率设定值 采取降低杂散电容的对策
干扰而发生误动作	检查通信电路的接线、接地线等，建议与主电路分离或成 90°布线，充分采取抗干扰对策
硬件故障	确认电动机、电缆、电缆线长后，断电再上电 若 GFF 仍存在，则送厂维修

occ 故障代码显示及处理方法说明见表 8-7。

表 8-7 occ 故障代码显示及处理方法

设定值	LCM 面板显示	错误名称	说　明
5	故障　　AUTO OCC IGBT上下桥短路	IGBT 上 下 桥 短 路（occ）	交流电动机变频器侦测到 IGBT 模块上下桥短路

动作重置	
动作准位	硬件保护
动作确认时间	立即动作
错误处置方式参数	无
重置方式	手动重置
重置条件	错误消失后 5 s 才可以被重置
是否会记录	是

可能原因	处置对策
IGBT 故障	重新确认电动机接线
上下短路检测电路故障	断电后再上电，如果 occ 仍然发生，则送厂维修

ocS 故障代码显示及处理方法说明见表 8-8。

表 8-8 ocS 故障代码显示及处理方法

设定值	LCM 面板显示	错误名称	说　明
6	故障　　AUTO ocS 停止中过电流	停 止 中 过 电 流（ocS）	停止中，发生过电流或电流侦测硬件电路异常 ocS 发生后，断电再上电，若硬件有问题，会出现 cd1、cd2 或 cd3

动作重置	
动作准位	240%的额定电流

（续）

	动作重置	
动作确认时间	立即动作	
错误处置方式参数	无	
重置方式	手动重置	
重置条件	错误消失后 5 s 才可以被重置	
是否会记录	是	
可能原因	处置对策	
干扰而发生误动作	检查控制电路的接线、主电路的接线及接地线是否符合干扰对策	
硬件故障	断电再上电后是否有其他错误码例如 cd1~cd3 出现 若有，则送厂维修	

ovA 故障代码显示及处理方法说明见表 8-9。

表 8-9　ovA 故障代码显示及处理方法

设定值	LCM 面板显示	错误名称	说　明
7	故障　AUTO **ovA** 加速中过电压	加速中过电压（ovA）	加速中，交流电动机变频器侦测内部直流高压侧有过电压现象产生 当 ovA 发生时，变频器输出会立刻关闸，电动机会自由运转，面板显示 ovA 错误

	动作重置	
动作准位	460 V 机种：DC 820 V	
动作确认时间	DCBUS 电压高于准位后立即动作	
错误处置方式参数	无	
重置方式	手动重置	
重置条件	DCBUS 电压低于约 90% 的 OV 准位才可以重置	
是否会记录	是	
可能原因	处置对策	
加速度是否太缓慢	缩短加速时间 使用制动单元或共直流母线 更换较大容量的变频器	
失速防止动作准位的设定是否小于无载电流	失速防止动作准位的设定应大于无负荷电流	
电源电压过高	检查输入电压是否在交流电动机变频器额定输入电压范围内，并监测是否有突波电压产生	
同一电源系统内有进相电容器开关动作	在同一电源系统内，若进相电容器或主动式电源装置发生动作，可能会导致输入电压短暂地异常急速上升，应安装 AC 电抗器	
电动机惯量回升电压	使用过电压失速防止功能（参数 06-01） 使用自动加减速功能（参数 01-44） 使用制动单元或共直流母线	
加速时间过短	确认加速结束时发生过电压警报。发生警报时，请执行下列动作 1. 增加加速时间 2. 使用参数 06-01 过电压失速防止功能 3. 增大参数 01-25S 加速到达时间设定 2 的设定值	

（续）

可能原因	处置对策
电动机发生接地短路	接地短路电流经过电源向变频器内的主电路电容器充电 检查电动机的动力电缆、配线箱及配线箱内部的转接端子等是否有接地短路 排除发生接地短路的部位
制动电阻器或制动单元的接线不正确	重新确认与制动电阻器或制动单元的接线
干扰而发生误动作	检查控制电路的接线、主电路的接线及接地线是否符合干扰对策

ovd 故障代码显示及处理方法说明见表 8-10。

表 8-10　ovd 故障代码显示及处理方法

设定值	LCM 面板显示	错误名称	说　明
8	故障　AUTO ovd 减速中过电压	减速中过电压 （ovd）	减速中，交流电动机变频器侦测内部直流高压侧有过电压现象产生 当 ovd 发生时，变频器输出会立刻关闸，电动机会自由运转，面板显示 ovd 错误

动作重置	
动作准位	460 V 机种：DC 820 V
动作确认时间	DCBUS 电压高于准位后立即动作
错误处置方式参数	无
重置方式	手动重置
重置条件	DCBUS 电压低于约 90% 的 OV 准位才可以重置
是否会记录	是

可能原因	处置对策
减速时间过短使得负载的再生能量过大	1. 增加参数 01-13、01-15、01-17、01-19（减速时间）的设定值 2. 在变频器上连接制动电阻器或制动电阻器单元或共直流母线 3. 减少制动频度 4. 使用 S 加减速 5. 使用过电压失速防止功能（参数 06-01） 6. 使用自动加减速功能（参数 01-44） 7. 调整制动准位（参数 07-01 或制动单元上的插销位置）
失速防止动作准位的设定是否小于无载电流	失速防止动作准位的设定应大于无负荷电流
电源电压过高	检查输入电压是否在交流电动机变频器额定输入电压范围内，并监测是否有突波电压产生
同一电源系统内有进相电容器开关动作	在同一电源系统内，若进相电容器或主动式电源装置发生动作，可能会导致输入电压短暂地异常急速上升，应安装 AC 电抗器
电动机发生接地短路	接地短路电流经过电源向变频器内的主电路电容器充电。 检查电动机的动力电缆、配线箱及配线箱内部的转接端子等是否有接地短路 排除发生接地短路的部位
制动电阻器或制动单元的接线不正确	重新确认与制动电阻器或制动单元的接线
干扰而发生误动作	检查控制电路的接线、主电路的接线及接地线是否符合干扰对策

ovn 故障代码显示及处理方法说明见表 8-11。

表 8-11 ovn 故障代码显示及处理方法

设定值	LCM 面板显示	错误名称	说　明
9	故障　　AUTO **ovn** 定速运转中过电压	定速运转中过电压（ovn）	定速运转中，交流电动机变频器侦测内部直流高压侧有过电压现象产生 当 ovn 发生时，变频器输出会立刻关闸，电动机会自由运转，面板显示 ovn 错误
动作重置			
动作准位	460 V 机种：DC 820 V		
动作确认时间	DCBUS 电压高于准位后立即动作		
错误处置方式参数	无		
重置方式	手动重置		
重置条件	DCBUS 电压低于约 90% 的 OV 准位才可以重置		
是否会记录	是		
可能原因	处置对策		
负载急速变化	1. 在变频器上连接制动电阻器或制动电阻器单元或共直流母线 2. 减少负载变化 3. 更换较大容量之变频器 4. 调整制动准位（参数 07-01 或制动单元上的插销位置）		
失速防止动作准位的设定是否小于无载电流	失速防止动作准位的设定应大于无负荷电流		
电动机惯量回升电压	使用过电压失速防止功能（参数 06-01） 使用自动加减速功能（参数 01-44） 使用制动单元或共直流母线		
电源电压过高	检查输入电压是否在交流电动机变频器额定输入电压范围内，并监测是否有突波电压产生		
同一电源系统内有进相电容器开关动作	在同一电源系统内，若进相电容器或主动式电源装置发生动作，可能会导致输入电压短暂地异常急速上升，应安装 AC 电抗器		
电动机发生接地短路	接地短路电流经过电源向变频器内的主电路电容器充电 检查电机的动力电缆、配线箱及配线箱内部的转接端子等是否有接地短路 排除发生接地短路的部位		
制动电阻器或制动单元的接线不正确	重新确认与制动电阻器或制动单元的接线		
干扰而发生误动作	检查控制电路的接线、主电路的接线及接地线是否符合干扰对策		

ovS 故障代码显示及处理方法说明见表 8-12。

表 8-12 ovS 故障代码显示及处理方法

设定值	LCM 面板显示	错误名称	说　明
10	故障　　AUTO **ovS** 停止中过电压	停止中过电压（ovS）	变频器停止中发生过电压

（续）

动作重置	
动作准位	460 V 机种：DC 820 V
动作确认时间	DCBUS 电压高于准位后立即动作
错误处置方式参数	无
重置方式	手动重置
重置条件	DCBUS 电压低于约 90% 的 OV 准位才可以重置
是否会记录	是

可能原因	处置对策
电源电压过高	检查输入电压是否在交流电动机变频器额定输入电压范围内，并监测是否有突波电压产生
同一电源系统内有进相电容器开关动作	在同一电源系统内，若进相电容器或主动式电源装置发生动作，可能会导致输入电压短暂地异常急速上升，应安装 AC 电抗器
电动机发生接地短路	接地短路电流经过电源向变频器内的主电路电容器充电 请检查电动机的动力电缆、配线箱及配线箱内部的转接端子等是否有接地短路 排除发生接地短路的部位
制动电阻器或制动单元的接线不正确	重新确认与制动电阻器或制动单元的接线
干扰而发生误动作	检查控制电路的接线、主电路的接线及接地线是否符合干扰对策
硬件故障（电压侦测硬件电路异常）	断电再上电后是否有其他错误码例如 cd1~cd3 出现 若有，则送厂维修

LvA 故障代码显示及处理方法说明见表 8-13。

表 8-13 LvA 故障代码显示及处理方法

设定值	LCM 面板显示	错误名称	说　　明
11	故障 AUTO **LvA** 加速中发生低电压	加速中发生低电压（LvA）	加速中，交流电动机变频器侦测到内部直流高压侧的电压低于参数 06-00 设定值

动作重置	
动作准位	参数 06-00（出厂值 = 依机种而定）
动作确认时间	DCBUS 电压低于参数 06-00 设定值后立即动作
错误处置方式参数	无
重置方式	手动重置
重置条件	DCBUS 电压高于参数 06-00+30 V（框号 E 以下）/ 40 V（框号 E（含）以上）后可以重置
是否会记录	是

可能原因	处置对策
发生停电	改善电源供电状况
电源电压发生变动	将电压调整到变频器的电源规格范围以内
有无大容量的电动机起动	检查电源等电源系统设备 加大电源系统设备容量

（续）

可能原因	处置对策
负载过大	降低负载 增加变频器容量 增加加速时间
共直流母线	加装 DC 电抗器
+1、+2 之间是否有短路片或加装 直流电抗器	在端子+1、+2 间连接短路片或直流电抗器 如仍未改善，则送厂维修

Lvd 故障代码显示及处理方法说明见表 8-14。

表 8-14　Lvd 故障代码显示及处理方法

设定值	LCM 面板显示	错误名称	说　明
12	故障　　　AUTO **Lvd** 减速中发生低电压	减速中发生低电压 （Lvd）	减速中，交流电动机变频器侦测到内部直流高压侧的电压低于参数 06-00 设定值

动作重置	
动作准位	参数 06-00（出厂值=依机种而定）
动作确认时间	DCBUS 电压低于参数 06-00 设定值后立即动作
错误处置方式参数	无
重置方式	手动重置
重置条件	DCBUS 电压高于参数 06-00+30 V（框号 E 以下）/40 V（框号 E（含）以上）后可以重置
是否会记录	是

可能原因	处置对策
发生停电	改善电源供电状况
电源电压发生变动	将电压调整到变频器的电源规格范围以内
有无大容量的电动机起动	检查电源等电源系统设备 加大电源系统设备容量
有突然的负载	降低负载 增加变频器容量
共直流母线	加装 DC 电抗器

Lvn 故障代码显示及处理方法说明见表 8-15。

表 8-15　Lvn 故障代码显示及处理方法

设定值	LCM 面板显示	错误名称	说　明
13	故障　　　AUTO **Lvn** 定速中发生低电压	定速中发生低电压 （Lvn）	定速中，交流电动机变频器侦测到内部直流高压侧的电压低于参数 06-00 设定值

动作重置	
动作准位	参数 06-00（出厂值=依机种而定）

（续）

<table>
<tr><td colspan="2" align="center">动作重置</td></tr>
<tr><td>动作确认时间</td><td>DCBUS 电压低于参数 06-00 设定值后立即动作</td></tr>
<tr><td>错误处置方式参数</td><td>无</td></tr>
<tr><td>重置方式</td><td>手动重置</td></tr>
<tr><td>重置条件</td><td>DCBUS 电压高于参数 06-00+30 V（框号 E 以下）/40 V（框号 E（含）以上）后可以重置</td></tr>
<tr><td>是否会记录</td><td>是</td></tr>
<tr><td align="center">可能原因</td><td align="center">处置对策</td></tr>
<tr><td>发生停电</td><td>改善电源供电状况</td></tr>
<tr><td>电源电压发生变动</td><td>将电压调整到变频器的电源规格范围以内</td></tr>
<tr><td>有无大容量的电动机起动</td><td>检查电源等电源系统设备
加大电源系统设备容量</td></tr>
<tr><td>有突然的负载</td><td>降低负载
增加变频器容量</td></tr>
<tr><td>共直流母线</td><td>加装 DC 电抗器</td></tr>
</table>

LvS 故障代码显示及处理方法说明见表 8-16。

表 8-16　LvS 故障代码显示及处理方法

<table>
<tr><td align="center">设定值</td><td align="center">LCM 面板显示</td><td align="center">错误名称</td><td align="center">说　明</td></tr>
<tr><td>14</td><td>故障　　　　AUTO
LvS
停止中发生低电压</td><td>停止中发生低电压（LvS）</td><td>1. 停止中，交流电动机变频器侦测到内部直流高压侧的电压低于参数 06-00 设定值
2. 电压侦测硬件电路异常</td></tr>
<tr><td colspan="4" align="center">动作重置</td></tr>
<tr><td colspan="2">动作准位</td><td colspan="2">参数 06-00（出厂值=依机种而定）</td></tr>
<tr><td colspan="2">动作确认时间</td><td colspan="2">DCBUS 电压低于参数 06-00 设定值后立即动作</td></tr>
<tr><td colspan="2">错误处置方式参数</td><td colspan="2">无</td></tr>
<tr><td colspan="2">重置方式</td><td colspan="2">手动/自动
230 V 机种：
框号 A~D = Lv 准位+DC 30 V+500 ms
框号 E（含）以上 = Lv 准位+DC 40 V+500 ms
460 V 机种：
框号 A~D = Lv 准位+DC 60 V+500 ms
框号 E（含）以上 = Lv 准位+DC 80 V+500 ms
575 V 机种：
框号 A~D = 参数 06-00+DC 100.0 V
框号 E（含）以上 = 参数 06-00+DC 120.0 V
690 V 机种：
框号 A~D = 参数 06-00+DC 100.0 V
框号 E（含）以上 = 参数 06-00+DC 100.0 V</td></tr>
<tr><td colspan="2">重置条件</td><td colspan="2">500 ms</td></tr>
<tr><td colspan="2">是否会记录</td><td colspan="2">是</td></tr>
<tr><td colspan="2" align="center">可能原因</td><td colspan="2" align="center">处置对策</td></tr>
<tr><td colspan="2">发生停电</td><td colspan="2">改善电源供电状况</td></tr>
</table>

（续）

可能原因	处置对策
变频器机种选用错误	确认电源规格与变频器相符
电源电压发生变动	将电压调整到变频器的电源规格范围以内
有无大容量的电动机起动	检查电源等电源系统设备 加大电源系统设备容量
共直流母线	加装 DC 电抗器

OrP 故障代码显示及处理方法说明见表 8-17。

表 8-17　OrP 故障代码显示及处理方法

设定值	LCM 面板显示	错误名称	说　明
15	故障　AUTO OrP 输入断相保护	输入断相保护 （OrP）	电源输入断相保护

动作重置	
动作准位	DCBUS 低于参数 07-00 及 DCBUS 纹波高于参数 06-52
动作确认时间	无
错误处置方式参数	参数 06-53
重置方式	手动重置
重置条件	DCBUS 高于参数 07-00 可立即重置
是否会记录	是

可能原因	处置对策
发生输入电源断相	重新依正确方式确认主电路电源的接线
三相机种单相电源输入	使用电源电压相与机种相符
电源电压发生变动	如果主电路电源没有故障，则检查主电路 MC 是否存在故障 确认输入电源正常后，重新上电若还跳 OrP，则送厂维修
输入电源的接线端子松动	请按照手册中的端子扭力拧紧端子螺丝
三相电源的输入用电缆是否被切断	正确接线 对断线部分进行处理
输入电源的电压变动过大	确认参数 06-50 输入断相侦测时间与参数 06-52 断相纹波准位的设定
输入电源三相不平衡	重新确认电源三相状态

oH1 故障代码显示及处理方法说明见表 8-18。

表 8-18　oH1 故障代码显示及处理方法

设定值	LCM 面板显示	错误名称	说　明
16	故障　AUTO oH1 IGBT温度过高	IGBT 温度过高 （oH1）	交流电动机变频器侦测 IGBT 温度过高，超过保护准位

（续）

动作重置	
动作准位	参数 06-15 高于 IGBT 过热保护准位时，不会有 oH1 警告，会直接跳 oH1 错误
动作确认时间	IGBT 温度持续高于保护准位 100 ms 后，oH1 错误动作
错误处置方式参数	无
重置方式	手动重置
重置条件	IGBT 温度低于（oH1 错误准位-10）度后，才可以重置
是否会记录	是

可能原因	处置对策
现场环境或控制柜内温度是否过高，柜体的散热孔是否有异物堵塞	确认环境温度 定期检查控制柜内的换气孔 如果周围有发热体如制动电阻，应变更其安装位置 安装/增加冷却风扇或冷却空调以降低柜体内的温度
散热片是否有异物，风扇有无转动	清除异物或更换冷却风扇
变频器通风空间不足	增加通风空间
负载与变频器是否匹配	1. 降低负载 2. 降低载波 3. 更换较大容量之变频器
长时间运转于 100% 或大于 100% 的额定输出	更换较大容量的变频器

oH2 故障代码显示及处理方法说明见表 8-19。

表 8-19　oH2 故障代码显示及处理方法

设定值	LCM 面板显示	错误名称	说　明
17	故障　AUTO oH2 电源电容温度过高	电源电容温度过高（oH2）	交流电动机变频器侦测电容温度过高，超过保护准位

动作重置	
动作准位	各机种 oH2 准位请参考本表下方内容
动作确认时间	电源电容温度持续高于保护准位 100 ms 后，oH2 错误动作
错误处置方式参数	无
重置方式	手动重置
重置条件	IGBT 温度低于（oH1 错误准位-10）度后，才可以重置
是否会记录	是

可能原因	处置对策
现场环境或控制柜内温度是否过高，柜体的散热孔是否有异物堵塞	确认环境温度 定期检查控制柜内的换气孔 如果周围有发热体如制动电阻，应变更其安装位置 安装/增加冷却风扇或冷却空调以降低柜体内的温度
散热片是否有异物，风扇有无转动	清除异物或更换冷却风扇
变频器通风空间不足	增加通风空间

（续）

可能原因	处置对策
负载与变频器是否匹配	1. 降低负载 2. 降低载波 3. 更换较大容量的变频器
长时间运转于 100% 或大于 100% 的额定输出	更换较大容量的变频器
电源不稳定	加装电抗器
负载变动频繁	减少负载的变化

oH1/ oH2 警告等级			
型号	oH1	oH2	oH 警告 oH1 警告 =（Pr. 06-15）
300		70	
370		70	
750		65	
1100	110	65	oH1 警告 =Pr. 06-15 （默认 =oH-5） oH2 警告 =oH2-5
1600		65	
2200		70	
3550		70	

tH1o 故障代码显示及处理方法说明见表 8-20。

表 8-20 tH1o 故障代码显示及处理方法

设定值	LCM 面板显示	错误名称	说 明
18	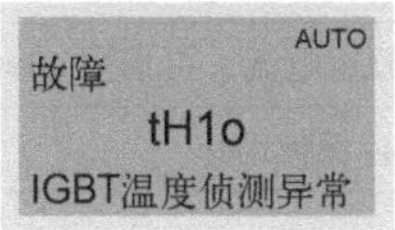 故障 AUTO tH1o IGBT温度侦测异常	IGBT 温度侦测异常 （tH1o）	IGBT 温度侦测硬件电路异常

动作重置	
动作准位	NTC 损坏或线路异常
动作确认时间	若高于保护动作准位且时间超过 100 ms，则 tH1o 保护动作
错误处置方式参数	无
重置方式	手动重置
重置条件	可立即重置
是否会记录	是
可能原因	处置对策
硬件故障	等待 10 min 后再重新上电并确认是否 tH1o 保护仍有动作。若有，则送厂维修

tH2o 故障代码显示及处理方法说明见表 8-21。

表 8-21　tH2o 故障代码显示及处理方法

设定值	LCM 面板显示	错误名称	说　明
19	故障　　AUTO tH2o 电容温度侦测异常	电容温度侦测异常 （tH2o）	电容模块温度侦测硬件电路异常

动作重置	
动作准位	NTC 损坏或线路异常
动作确认时间	若高于保护动作准位且时间超过 100 ms，则 tH1o 保护动作
错误处置方式参数	无
重置方式	手动重置
重置条件	可立即重置
是否会记录	是

可能原因	处置对策
硬件故障	等待 10 min 后再重新上电并确认是否 tH1o 保护仍有动作。若有，则送厂维修

oL 故障代码显示及处理方法说明见表 8-22。

表 8-22　oL 故障代码显示及处理方法

设定值	LCM 面板显示	错误名称	说　明
21	故障　　AUTO oL 驱动器过负载	驱动器过载（oL）	输出电流超过交流电动机变频器可承受的电流 若输出 120% 的交流电动机变频器额定电流，可承受 60 s

动作重置	
动作准位	按照过载曲线（120% 的交流电动机变频器额定电流，可承受 60 s）
动作确认时间	若高于保护动作准位且超过允许时间，则 oL 保护动作
错误处置方式参数	无
重置方式	手动重置
重置条件	错误消失 5 s 后才可以被重置
是否会记录	是

可能原因	处置对策
负载过大	减小负载
加减速时间及工作周期时间过短	增大参数 01-12~01-19（加减速时间）的设定值
U/f 特性的电压过高	重新调整参数 01-01~01-08（V/f 曲线）。特别要调整中间点电压的设定值（如果中间点电压的设定值过小，低速时的带载能力也会减小） 可利用参数 01-43 的 15 条默认曲线依应用设定
变频器容量过小	更换为容量大的变频器
低速运行时发生超载	减小低速运行时的负载 增大变频器的容量 降低参数 00-17 载波频率

（续）

可能原因	处置对策
转矩补偿量过大	重新调整转矩补偿量（参数 07-26 转矩补偿增益）的值，直到输出电流降低且电动机不失速
失速防止动作的设定是否正确	将失速防止动作设定为合适的值
输出断相	确认电动机三相是否正常 确认电动机电缆是否有断线或螺钉松脱
速度追踪功能参数设定不适当（包括瞬时停电再起动以及异常再起动的情况）	修改速度追踪相关参数的设定 启动速度追踪功能 调整参数 07-09 速度追踪最大电流

EoL1 故障代码显示及处理方法说明见表 8-23。

表 8-23　EoL1 故障代码显示及处理方法

设定值	LCM 面板显示	错误名称	说　　明
22	故障　AUTO **EoL1** 电子热电译1保护	电子热继电器 1 保护（EoL1）	电子热继电器 1 保护动作，动作后，自由运转停车

动作重置	
动作准位	输出电流>电动机 1 额定电流的 105%时，开始计时
动作确认时间	参数 06-14（在 60 s 内再度发生输出电流>电动机 1 额定电流的 105%时，计数时间会缩短并小于参数 06-14 设定值）
错误处置方式参数	无
重置方式	手动重置
重置条件	错误消失 5 s 后才可以被重置
是否会记录	是

可能原因	处置对策
负载过大	减小负载
加减速时间及工作周期时间过短	增大参数 01-12~01-19（加减速时间）的设定值
U/f 特性的电压过高	调整参数 01-01~01-08（V/f 曲线） 特别要调整中间点电压的设定值（如果中间点电压的设定值过小，低速时的带载能力也会减小）
变频器容量过小	更换为容量大的变频器
低速运行时发生超载，使用通用电动机时，即使在低于额定电流的状态下运行，在低速运行时也可能发生超载	减小低速运行时间 变更为变频专用电动机 增加电动机容量
使用变频器专用电动机时，参数 06-13 电子热继电器 1 选择 = 0 恒转矩输出电动机	参数 06-13 电子热电驿 1 选择 = 1 变转矩输出电动机
电子热继电器的动作值不正确	重新设定正确的电动机额定电流值
最大电动机频率的设定值较低	重新设定正确的电动机额定频率值
用一台变频器驱动多台电动机	将参数 06-13 电子热继电器 1 选择=2 无电子热继电器保护功能，并在各电动机上安装热继电器

（续）

可能原因	处置对策
失速防止动作的设定是否正确	将失速防止动作设定为合适的值
转矩补偿量过大	重新调整转矩补偿量（参数 07-26 转矩补偿增益）的值，直到输出电流降低且电动机不失速
电动机风扇动作不正常	确认电动机风扇动作或更换电动机风扇
电动机三相阻抗不平衡	更换电动机

EoL2 故障代码显示及处理方法说明见表 8-24。

表 8-24　EoL2 故障代码显示及处理方法

设定值	LCM 面板显示	错误名称	说　明
23	故障 AUTO EoL2 电子热电译2保护	电子热继电器 2 保护（EoL2）	电子热继电器 2 保护动作，动作后，自由运转停车

动作重置	
动作准位	输出电流>电动机 2 额定电流的 105%时，开始计时
动作确认时间	参数 06-28（在 60 s 内再度发生输出电流>电动机 1 额定电流的 105%时，计数时间会缩短并小于参数 06-28 设定值）
错误处置方式参数	无
重置方式	手动重置
重置条件	错误消失 5 s 后才可以被重置
是否会记录	是

可能原因	处置对策
负载过大	减小负载
加减速时间及工作周期时间过短	增大参数 01-12~01-19（加减速时间）的设定值
U/f 特性的电压过高	调整参数 01-01~01-08（V/f 曲线） 特别要调整中间点电压的设定值（如果中间点电压的设定值过小，低速时的带载能力也会减小）
低速运行时发生超载，使用通用电动机时，即使在低于额定电流的状态下运行，在低速运行时也可能发生超载	减小低速运行时间 变更为变频专用电动机 增加电动机容量
使用变频器专用电动机时，参数 06-27 电子热继电器 2 选择 = 0 恒转矩输出电动机	参数 06-27 电子热继电器 2 选择 = 1 变转矩输出电动机
电子热继电器的动作值不正确	重新设定正确的电动机额定电流值
最大电动机频率的设定值较低	重新设定正确的电动机额定频率值
用一台变频器驱动多台电动机	将参数 06-27 电子热驿 2 选择=2 无电子热继电器保护功能，并在各电动机上安装热继电器
失速防止动作的设定是否正确	将失速防止动作设定为合适的值
转矩补偿量过大	重新调整转矩补偿量（参数 07-26 转矩补偿增益）的值，直到输出电流降低且电动机不失速

（续）

可能原因	处置对策
电动机风扇动作不正常	确认电动机风扇动作或更换电动机风扇
电动机三相阻抗不平衡	更换电动机

oH3（PTC）故障代码显示及处理方法说明见表 8-25。

表 8-25　oH3（PTC）故障代码显示及处理方法

设定值	LCM 面板显示	错误名称	说　　明
24_1	故障　　　　AUTO oH3 电动机过热	电动机过热（oH3）PTC	电动机 PTC 过温警告 当使用电动机安装 PTC 并开启此功能时（参数 03-00~03-02＝6 PTC），如 PTC 输入>参数 06-30 设定值，将依参数 06-29 的设定处理
动作重置			
动作准位	PTC 的输入值>参数 06-30 设定值（出厂值＝50%）		
动作确认时间	立即动作		
错误处置方式参数	参数 06-29 0：警告并继续运转 1：警告并减速停车 2：警告并自由停车 3：不警告		
重置方式	参数 06-29＝0 时，为警告；自动重置 参数 06-29＝1 或 2 时，为错误；手动重置		
重置条件	可立即重置		
是否会记录	参数 06-29＝1 或 2 时，oH3 为"错误"，会记录		
可能原因	处置对策		
电动机堵转	清除堵转状态		
负载过大	减小负载 加大电动机容量		
环境温度过高	如果周围有发热装置，应变更其安装位置 安装/增加冷却风扇或冷却空调以降低环境温度		
电动机的冷却系统不正常	重新确认冷却系统使其正常动作		
电动机的风扇运转不正常	更换风扇		
低速运行使用较多	减小低速运行时间 变更为变频专用电动机 增加电动机容量		
加减速时间及工作周期时间过短	增大参数 01-12~01-19（加减速时间）的设定值		
U/f 特性的电压过高	调高参数 01-01~01-08（V/f 曲线）。特别要调整中间点电压的设定值（如果中间点电压的设定值过小，低速时的带载能力也会减小）		
电动机额定电流的设定是否与电动机铭牌相符合	重新设定正确的电动机额定电流值		
PTC 的相关设定与接线是否适当	确认 PTC 热敏电阻开关与热保护器的连接		
电动机三相阻抗不平衡	更换电动机		
谐波成分过高	使用降低谐波对策		

oH3(PT100)故障代码显示及处理方法说明见表 8−26。

表 8−26　oH3(PT100)故障代码显示及处理方法

设定值	LCM 面板显示	错误名称	说　　明
24_2	故障　　　AUTO oH3 电动机过热	电动机过热（oH3）	电动机 PT100 过温警告 当使用电动机安装 PTC 并开启此功能时（参数 03−00～ 03−02＝11 PT100），PT100 的输入值>参数 06−57 设定值 （出厂值＝7 V），将依参数 06−29 的设定处理

动作重置	
动作准位	PT100 的输入值>参数 06−57 设定值（出厂值＝7 V）
动作确认时间	立即动作
错误处置方式参数	参数 06−29 0：警告并继续运转 1：警告并减速停车 2：警告并自由停车 3：不警告
重置方式	参数 06−29＝0 时，当温度<参数 06−56 的准位时，oH3 会被自动清除 参数 06−29＝1 或 2 时，为错误；手动重置
重置条件	可立即重置
是否会记录	参数 06−29＝1 或 2 时，oH3 为"错误"，会记录

可能原因	处置对策
电动机堵转	清除堵转状态
负载过大	减小负载 加大电动机容量
环境温度过高	如果周围有发热装置，应变更其安装位置 安装/增加冷却风扇或冷却空调以降低环境温度
电动机的冷却系统不正常	重新确认冷却系统使其正常动作
电动机的风扇运转不正常	更换风扇
低速运行使用较多	减小低速运行时间 变更为变频专用电动机 增加电动机容量
加减速时间及工作周期时间过短	增大参数 01−12～01−19（加减速时间）的设定值
U/f 特性的电压过高	调高参数 01−01～01−08（V/f 曲线）。特别要调整中间点电压的设定值（如果 中间点电压的设定值过小，低速时的带载能力也会减小）
电动机额定电流的设定是否与电动机铭牌相符合	重新设定正确的电动机额定电流值
PTC 的相关设定与接线是否适当	确认 PTC 热敏电阻开关与热保护器的连接
电动机三相阻抗不平衡	更换电动机
谐波成分过高	使用降低谐波对策

ot1 故障代码显示及处理方法说明见表 8−27。

表 8-27　ot1 故障代码显示及处理方法

设定值	LCM 面板显示	错误名称	说　明
26	故障 AUTO ot1 过转矩1	过转矩 1（ot1）	当输出电流超过过转矩检出位准参数 06-07，且超过参数 06-08 过转矩检出时间，在参数 06-06 或 06-09 设定为 2 或 4 时，就会显示 ot1 错误

动作重置			
动作准位	参数 06-07		
动作确认时间	参数 06-08		
错误处置方式参数	参数 06-06 0：不检测 1：定速运转中过转矩侦测，继续运转 2：定速运转中过转矩侦测，停止运转 3：运转中过转矩侦测，继续运转 4：运转中过转矩侦测，停止运转		
重置方式	自动	参数 06-06＝1 或 3 时，ot1 为"警告"。当输出电流<（参数 06-07-5%）时，ot1 警告会自动被清除	
	手动	参数 06-06＝2 或 4，ot1 为"错误"，需手动重置	
重置条件	可立即重置		
是否会记录	参数 06-06＝2 或 4，ot1 为"错误"，会记录		
可能原因	处置对策		
参数的设定不正确	重新设定参数 06-07、06-08		
机械侧发生故障（例如发生过转矩，机械被锁定等）	排除故障原因		
负载过大	减小负载 更换容量大的电动机		
加减速时间及工作周期时间过短	增大参数 01-12～01-19（加减速时间）的设定值		
U/f 特性的电压过高	调高参数 01-01～01-08（V/f 曲线）。特别要调整中间点电压的设定值（如果中间点电压的设定值过小，低速时的带载能力也会减小）		
电动机容量过小	更换为容量大的电动机		
低速运行时发生超载	减小低速运行时的负载 增大电动机的容量		
转矩补偿量过大	重新调整转矩补偿量（参数 07-26 转矩补偿增益）的值，直到输出电流降低且电动机不失速		
速度追踪功能参数设定不适当（包括瞬时停电再起动以及异常再起动的情况）	修改速度追踪相关参数的设定 起动速度追踪功能 调整参数 07-09 速度追踪最大电流		

ot2 故障代码显示及处理方法说明见表 8-28。

表 8-28　ot2 故障代码显示及处理方法

设定值	LCM 面板显示	错误名称	说　明
27	故障　　　　AUTO 　　ot2 过转矩2	过转矩 2（ot2）	当输出电流超过过转矩检出位准参数 06-10，且超过参数 06-11 过转矩检出时间，在参数 06-09 设定为 2 或 4 时，就会显示 ot2 错误

动作重置	
动作准位	参数 06-10
动作确认时间	参数 06-11
错误处置方式参数	参数 06-09 0：不检测 1：定速运转中过转矩侦测，继续运转 2：定速运转中过转矩侦测，停止运转 3：运转中过转矩侦测，继续运转 4：运转中过转矩侦测，停止运转
重置方式	自动　参数 06-09＝1 或 3 时，ot2 为"警告"。当输出电流<（参数 06-10-5%）时，ot2 警告会自动被清除
	手动　参数 06-09＝2 或 4，ot2 为"错误"，需手动重置
重置条件	可立即重置
是否会记录	参数 06-09＝2 或 4，ot2 为"错误"，会记录

可能原因	处置对策
参数的设定不正确	重新设定参数 06-07、06-08
机械侧发生故障（例如发生过转矩，机械被锁定等）	排除故障原因
负载过大	减小负载 更换容量大的电动机
加减速时间及工作周期时间过短	增大参数 01-12~01-19（加减速时间）的设定值
U/f 特性的电压过高	调高参数 01-01~01-08（V/f 曲线）。特别要调整中间点电压的设定值（如果中间点电压的设定值过小，低速时的带载能力也会减小）
电动机容量过小	更换为容量大的电动机
低速运行时发生超载	减小低速运行时的负载 增大电动机的容量
转矩补偿量过大	重新调整转矩补偿量（参数 07-26 转矩补偿增益）的值，直到输出电流降低且电动机不失速
速度追踪功能参数设定不适当（包括瞬时停电再起动以及异常再起动的情况）	修改速度追踪相关参数的设定 起动速度追踪功能 调整参数 07-09 速度追踪最大电流

　　uC 故障代码显示及处理方法说明见表 8-29。

表 8-29　uC 故障代码显示及处理方法

设定值	LCM 面板显示	错误名称	说　明
28	故障 AUTO uC 低电流	低电流（uC）	低电流检出

动作重置	
动作准位	参数 06-71
动作确认时间	参数 06-72
错误处置方式参数	参数 06-73 0：无功能 1：报警且自由停车 2：报警依第二减速时间停车 3：报警且继续运转

重置方式	自动	参数 06-73=3 时，为"警告"。当输出电流>（参数 06-71+0.1A）时，警告会自动被清除
	手动	参数 06-73=1 或 2 时，为"错误"，需手动重置

重置条件	可立即重置
是否会记录	参数 06-71=1 或 2 时，uC 为"错误"，会记录

可能原因	处置对策
电动机电缆断线	排除电动机与负载连接问题
低电流保护功能设定不适当	重新设定适当的参数 06-71、06-72 与 06-73
负载过低	确认负载状态 确认电动机容量与负载匹配

LMIT 故障代码显示及处理方法说明见表 8-30。

表 8-30　LMIT 故障代码显示及处理方法

设定值	LCM 面板显示	错误名称	说　明
29	故障 AUTO LMIT 遭遇极限错误	遭遇极限错误（LMIT）	运转中，当 MIx=45 正转极限或 MIx=44 反转极限且动作，则为遭遇极限错误

动作重置	
动作准位	MIx=44（反转极限）或 45（正转极限）
动作确认时间	立即动作
错误处置方式参数	无
重置方式	手动重置
重置条件	可立即重置
是否会记录	是

可能原因	处置对策
极限开关位置摆放错误	将极限开关位置重新安装到正常位置

（续）

可能原因	处置对策
减速时间过长导致电动机无法在限定位置内停止	降低减速时间设定 调整制动准位（参数 07-01 或制动单元上的插销位置）
过电压失速防止功能动作导致电动机无法停机	重新设定过电压失速防止相关功能
干扰而发生误动作	检查控制电路的接线、主电路的接线及接地线是否符合抗干扰对策

cF1 故障代码显示及处理方法说明见表 8-31。

表 8-31　cF1 故障代码显示及处理方法

设定值	LCM 面板显示	错误名称	说　　明
30	故障　AUTO cF1 内存写入异常	内存写入异常 （cF1）	内存 EEPROM 数据写入异常

动作重置	
动作准位	固体内部侦测
动作确认时间	当变频器侦测到此错误后，cF1 立即动作
错误处置方式参数	无
重置方式	手动重置
重置条件	可立即重置
是否会记录	是

可能原因	处置对策
内存〈EEPROM〉数据写入异常	按下〈RESET〉键，若 cF1 仍存在，则送厂维修 执行参数重置为出厂设定。若 cF1 仍存在，则送厂维修 断电后再上电，若 cF1 仍存在，则送厂维修

cF2 故障代码显示及处理方法说明见表 8-32。

表 8-32　cF2 故障代码显示及处理方法

设定值	LCM 面板显示	错误名称	说　　明
31	故障　AUTO cF2 内存读出异常	内存读出异常（cF2）	内存 EEPROM 数据读出异常

动作重置	
动作准位	固体内部侦测
动作确认时间	当变频器侦测到此错误后，cF2 立即动作
错误处置方式参数	无
重置方式	手动重置
重置条件	可立即重置
是否会记录	是

（续）

可能原因	处置对策
内存 EEPROM 数据读出异常	按下〈RESET〉键，若 cF2 仍存在，则送厂维修 执行参数重置为出厂设定。若 cF2 仍存在，则送厂维修 断电后再上电，若 cF2 仍存在，则送厂维修

cd1 故障代码显示及处理方法说明见表8-33。

表 8-33　cd1 故障代码显示及处理方法

设定值	LCM 面板显示	错误名称	说　　明
33	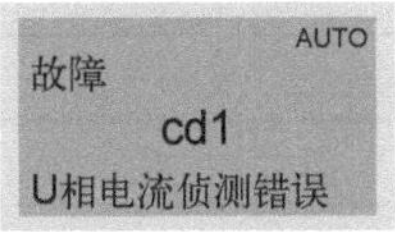 故障　AUTO cd1 U相电流侦测错误	U 相电流侦测错误（cd1）	上电时，变频器 U 相电流侦测电路异常

动作重置	
动作准位	硬件侦测
动作确认时间	当变频器侦测到此错误后，cd1 立即动作
错误处置方式参数	无
重置方式	需断电
重置条件	无
是否会记录	是

可能原因	处置对策
硬件故障	重新上电 若再次出现异常，则送厂维修

cd2 故障代码显示及处理方法说明见表8-34。

表 8-34　cd2 故障代码显示及处理方法

设定值	LCM 面板显示	错误名称	说　　明
34	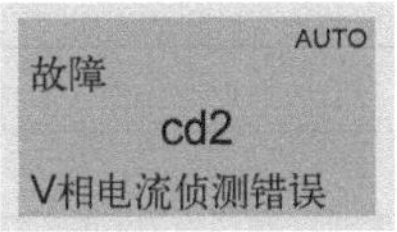 故障　AUTO cd2 V相电流侦测错误	V 相电流侦测错误（cd2）	上电时，变频器 V 相电流侦测电路异常

动作重置	
动作准位	硬件侦测
动作确认时间	当变频器侦测到此错误后，cd2 立即动作
错误处置方式参数	无
重置方式	需断电
重置条件	无
是否会记录	是

可能原因	处置对策
硬件故障	重新上电 若再次出现异常，则送厂维修

cd3 故障代码显示及其处理方法说明见表 8-35。

表 8-35　cd3 故障代码显示及处理方法

设定值	LCM 面板显示	错误名称	说　明
35	故障　　AUTO cd3 W相电流侦测错误	W 相电流侦测错误 （cd3）	上电时，变频器 W 相电流侦测电路异常

动作重置	
动作准位	硬件侦测
动作确认时间	当变频器侦测到此错误后，cd3 立即动作
错误处置方式参数	无
重置方式	需断电
重置条件	无
是否会记录	是

可能原因	处置对策
硬件故障	重新上电 若再次出现异常，则送厂维修

Hd0 故障代码显示及处理方法说明见表 8-36。

表 8-36　Hd0 故障代码显示及处理方法

设定值	LCM 面板显示	错误名称	说　明
36	故障　　AUTO Hd0 cc硬体线路异常	cc 硬件线路异常 （Hd0）	上电时，变频器的 cc 硬件保护电路异常

动作重置	
动作准位	硬件侦测
动作确认时间	当变频器侦测到此错误后，Hd0 立即动作
错误处置方式参数	无
重置方式	需断电
重置条件	无
是否会记录	是

可能原因	处置对策
硬件故障	重新上电 若再次出现异常，则送厂维修

Hd1 故障代码显示及处理方法说明见表 8-37。

表 8-37　Hd1 故障代码显示及处理方法

设定值	LCM 面板显示	错误名称	说　明
37	故障　　AUTO Hd1 oc硬体线路异常	oc 硬件线路异常 （Hd1）	上电时，变频器的 oc 硬件保护电路异常

（续）

动作重置	
动作准位	硬件侦测
动作确认时间	当变频器侦测到此错误后，Hd1 立即动作
错误处置方式参数	无
重置方式	需断电
重置条件	无
是否会记录	是
可能原因	处置对策
硬件故障	重新上电 若再次出现异常，则送厂维修

Hd2 故障代码显示及处理方法说明见表 8-38。

表 8-38　Hd2 故障代码显示及处理方法

设定值	LCM 面板显示	错误名称	说　　明
38	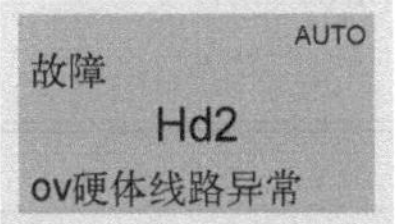 故障　AUTO **Hd2** ov硬体线路异常	ov 硬件线路异常 （Hd2）	上电时，变频器的 ov 硬件保护电路异常

动作重置	
动作准位	硬件侦测
动作确认时间	当变频器侦测到此错误后，Hd2 立即动作
错误处置方式参数	无
重置方式	需断电
重置条件	无
是否会记录	是
可能原因	处置对策
硬件故障	重新上电 若再次出现异常，则送厂维修

Hd3 故障代码显示及其处理方法说明见表 8-39。

表 8-39　Hd3 故障代码显示及处理方法

设定值	LCM 面板显示	错误名称	说　　明
39	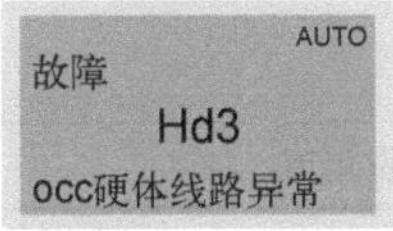 故障　AUTO **Hd3** occ硬体线路异常	occ 硬件线路异常 （Hd3）	上电时，变频器的 occ IGBT 短路侦测保护电路异常

动作重置	
动作准位	硬件侦测
动作确认时间	当变频器侦测到此错误后，Hd3 立即动作

（续）

动作重置	
错误处置方式参数	无
重置方式	需断电
重置条件	无
是否会记录	是

可能原因	处置对策
硬件故障	重新上电 若再次出现异常，则送厂维修

AUE 故障代码显示及处理方法说明见表 8-40。

表 8-40　AUE 故障代码显示及处理方法

设定值	LCM 面板显示	错误名称	说　明
40	故障　AUTO AUE 电动机自动量测错误	电动机自动量测错误（AUE）	电动机参数自动侦测错误

动作重置	
动作准位	硬件侦测
动作确认时间	立即动作
错误处置方式参数	无
重置方式	手动重置
重置条件	可立即重置
是否会记录	是

可能原因	处置对策
自学习中按了〈Stop〉键	重新自学习
电动机容量（过大或过小）及参数设定不正确	重新确认电动机容量及相关参数 设定正确之参数 01-01～01-02 参数 01-00 需大于电动机额定频率
电动机接线不正确	重新正确接线
电动机堵转	排除电动机堵转原因
在变频器输出侧（U/V/W）使用了电磁接触器为开路状态	确认电磁阀为闭合状态
负载过大	减小负载 更换容量大的电动机
加减速时间过短	增大参数 01-12～01-19（加减速时间）的设定值

AFE 故障代码显示及处理方法说明见表 8-41。

表 8-41 AFE 故障代码显示及处理方法

设定值	LCM 面板显示	错误名称	说　　明
41	故障　AUTO AFE PID断线ACI	PID 断线 ACI（AFE）	PID 反馈断线（针对模拟反馈信号，需将 PID 功能使能才有效）

动作重置		
动作准位	当模拟输入小于 4mA 时（只侦测 4~20mA 的模拟输入）	
动作确认时间	参数 08-08	
错误处置方式参数	参数 08-09 0：警告且继续运转 1：警告且减速停车 2：警告且自由停车 3：警告且以断线前频率运转	
重置方式	自动	参数 08-09=3 或 4 时为"警告"。反馈信号>4mA 时，"警告"会被自动清除
	手动	参数 08-09=1 或 2 时为"错误"，需手动重置
重置条件	可立即重置	
是否会记录	参数 08-09=1 或 2，为"错误"，会记录；参数 08-09=3 或 4，为"警告"，不会记录	

可能原因	处置对策
PID 反馈配线松脱或断线	端子重新锁紧 更换新的配线
反馈装置故障	更换新的反馈装置
硬件故障	确认完所有电路后，仍发生 AFE 故障，请送厂维修

ACE 故障代码显示及处理方法说明见表 8-42。

表 8-42 ACE 故障代码显示及处理方法

设定值	LCM 面板显示	错误名称	说　　明
48	故障　AUTO ACE ACI断线	ACI 断线（ACE）	模拟电流输入断线（包含所有模拟 4~20mA 信号）

动作重置	
动作准位	当模拟输入小于 4mA 时（只侦测 4~20mA 的模拟输入）
动作确认时间	参数 08-08
错误处置方式参数	参数 03-19 0：无断线选择 1：以断线前的频率命令持续运转（为警告，面板显示 ANL） 2：减速到 0Hz（为警告，面板显示 ANL） 3：立即停车并显示 ACE

（续）

动作重置		
重置方式	自动	参数 03-19=1 或 2，为"警告"，当模拟输入信号>4mA 时，"警告"会被自动清除
	手动	参数 03-19=3，为"错误"，需手动重置
重置条件	可立即重置	
是否会记录	参数 03-19=3 为"错误"，会纪录	

可能原因	处置对策
ACI 配线松脱或断线	端子重新锁紧 更换新的配线
外部装置故障	更换新的装置
硬件故障	确认完所有电路后，若仍发生 ACE 故障，请送厂维修

EF 故障代码显示及处理方法说明见表 8-43。

表 8-43　EF 故障代码显示及处理方法

设定值	LCM 面板显示	错误名称	说　明
49	故障　AUTO EF 外部端子异常	外部端子异常（EF）	外部异常输入，变频器依照参数 07-20 的设定值做减速动作，数字操作器上显示 EF

动作重置	
动作准位	MIx=EF 且该 MI 端子被导通
动作确认时间	立即动作
错误处置方式参数	参数 07-20 0：以自由运转方式停止 1：依照第一减速时间 2：依照第二减速时间 3：依照第三减速时间 4：依照第四减速时间 5：系统减速（依照原本的减速时间） 6：自动减速（参数 01-46）
重置方式	手动重置
重置条件	外部异常的原因消失（端子状态复原）后，才可以手动重置
是否会记录	是

可能原因	处置对策
外部故障	清除故障来源后按〈RESET〉键

EF1 故障代码显示及处理方法说明见表 8-44。

表 8-44　EF1 故障代码显示及处理方法

设定值	LCM 面板显示	错误名称	说　明
50	故障　AUTO EF1 外部端子紧急停止	外部端子紧急停止（EF1）	当 MI 功能端子=EF1 功能的触点状态为 ON 时，立即停止输出且在数字操作器上显示 EF1。电动机处于自由运转中

（续）

动作重置	
动作准位	MIx = EF1 且该 MI 端子被导通
动作确认时间	立即动作
错误处置方式参数	无
重置方式	手动重置
重置条件	外部异常的原因消失（端子状态复原）后，才可以手动重置
是否会记录	是

可能原因	处置对策
多功能输入端子 = EF1 动作	确认系统状态恢复正常后，按〈RESET〉键

bb 故障代码显示及处理方法说明见表 8-45。

表 8-45　bb 故障代码显示及处理方法

设定值	LCM 面板显示	错误名称	说　　明
51	故障　AUTO **bb** 外部中断	外部中断（bb）	当 MI 机能端子 = bb 功能的触点状态为 ON 时，变频器的输出会立即停止，电动机处于自由运转中，数字操作器上显示 bb 信号

动作重置	
动作准位	MIx = bb 且该 MI 端子被导通
动作确认时间	立即动作
错误处置方式参数	无
重置方式	错误消失后，bb 错误显示会被自动清除
重置条件	无
是否会记录	否

可能原因	处置对策
多功能输入端子 = bb 动作	确认系统状态恢复正常后，按〈RESET〉键

Pcod 故障代码显示及其处理方法说明见表 8-46。

表 8-46　Pcod 故障代码显示及处理方法

设定值	LCM 面板显示	错误名称	说　　明
52	故障　AUTO **Pcod** 密码输入三次错误	密码输入三次错误（Pcod）	密码连续三次输入错误

动作重置	
动作准位	密码连续三次输入错误
动作确认时间	立即动作
错误处置方式参数	无
重置方式	手动重置

（续）

动作重置	
重置条件	需断电
是否会记录	否

可能原因	处置对策
参数 00-07 密码输入错误	1. 关机重开后需重新输入正确密码 2. 若忘记密码时，可输入 9999 后按〈ETNER〉键，然后再重复一次输入 9999 与按〈ENTER〉键的动作。（整段过程需在 10 s 内完成，若超过时间则须重新输入） 3. 使用"输入 9999"方式解开密码，变频器会将先前设定的参数设定值恢复成出厂设定值

CE1 故障代码显示及处理方法说明见表 8-47。

表 8-47　CE1 故障代码显示及处理方法

设定值	LCM 面板显示	错误名称	说　明
54	故障　　　AUTO **CE1** 不合法通信命令	不合法通信命令（CE1）	不合法通信命令

动作重置	
动作准位	通信命令码不为 03、06、10、63 时
动作确认时间	立即动作
错误处置方式参数	无
重置方式	手动重置
重置条件	可立即被重置
是否会记录	否

可能原因	处置对策
上位机传送的通信命令不正确	检查通信命令是否正确
由于干扰而发生误动作	检查通信电路的接线、接地线等，建议与主电路分离或成 90° 布线，充分采取抗干扰对策
和上位机器的通信条件不同	确认参数 09-02 的设定和上位机器的设定内容是相同的
通信电缆断线、接触不良	检查通信线的状态或更换通信线

CE2 故障代码显示及处理方法说明见表 8-48。

表 8-48　CE2 故障代码显示及处理方法

设定值	LCM 面板显示	错误名称	说　明
55	故障　　　AUTO **CE2** 不合法通信地址	不合法通信地址（CE2）	不合法通信数据地址

动作重置	
动作准位	通信数据地址输入错误时
动作确认时间	立即动作

（续）

动作重置	
错误处置方式参数	无
重置方式	手动重置
重置条件	可立即被重置
是否会记录	否

可能原因	处置对策
上位机传送的通信命令不正确	检查通信命令是否正确
由于干扰而发生误动作	检查通信电路的接线、接地线等，建议与主电路分离或成 90° 布线，充分采取抗干扰对策
和上位机器的通信条件不同	确认参数 09-02 的设定和上位机器的设定内容是相同的
通信电缆断线、接触不良	检查通信线的状态或更换通信线

CE3 故障代码显示及处理方法说明见表 8-49。

表 8-49　CE3 故障代码显示及处理方法

设定值	LCM 面板显示	错误名称	说　明
56	故障　　AUTO CE3 通信资料值错误	通信资料值错误（CE3）	不合法通信数据值

动作重置	
动作准位	通信数据长度过长
动作确认时间	立即动作
错误处置方式参数	无
重置方式	手动重置
重置条件	可立即被重置
是否会记录	否

可能原因	处置对策
上位机传送的通信命令不正确	检查通信命令是否正确
由于干扰而发生误动作	检查通信电路的接线、接地线等，建议与主电路分离或成 90° 布线，充分采取抗干扰对策
和上位机器的通信条件不同	确认参数 09-02 的设定和上位机器的设定内容是相同的
通信电缆断线、接触不良	检查通信线的状态或更换通信线

CE4 故障代码显示及处理方法说明见表 8-50。

表 8-50　CE4 故障代码显示及处理方法

设定值	LCM 面板显示	错误名称	说　明
57	故障　　AUTO CE4 通信写入只读地址	通信写入只读地址（CE4）	将数据写到只读地址

(续)

动作重置	
动作准位	将数据写到只读地址
动作确认时间	立即动作
错误处置方式参数	无
重置方式	手动重置
重置条件	可立即被重置
是否会记录	否

可能原因	处置对策
上位机传送的通信命令不正确	检查通信命令是否正确
由于干扰而发生误动作	检查通信电路的接线、接地线等，建议与主电路分离或成 90° 布线，充分采取抗干扰对策
和上位机器的通信条件不同	确认参数 09-02 的设定和上位机器的设定内容是相同的
通信电缆断线、接触不良	检查通信线的状态或更换通信线

CE10 故障代码显示及处理方法说明见表 8-51。

表 8-51　CE10 故障代码显示及处理方法

设定值	LCM 面板显示	错误名称	说　明
58	故障 　AUTO CE10 Modbus传输超时	Modbus 传输超时（CE10）	Modbus 传输超时

动作重置	
动作准位	通信时间超过参数 09-03 通信超时的检出时间
动作确认时间	参数 09-03
错误处置方式参数	参数 09-02 0：警告并继续运转 1：警告并减速停车 2：警告并自由停车 3：不警告并继续运转
重置方式	手动重置
重置条件	可立即被重置
是否会记录	是

可能原因	处置对策
上位机未能在参数 09-03 的时间内传送通信命令	检查上位机通信是否有在参数 09-03 设定的时间内传送通信命令
由于干扰而发生误动作	检查通信电路的接线、接地线等，建议与主电路分离或成 90° 布线，充分采取抗干扰对策
和上位机器的通信条件不同	确认参数 09-02 的设定和上位机器的设定内容是相同的
通信电缆断线、接触不良	检查通信线的状态或更换通信线

bF 故障代码显示及处理方法说明见表 8-52。

表 8-52　bF 故障代码显示及处理方法

设定值	LCM 面板显示	错误名称	说　　明
60	故障　　AUTO　bF　侦测制动晶体异常	侦测制动晶体异常（bF）	变频器侦测制动晶体异常（只在内置制动晶体的机种）

动作重置	
动作准位	硬件侦测
动作确认时间	立即动作
错误处置方式参数	无
重置方式	手动重置
重置条件	可立即被重置
是否会记录	是

可能原因	处置对策
硬件故障	1. 按〈RESET〉键，若仍显示 Bf，送原厂维修 2. 由于变频器内部电路异常，先断电，使用电表确认以下的端子间是否短路：B2 对应 DC-，若存在短路，则送厂维修
由于干扰而发生误动作	检查主电路的接线及接地线，是否充分采取抗干扰对策
制动电阻选用错误	确认制动电阻的阻值是否匹配
制动电阻的配线错误	请参考使用手册并重新确认配线

ydc 故障代码显示及处理方法说明见表 8-53。

表 8-53　ydc 故障代码显示及处理方法

设定值	LCM 面板显示	错误名称	说　　明
61	故障　　AUTO　ydc　电动机Y-△换错误	电动机Y-△切换错误（ydc）	电动机线圈Y-△切换错误

动作重置	
动作准位	1. 电动机线圈Y接法确认信号与电动机线圈△接法确认信号同时导通会跳 ydc 2. 任一个确认信号超过参数 05-25 的时间未导通会跳 ydc
动作确认时间	参数 05-25
错误处置方式参数	无
重置方式	手动重置
重置条件	Y接法时确认信号有导通或△接法时确认信号有导通时，才可以被重置
是否会记录	是

可能原因	处置对策
Y-△切换电磁阀动作不正确	重新确认电磁阀功能 更换电磁阀

（续）

可能原因	处置对策
检查参数设定是否正确	确认相关参数皆有设定及设定适当
Ｙ-△切换功能配线不正确	重新确认配线

dEb 故障代码显示及处理方法说明见表 8-54。

表 8-54　dEb 故障代码显示及处理方法

设定值	LCM 面板显示	错误名称	说　　明
62	故障 **dEb** 减速能源再生动作　AUTO	减速能源再生动作（dEb）	只要参数 07-13 不为零，且电源瞬断或停电造成 DCBUS 电压低于 dEb 动作准位，dEb 功能开始动作使得电动机开始减速停车，过程中就会显示 dEb

动作重置		
动作准位	参数 07-13 不等于 0 时，且 DCBUS 电压低于 dEb 准位	
动作确认时间	立即动作	
错误处置方式参数	无	
重置方式	自动	参数 07-13 选择 2，dEb 动作，市电恢复时，恢复到 dEb 前的频率命令。自动时，dEb 显示自动清除
	手动	参数 07-13 选择 1 dEb 动作，市电恢复时，运转频率不恢复，dEb 动作使得转速到 0 Hz 时，变频器停止，可手动重置
重置条件	自动：自动清除 手动：变频器减速到 0 Hz 后	
是否会记录	是	

可能原因	处置对策
电源不稳定或停电	确认电源系统
电源系统中有其他大负载起动	更换较大容量的电源系统 与大负载使用不同的电源系统

oSL 故障代码显示及处理方法说明见表 8-55。

表 8-55　oSL 故障代码显示及处理方法

设定值	LCM 面板显示	错误名称	说　　明
63	故障 **oSL** 过滑差　AUTO	过滑差（oSL）	转差异常，用最大滑差（参数 10-29）来当基准。当变频器输出在稳速时，F>H 或 F<H 超过参数 07-29 的准位时，且超过参数 07-30 的设定时间，则发生 oSL。oSL 只会发生在使用一般感应电动机时

动作重置	
动作准位	参数 07-29（100% 的参数 07-29 = 参数 10-29 最大滑差频率限制）
动作确认时间	参数 07-30
错误处置方式参数	参数 07-31 0：警告并继续运转 1：警告且减速停车 2：警告且自由运转停车 3：不警告

（续）

		动作重置
重置方式	自动	参数 07-31=0 为 "警告"，当变频器输出在稳速，且 F>H 或 F<H 不再超过参数 07-29 的准位时，oSL 警告会被自动清除
	手动	参数 07-31=1 或 2 时，oSL 为 "错误"，需手动重置
重置条件		可立即重置
是否会记录		参数 07-31=1 或 2 时，oSL 为 "错误"，会记录

可能原因	处置对策
电动机参数是否正确	确认电动机参数
负载过大	减轻负载
参数 07-29、07-30 及 10-29 的设定值是否适当	重新确认 oSL 保护功能参数的设定

ryF 故障代码显示及处理方法说明见表 8-56。

表 8-56　ryF 故障代码显示及处理方法

设定值	LCM 面板显示	错误名称	说　明
64	故障　AUTO **ryF** 电源电磁开关错误	电源电磁开关错误（ryF）	电源板电磁开关错误

	动作重置
动作准位	硬件侦测（框号 D 以上机种才有）
动作确认时间	立即动作
错误处置方式参数	无
重置方式	手动重置
重置条件	电磁开关确认吸合后才可以被重置
是否会记录	是

可能原因	处置对策
输入电源异常	确认是否在变频器运转中将电源关闭 确认三相输入电源是否皆正常
干扰而发生误动作	检查主电路的接线及接地线，是否充分采取抗干扰对策
硬件故障	重新上电后，若还会出现 ryF，则送厂维修

SdRv 故障代码显示及处理方法说明见表 8-57。

表 8-57　SdRv 故障代码显示及处理方法

设定值	LCM 面板显示	错误名称	说　明
68	故障　AUTO **SdRv** 回授转速反向	反馈转速反向（SdRv）	Sensorless 估测转速方向与命令方向不同

（续）

动作重置	
动作准位	硬件侦测
动作确认时间	参数 10-09
错误处置方式参数	参数 10-08 0：警告并继续运转 1：警告且减速停车 2：警告且自由停车
重置方式	手动重置
重置条件	可立即重置
是否会记录	参数 10-08＝1 或 2 时，SdRv 为"错误"，会记录

可能原因	处置对策
参数 10-25 FOC 速度观测器带宽设定不适当	降低参数 10-25 的设定值
电动机参数设定不正确	重新设定电动机参数并执行参数 tuning
电动机的电缆有异常或断线	重新确认电缆或更换电缆
起动时被施加反向外力或当时电动机为反转状态	开启速度追踪功能（参数 07-12）
干扰而发生误动作	检查控制电路的接线、主电路的接线及接地线是否符合抗干扰对策

SdOr 故障代码显示及处理方法说明见表 8-58。

表 8-58　SdOr 故障代码显示及处理方法

设定值	LCM 面板显示	错误名称	说　明
69	故障　AUTO **SdOr** 回授转速发散异常	反馈转速发散异常（SdOr）	Sensorless 估测转速超速

动作重置	
动作准位	参数 10-10
动作确认时间	参数 10-11
错误处置方式参数	参数 10-12 0：警告并继续运转 1：警告且减速停车 2：警告且自由停车
重置方式	手动重置
重置条件	可立即重置
是否会记录	参数 10-12＝1 或 2 时，SdOr 为"错误"，会记录

可能原因	处置对策
参数 10-25 FOC 速度观测器带宽设定不适当	降低参数 10-25 的设定值
ASR 速度控制器的带宽设定不适当	提高 ASR 速度控制器带宽
电动机参数设定不正确	重新设定电动机参数并执行参数 tuning

（续）

可能原因	处置对策
起动时被施加反向外力或当时电动机为反转状态	开启速度追踪功能（参数 07-12）
干扰而发生误动作	检查控制电路的接线、主电路的接线及接地线是否符合抗干扰对策

SdDe 故障代码显示及处理方法说明见表 8-59。

表 8-59　SdDe 故障代码显示及处理方法

设定值	LCM 面板显示	错误名称	说　　明
70	故障　　AUTO **SdDe** 回授转速偏差过大	回授转速偏差过大（SdDe）	Sensorless 估测转速与命令误差过大

动作重置			
动作准位	参数 10-13		
动作确认时间	参数 10-14		
错误处置方式参数	参数 10-15 0：警告并继续运转 1：警告且减速停车 2：警告且自由停车		
重置方式	手动重置		
重置条件	可立即重置		
是否会记录	参数 10-15=1 或 2 时，SdDe 为"错误"，会记录		

可能原因	处置对策
转差异常功能参数设定不适当	重新设定适当的参数 10-13、10-14 设定值
ASR 相关参数及加减速设定不适当	重新设定 ASR 相关参数 设定适当的加减速时间
加减速时间过短	重新设定适当的加减速时间
电动机堵转	排除电动机堵转原因
机械制动未释放	重新确认系统动作时序
转矩限制相关参数设定不正确（参数 06-12、11-17~20）	重新调整适当设定值
干扰而发生误动作	检查控制电路的接线、主电路的接线及接地线是否符合抗干扰对策

WDTT 故障代码显示及处理方法说明见表 8-60。

表 8-60　WDTT 故障代码显示及处理方法

设定值	LCM 面板显示	错误名称	说　　明
71	故障　　AUTO **WDTT** Watchdog	Watchdog（WDTT）	Watchdog 错误

（续）

动作重置	
动作准位	硬件侦测
动作确认时间	无
错误处置方式参数	无
重置方式	无法重置，断电后重新上电
重置条件	无
是否会记录	是

可能原因	处置对策
硬件干扰	检查控制电路的接线、主电路的接线及接地线是否符合抗干扰对策 若还是无法解决，则送厂维修

STL1 故障代码显示及处理方法说明见表 8-61。

表 8-61　STL1 故障代码显示及处理方法

设定值	LCM 面板显示	错误名称	说　明
72	故障　　　　　AUTO **STL1** STO遗失1	STO 遗失 1（STL1）	STO1~SCM1 内部电路诊断出有异常

动作重置	
动作准位	硬件侦测
动作确认时间	立即动作
错误处置方式参数	无
重置方式	无法重置，断电后重新上电
重置条件	无
是否会记录	是

可能原因	处置对策
STO1 与 SCM1 的短路线未接	重新接上短路线
硬件故障	确认所有接线为正确后，重新上电，若还会出现 STL1，则送厂维修
IO 插拔卡接触不良	确认 IO 插拔卡的 PIN 针是否断裂 确认 IO 插拔卡与控制板接合正确，螺钉是否锁紧
IO 插拔卡与控制板新旧版本不匹配	联系当地代理商或原厂

S1 故障代码显示及处理方法说明见表 8-62。

表 8-62　S1 故障代码显示及处理方法

设定值	LCM 面板显示	错误名称	说　明
73	故障　　　　　AUTO **S1** 外部安全紧急停机	外部安全紧急停机（S1）	外部安全紧急停机

（续）

动作重置	
动作准位	硬件侦测
动作确认时间	立即动作
错误处置方式参数	无
重置方式	手动重置
重置条件	S1 错误消失后，才可以重置
是否会记录	是

可能原因	处置对策
S1 与 SCM 的开关动作（OPEN）	重置开关并重新上电
S1 与 SCM 的短路线未接	重新接上短路线
干扰而发生误动作	检查主电路、控制电路与编码器的接线及接地线，是否充分采取抗干扰对策
硬件故障	重新上电后，若还会出现 S1，则送厂维修
IO 插拔卡接触不良	确认 IO 插拔卡的 PIN 针是否断裂 确认 IO 插拔卡与控制板接合正确，螺丝是否锁紧
IO 插拔卡与控制板新旧版本不匹配	联系当地代理商或原厂

Brk 故障代码显示及处理方法说明见表 8-63。

表 8-63　Brk 故障代码显示及处理方法

设定值	LCM 面板显示	错误名称	说　　明
75	故障　AUTO **Brk** 外部制动错误	外部制动错误（Brk）	外部机械制动错误 MOx＝12、42、47 或 63 时，设定的 MO 已动作，在参数 02-56 时间内，MIx＝55 未收到机械制动动作的信号

动作重置	
动作准位	在参数 02-56 时间内，MIx＝55 未收到机械制动动作的信号
动作确认时间	参数 02-56
错误处置方式参数	无
重置方式	手动重置
重置条件	可立即重置
是否会记录	是

可能原因	处置对策
机械制动异常	确认机械制动可动作正确 更换机械制动
参数设定不正确	若没有制动确认信号可使用时，将参数 02-56＝0
信号松脱或断线	重新锁紧螺钉 更换新的信号线
参数 02-56 时间设定过短	增加参数 02-56 的时间设定
干扰而发生误动作	检查主电路、控制电路与编码器的接线及接地线，是否充分采取抗干扰对策

STO 故障代码显示及处理方法说明见表 8-64。

表 8-64　STO 故障代码显示及处理方法

设定值	LCM 面板显示	错误名称	说　　明
76	故障　　　AUTO **STO** STO	STO（STO）	安全转矩输出停止功能动作

动作重置	
动作准位	硬件侦测
动作确认时间	立即动作
错误处置方式参数	无
重置方式	自动　参数 06-44＝1 STO 状态消失后可自动重置
	手动　参数 06-44＝0 STO 状态消失后，手动重置
重置条件	STO 错误消失后，才可以重置
是否会记录	是

可能原因	处置对策
STO1/SCM1、STO2/SCM2 的开关动作（OPEN：开路）	重置开关（ON：导通）并重新上电
IO 插拔卡接触不良	确认 IO 插拔卡的 PIN 针是否断裂 确认 IO 插拔卡与控制板接合正确，螺钉是否锁紧
IO 插拔卡与控制板新旧版本不匹配	联系当地代理商或原厂

STL2 故障代码显示及处理方法说明见表 8-65。

表 8-65　STL2 故障代码显示及处理方法

设定值	LCM 面板显示	错误名称	说　　明
77	故障　　　AUTO **STL2** STO遗失2	STO 遗失 2（STL2）	STO2~SCM2 内部回路诊断出有异常

动作重置	
动作准位	硬件侦测
动作确认时间	立即动作
错误处置方式参数	无
重置方式	硬件错误，无法重置，断电后重新上电
重置条件	STO 错误消失后，才可以重置
是否会记录	是

可能原因	处置对策
STO2 与 SCM2 的短路线未接	重新接上短路线

（续）

可能原因	处置对策
硬件故障	确认所有接线为正确后，重新上电，若还会出现 STL2，则送厂维修
IO 插拔卡接触不良	确认 IO 插拔卡的 PIN 针是否断裂 确认 IO 插拔卡与控制板接合正确，螺钉是否锁紧
IO 插拔卡与控制板新旧版本不匹配	联系当地代理商或原厂

STL3 故障代码显示及处理方法说明见表 8-66。

表 8-66　STL3 故障代码显示及处理方法

设定值	LCM 面板显示	错误名称	说　明
78	故障　AUTO STL2 STO遗失3	STO 遗失 3（STL3）	STO1~SCM1 及 STO2~SCM2 内部回路诊断出有异常

动作重置	
动作准位	硬件侦测
动作确认时间	立即动作
错误处置方式参数	无
重置方式	硬件错误，无法重置，断电后重新上电
重置条件	无
是否会记录	是

可能原因	处置对策
STO1 与 SCM1 或 STO2 与 SCM2 的短路线未接	重新接上短路线
硬件故障	确认所有接线为正确后，重新上电，若还会出现 STL3，则送厂维修
IO 插拔卡接触不良	确认 IO 插拔卡的 PIN 针是否断裂 确认 IO 插拔卡与控制板接合正确，螺钉是否锁紧
IO 插拔卡与控制板新旧版本不匹配	联系当地代理商或原厂

OPHL(U)故障代码显示及其处理方法说明见表 8-67。

表 8-67　OPHL(U)故障代码显示及处理方法

设定值	LCM 面板显示	错误名称	说　明
82	故障　AUTO OPHL 输出断相U相	输出断相 U 相（OPHL）	U 相输出断相

动作重置	
动作准位	参数 06-47
动作确认时间	参数 06-46 参数 06-48：有直流制动功能时，先使用此时间，再使用参数 06-46

（续）

动作重置	
错误处置方式参数	参数 06-45 0：警告并继续运转 1：警告并减速停车 2：警告并自由停车 3：不警告
重置方式	手动重置
重置条件	可立即被重置
是否会记录	参数 06-45=1 或 2 时为"错误"，会记录

可能原因	处置对策
电机三相阻抗不平衡	更换电动机
配线是否有问题	确认电缆线 更换电缆
电动机是否为单相电动机	选择三相电动机
电流传感器是否故障	确认控制板扁平电缆是否松脱。若是，重新接好后再运转测试。若还有错误，则送厂维修 使用电流勾表确认三相电流是否平衡，若平衡却跳 OPHL 错误，则送厂维修
变频器容量是否远大于电动机容量	选择匹配的变频器与电动机容量

OPHL（V）故障代码显示及处理方法说明见表 8-68。

表 8-68　OPHL（V）故障代码显示及处理方法

设定值	LCM 面板显示	错误名称	说　明
83	故障　　　AUTO **OPHL** 输出断相V相	输出断相 V 相（OPHL）	V 相输出断相

动作重置	
动作准位	参数 06-47
动作确认时间	参数 06-46 参数 06-48：有直流制动功能时，先使用此时间，再使用参数 06-46
错误处置方式参数	参数 06-45 0：警告并继续运转 1：警告并减速停车 2：警告并自由停车 3：不警告
重置方式	手动重置
重置条件	可立即被重置
是否会记录	参数 06-45=1 或 2 时为"错误"，会记录

可能原因	处置对策
电动机三相阻抗不平衡	更换电动机
配线是否有问题	确认电缆线 更换电缆
电动机是否为单相电动机	选择三相电动机

（续）

可能原因	处置对策
电流传感器是否故障	确认控制板扁平电缆是否松脱。若是，重新接好后再运转测试。若还有错误，则送厂维修 使用电流勾表确认三相电流是否平衡，若平衡却跳 OPHL 错误，则送厂维修
变频器容量是否远大于电动机容量	选择匹配的变频器与电动机容量

OPHL(W)故障代码显示及处理方法说明见表 8-69。

表 8-69　OPHL(W)故障代码显示及处理方法

设定值	LCM 面板显示	错误名称	说　　　明
84	故障　　AUTO **OPHL** 输出断相W相	输出断相 W 相 (OPHL)	W 相输出断相
动作重置			
动作准位	参数 06-47		
动作确认时间	参数 06-46 参数 06-48：有直流制动功能时，先使用此时间，再使用参数 06-46		
错误处置方式参数	参数 06-45 0：警告并继续运转 1：警告并减速停车 2：警告并自由停车 3：不警告		
重置方式	手动重置		
重置条件	可立即被重置		
是否会记录	参数 06-45＝1 或 2 时为"错误"，会记录		
可能原因	处置对策		
电动机三相阻抗不平衡	更换电动机		
配线是否有问题	确认电缆线 更换电缆		
电动机是否为单相电动机	选择三相电动机		
电流传感器是否故障	确认控制板扁平电缆是否松脱。若是，重新接好后再运转测试。若还有错误，则送厂维修 使用电流勾表确认三相电流是否平衡，若平衡却跳 OPHL 错误，则送厂维修		
变频器容量是否远大于电动机容量	选择匹配的变频器与电动机容量		

oL3 故障代码显示及处理方法说明见表 8-70。

表 8-70　oL3 故障代码显示及处理方法

设定值	LCM 面板显示	错误名称	说　　　明
87	故障　　AUTO **oL3** 低频过载保护	低频过载保护 (oL3)	低频大电流保护

（续）

动作重置	
动作准位	软件侦测
动作确认时间	立即动作
错误处置方式参数	无
重置方式	手动重置
重置条件	可立即被重置
是否会记录	是

可能原因	处置对策
变频器工作在低频区（大功率：15 Hz 以下；小功率：5 Hz 以下）且 IGBT 温度过高（大功率：20℃以上；小功率：50℃以上）	1. 降低变频器工作环境温度 2. 放大变频器功率选型 3. 重置变频器参数或降低载波频率 4. V/f 控制时，降低低频的输出电压设定 5. IMVF、PMSVC 控制时，降低转矩补偿增益（参数 07-26）

RoPd 故障代码显示及处理方法说明见表 8-71。

表 8-71　RoPd 故障代码显示及处理方法

设定值	LCM 面板显示	错误名称	说　明
89	故障　　AUTO **RoPd** 转子位置侦测错误	转子位置侦测错误（RoPd）	转子位置侦测错误保护

动作重置	
动作准位	软件重置
动作确认时间	立即动作
错误处置方式参数	无
重置方式	手动重置
重置条件	可立即被重置
是否会记录	是

可能原因	处置对策
电动机的电缆有异常或断线	重新确认电缆或更换电缆
电动机绕组异常	更换电动机
硬件故障	IGBT 毁损，送厂维修
变频器电流反馈电路异常	断电再上电，运转中若仍发生 RoPd，则送厂维修

FStp 故障代码显示及处理方法说明见表 8-72。

表 8-72　FStp 故障代码显示及处理方法

设定值	LCM 面板显示	错误名称	说　明
90	故障　　AUTO **FStp** 强制停止	强制停止（FStp）	面板强制 PLC Stop

（续）

动作重置	
动作准位	参数 00-32 = 1 数字操作器〈STOP〉键有效。当 PLC 运转中使用面板下达 STOP 命令时，会出现此错误
动作确认时间	立即动作
错误处置方式参数	无
重置方式	手动重置
重置条件	可立即被重置
是否会记录	是
可能原因	处置对策
参数 00-32 设定为 1：数字操作器〈STOP〉键有效	重新确认参数 00-32 是否要更改为 0，数字操作器〈STOP〉键无效
PLC 运转中按〈STOP〉键	重新确认按〈STOP〉键的时机

TRAP 故障代码显示及处理方法说明见表 8-73。

表 8-73　TRAP 故障代码显示及处理方法

设定值	LCM 面板显示	错误名称	说　明
93	 故障 AUTO　TRAP　CPU错误0	CPU 错误 0（TRAP）	CPU 当机

动作重置	
动作准位	硬件侦测
动作确认时间	立即动作
错误处置方式参数	无
重置方式	无法重置，需断电
重置条件	无
是否会记录	是
可能原因	处置对策
硬件干扰	检查控制电路的接线、主电路的接线及接地线是否符合抗干扰对策。若还是无法解决，则送厂维修
硬件故障	送厂维修
CPU 进入死循环	需断电再上电。若再重现，则送厂维修

CGdE 故障代码显示及处理方法说明见表 8-74。

表 8-74　CGdE 故障代码显示及处理方法

设定值	LCM 面板显示	错误名称	说　明
101	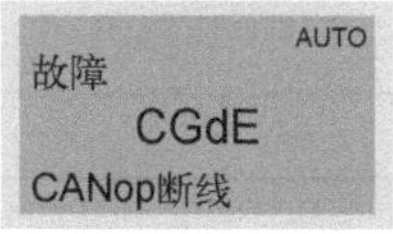 故障 AUTO　CGdE　CANop断线	CANopen 断线（CGdE）	CANopen 软件断线 1

（续）

动作重置	
动作准位	通过 CANopen 标准侦测断线方式（Node Guarding 方式）侦测到从机未响应时，则会跳 CGdE 错误 上位机进行配置时设定 factor（次数）及时间
动作确认时间	上位机进行配置时设定之时间
错误处置方式参数	无
重置方式	手动重置
重置条件	由上位机送重置封包清除此错误
是否会记录	是

可能原因	处置对策
通信超时时间（Guarding time）的设定太短或检测次数太少	增加 Guarding time 的时间（Index 100C）及检测次数
由于干扰而发生误动作	1. 检查通信电路的接线、接地线等，建议与主电路分离或成 90°布线，充分采取抗干扰对策 2. 确认通信接线方式为串接形式 3. 使用 CANopen 专用线及加装终端电阻
通信电缆断线、接触不良	检查通信线的状态或更换通信线

CHbE 故障代码显示及处理方法说明见表 8-75。

表 8-75　CHbE 故障代码显示及处理方法

设定值	LCM 面板显示	错误名称	说　明
102	故障 AUTO CHbE CANop断线	CANopen 断线（CHbE）	CANopen 软件断线 2

动作重置	
动作准位	通过 CANopen 标准侦测断线方式（Heartbeat 方式）侦测到从机未响应时，则会跳 CHbE 错误。上位机进行配置时设定 Producer 及 Consumer 确认时间
动作确认时间	上位机进行配置时设定 Producer 及 Consumer 确认时间
错误处置方式参数	无
重置方式	手动重置
重置条件	由上位机送重置封包清除此错误
是否会记录	是

可能原因	处置对策
通信超时时间（Heartbeat time）的设定太短	增加 Heartbeat time 的时间（Index 100C）
由于干扰而发生误动作	1. 检查通信电路的接线、接地线等，建议与主电路分离或成 90°布线，充分采取抗干扰对策 2. 确认通信接线方式为串接形式 3. 使用 CANopen 专用线及加装终端电阻
通信电缆断线、接触不良	检查通信线的状态或更换通信线

CbFE 故障代码显示及处理方法说明见表 8-76。

表 8-76　CbFE 故障代码显示及处理方法

设定值	LCM 面板显示	错误名称	说　明
104	故障　AUTO **CbFE** CANop硬体断线	CANopen 硬件断线 （CbFE）	CANopen 硬件断线

动作重置		
动作准位	硬件	CANopen 卡未插也会跳 CbFE 错误
	软件	收到有问题的通信封包就会跳 CbFE BUS 上噪声过多，CAN_H 及 CAN_L 通信线短接会造成错误的通信封包，也会造成 CbFE
动作确认时间	立即动作	
错误处置方式参数	无	
重置方式	手动重置	
重置条件	需断电再上电	
是否会记录	是	

可能原因	处置对策
确认 CANopen 卡是否已安装	重新安装好 CANopen 卡
由于干扰而发生误动作	1. 检查通信电路的接线、接地线等，建议与主电路分离或 90°布线，充分采取抗干扰对策 2. 确认通信接线方式为串接形式 3. 使用 CANopen 专用线及加装终端电阻
通信电缆断线、接触不良	检查通信线的状态或更换通信线

CIdE 故障代码显示及处理方法说明见表 8-77。

表 8-77　CIdE 故障代码显示及处理方法

设定值	LCM 面板显示	错误名称	说　明
105	故障　AUTO **CIdE** CANop索引错误	CANopen 索引错误 （CIdE）	CANopen 通信索引错误

动作重置	
动作准位	软件侦测
动作确认时间	立即动作
错误处置方式参数	无
重置方式	手动重置
重置条件	无
是否会记录	是

可能原因	处置对策
通信 Index 设定错误	重置 CANopen Index（参数 00-02=7）

CAdE 故障代码显示及处理方法说明见表 8-78。

表 8-78 CAdE 故障代码显示及处理方法

设定值	LCM 面板显示	错误名称	说　明
106	故障 **CAdE**　AUTO CANop站号错误	CANopen 站号错误 （CAdE）	CANopen 通信站号错误（只支持 1~127）

动作重置	
动作准位	软件侦测
动作确认时间	立即动作
错误处置方式参数	无
重置方式	手动重置（参数 00-02＝7）
重置条件	无
是否会记录	是

可能原因	处置对策
通信站号设定错误	1. DisableCANopen（参数 09-36＝0） 2. 重置 CANopen 设定（参数 00-02＝7） 3. Kesee 设定通信站号（参数 09-36）

CFrE 故障代码显示及处理方法说明见表 8-79。

表 8-79 CFrE 故障代码显示及处理方法

设定值	LCM 面板显示	错误名称	说　明
107	故障 **CFrE**　AUTO CANop记忆体错误	CANopen 内存错误 （CFrE）	CANopen 内存错误

动作重置	
动作准位	当使用者更新控制板的固体版本时，FRAM 内部的数据并不会被更改，此时会显示 CFrE 错误
动作确认时间	立即动作
错误处置方式参数	无
重置方式	手动重置
重置条件	参数 00-02＝7
是否会记录	参数 00-21＝3 会记录

可能原因	处置对策
CANopen 内部存储器错误	1. DisableCANopen（参数 09-36＝0） 2. 重置 CANopen 设定（参数 00-02＝7） 3. 重新设定通信站号（参数 09-36）

ictE 故障代码显示及处理方法说明见表 8-80。

表 8-80　ictE 故障代码显示及处理方法

设定值	LCM 面板显示	错误名称	说　　明
111	故障 AUTO ictE InrCOM超时错误	InrCOM 超时错误 （ictE）	内部通信超时错误

动作重置	
动作准位	参数 09-31=-1~-10（无-9）内部通信 Slave 及 Master 时，Master 与 Slave 之间的通信异常
动作确认时间	立即动作
错误处置方式参数	无
重置方式	通信正常后自动重置
重置条件	无
是否会记录	是

可能原因	处置对策
由于干扰而发生误动作	检查通信电路的接线、接地线等，建议与主电路分离或成 90° 布线，充分采取抗干扰对策
和上位机器的通信条件不同	确认参数 09-02 的设定和上位机器的设定内容是相同的
通信电缆断线、接触不良	检查通信线的状态或更换通信线

SfLK 故障代码显示及处理方法说明见表 8-81。

表 8-81　SfLK 故障代码显示及处理方法

设定值	LCM 面板显示	错误名称	说　　明
112	故障 AUTO SfLK PMLess堵转	PMLess 堵转（SfLK）	变频器给 RUN 命令，有频率输出，但永磁同步电动机未转动

动作重置	
动作准位	软件侦测
动作确认时间	3 s
错误处置方式参数	无
重置方式	手动重置
重置条件	可立即被重置
是否会记录	是

可能原因	处置对策
速度估测器带宽设定不适当	提高设定值
电动机堵转	排除电动机堵转原因
电动机异常（例如消磁）	更换电动机

AUE1 故障代码显示及处理方法说明见表 8-82。

表 8-82　AUE1 故障代码显示及处理方法

设定值	LCM 面板显示	错误名称	说　明
142	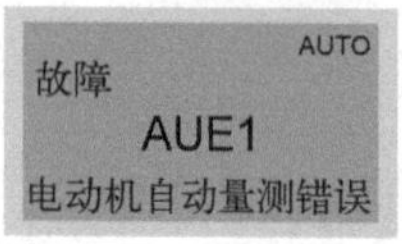 故障　　AUTO AUE1 电动机自动量测错误	电动机自动量测错误（AUE1）	电动机参数自动侦测时无回馈电流错误

动作重置	
动作准位	软件侦测
动作确认时间	立即动作
错误处置方式参数	无
重置方式	手动重置
重置条件	可立即被重置
是否会记录	是

可能原因	处置对策
电动机未接线	重新正确接线
在变频器输出侧（U/V/W）使用电磁接触器为开路状态	确认电磁阀为闭合状态

AUE2 故障代码显示及处理方法说明见表 8-83。

表 8-83　AUE2 故障代码显示及处理方法

设定值	LCM 面板显示	错误名称	说　明
143	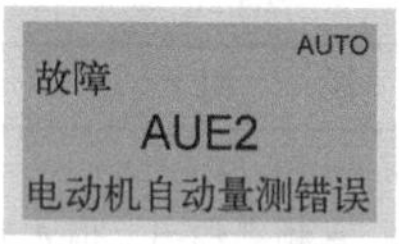 故障　　AUTO AUE2 电动机自动量测错误	电动机自动量测错误（AUE2）	电动机参数自动侦测时出现电动机断相错误

动作重置	
动作准位	软件侦测
动作确认时间	立即动作
错误处置方式参数	无
重置方式	手动重置
重置条件	可立即被重置
是否会记录	是

可能原因	处置对策
电动机接线不正确	重新正确接线
电动机故障	重新确认电动机是否可正常工作
在变频器输出侧（U/V/W）使用电磁接触器为开路状态	确认电磁阀为闭合状态
电机 U/V/W 线有异常	重新确认线材是否断裂

AUE3 故障代码显示及处理方法说明见表 8-84。

表 8-84　AUE3 故障代码显示及处理方法

设定值	LCM 面板显示	错误名称	说　明
144	故障　AUTO **AUE3** 电动机自动量测错误	电动机自动量测错误（AUE3）	电动机参数自动侦测时无载电流 I_0 量测错误

动作重置	
动作准位	软件侦测
动作确认时间	立即动作
错误处置方式参数	无
重置方式	手动重置
重置条件	可立即被重置
是否会记录	是

可能原因	处置对策
电动机参数（额定电流）设定错误	重新确认参数 05-01/ 05-13/ 05-34 的设定
电动机故障	重新确认电动机是否可正常工作

AUE4 故障代码显示及处理方法说明见表 8-85。

表 8-85　AUE4 故障代码显示及处理方法

设定值	LCM 面板显示	错误名称	说　明
148	故障　AUTO **AUE4** 电动机自动量测错误	电动机自动量测错误（AUE4）	电动机参数自动侦测时漏电感 Lsigma 量测错误

动作重置	
动作准位	软件侦测
动作确认时间	立即动作
错误处置方式参数	无
重置方式	手动重置
重置条件	可立即被重置
是否会记录	是

可能原因	处置对策
电动机参数（基底频率）设定错误	重新确认参数 01-01 的设定
电动机故障	重新确认电动机是否可正常工作

CBM 故障代码显示及处理方法说明见表 8-86。

表 8-86　CBM 故障代码显示及处理方法

设定值	LCM 面板显示	错误名称	说　明
170	故障　AUTO **CBM** 控制板搭配错误	控制板搭配错误（CBM）	控制板搭配错误

（续）

动作重置	
动作准位	无
动作确认时间	开机时确认
错误处置方式参数	无
重置方式	无法重置
重置条件	无法重置
是否会记录	是

可能原因	处置对策
控制板拿错	更换正确控制板，若仍有错误，则联系客服

8.3 MS300 的保护特性以及故障处理

8.3.1 MS300 的保护特性

MS300 的保护特性见表 8-87。

表 8-87 MS300 的保护特性

保护特性	保护	过电流保护、过电压保护、过温保护、断相保护、过载保护
	失速防止	加速中/减速中/运转中失速防止

8.3.2 MS300 的故障处理

MS300 变频器故障显示及处理方式见表 8-88。

表 8-88 MS300 故障显示及处理方式

ID NO.	面板指示	说　明
1	ocA	加速中过电流；加速过程中，输出电流超过变频器三倍的额定电流 排除方式 ■ 电动机输出短路：检查 U-V-W 到电动机的配线是否绝缘不良 ■ 加速时间过短：增加加速时间 ■ 变频器输出功率过小：更换较大输出容量变频器
2	ocd	减速中过电流产生；减速过程中，输出电流超过变频器三倍的额定电流 排除方式 ■ 电动机输出短路：检查 U-V-W 到电动机的配线是否绝缘不良 ■ 加速时间过短：增加加速时间 ■ 变频器输出功率过小：更换较大输出容量变频器
3	ocn	运转中过电流产生；恒速过程中，输出电流超过变频器三倍的额定电流 排除方式 ■ 电动机输出短路：检查 U-V-W 到电动机的配线是否绝缘不良 ■ 加速时间过短：增加加速时间 ■ 变频器输出功率过小：更换较大输出容量变频器

（续）

ID NO.	面板指示	说　　明
4	GFF	接地保护电路动作。当变频器侦测到输出端接地且接地电流高于变频器额定电流的 50% 以上时 排除方式 ■ 检查与电动机联机是否有短路现象或接地 ■ 确定 IGBT 功率模块是否损坏 ■ 检查输出侧接线是否绝缘不良
6	ocS	停止中，发生过电流。电流侦测硬件电路异常 排除方式 ■ 送厂维修
7	ouA	加速中，变频器侦测内部直流高压侧有过电压现象 排除方式 ■ 检查输入电压是否在变频器额定输入电压范围内，并监测是否有突波电压产生。若是由于电动机惯量回升电压，造成变频器内部直流高压侧电压过高，此时可加长减速间或加装制动电阻（选用）
8	oud	减速中，变频器侦测内部直流高压侧有过电压现象 230 V：DC 450 V；460 V：DC 900 V。 排除方式 ■ 检查输入电压是否在变频器额定输入电压范围内，并监测是否有突波电压产生。若是由于电动机惯量回升电压，造成变频器内部直流高压侧电压过高，此时可加长减速间或加装制动电阻（选用）
9	oun	减速中，变频器侦测内部直流高压侧有过电压现象 230 V：DC 450 V；460 V：DC 900 V。 排除方式 ■ 检查输入电压是否在变频器额定输入电压范围内，并监测是否有突波电压产生。若是由于电动机惯量回升电压，造成变频器内部直流高压侧电压过高，此时可加长减速间或加装制动电阻（选用）
10	ouS	停止中，发生过电压。电压侦测硬件电路异常 排除方式 ■ 检查输入电压是否在变频器额定输入电压范围内，并监测是否有突波电压产生
11	LuA	加速中，变频器侦测内部直流高压侧有电压低于参数 06-00 设定的现象 排除方式 ■ 检查输入电源电压是否正常 ■ 检查负载是否有突然的重载 ■ 检查参数 06-00 的设定
12	Lud	减速中，变频器侦测内部直流高压侧有电压低于参数 06-00 设定的现象 排除方式 ■ 检查输入电源电压是否正常 ■ 检查负载是否有突然的重载 ■ 检查参数 06-00 的设定
13	Lun	定速运转中，变频器侦测内部直流高压侧有电压低于参数 06-00 设定的现象 排除方式 ■ 检查输入电源电压是否正常 ■ 检查负载是否有突然的重载 ■ 检查参数 06-00 的设定
14	LuS	停止中，变频器侦测内部直流高压侧有电压低于参数 06-00 设定的现象 排除方式 ■ 检查输入电源电压是否正常 ■ 检查负载是否有突然的重载 ■ 检查参数 06-00 的设定

（续）

ID NO.	面板指示	说　明
15	**o r P**	断相保护 排除方式 ■ 是否三相机种单相电源输入或断相
16	**o H 1**	变频器侦测 IGBT 温度过高，超过保护准位 排除方式 ■ 检查环境温度是否过高 ■ 检查散热片是否有异物，风扇有无转动 ■ 检查变频器通风空间是否足够
18	**t H 1 o**	IGBT 温度侦测电路异常 排除方式 ■ 送厂维修
21	**o L**	输出电流超过变频器可承受的电流 排除方式 ■ 检查电动机是否过载 ■ 增加变频器输出容量
22	**E o L 1**	电子热过载继电器 1 保护动作 排除方式 ■ 检查电子热过载继电器功能设定（参数 06-14） ■ 增加电动机容量
23	**E o L 2**	电子热过载继电器 2 保护动作 排除方式 ■ 检查电子热过载继电器功能设定（参数 06-28） ■ 增加电动机容量
24	**o H 3**	变频器侦测电动机内部温度过高，超过保护位准（参数 06-30 PTC 准位） 排除方式 ■ 检查电动机是否堵转 ■ 检查环境温度是否过高 ■ 增加电动机容量
26	**o t 1**	当输出电流超过过转矩检出位准参数 06-07 或 06-10，且超过过转矩检出时间参数 06-08 或 06-11，当参数 06-06 或 06-09 设定为 1 或 3 时，会出现警告讯息但不会有异常记录；当参数 06-06 或 06-09 设定为 2 或 4 时，会显示错误讯息，停止运转，且会有异常记录
27	**o t 2**	排除方式 ■ 检查电动机是否过载 ■ 检查参数 05-01 电动机额定电流值是否适当 ■ 增加电动机容量
28	**o H 1**	低电流检出 排除方式 ■ 检查参数 06-71、06-72 与 06-73 设定值是否适当
31	**c F 2**	内存读出异常 排除方式 ■ 按下〈RESET〉键，会执行参数重置为出厂设定 ■ 若方法无效，则送厂维修
33	**c d 1**	U 相电流侦测异常 排除方式 ■ 重新上电后若再次出现异常则送厂维修
34	**c d 2**	V 相电流侦测异常 排除方式 ■ 重新上电后若再次出现异常则送厂维修

（续）

ID NO.	面板指示	说　　明
35	c d 3	W 相电流侦测异常 排除方式 ■ 重新上电后若再次出现异常则送厂维修
36	H d 0	CC 保护硬件线路异常 排除方式 ■ 重新上电后若再次出现异常则送厂维修
37	H d 1	OC 保护硬件线路异常 排除方式 ■ 重新上电后若再次出现异常则送厂维修
40	A U E	电动机参数自动侦测错误 排除方式 ■ 检查电动机接线是否正确 ■ 检查电动机容量及参数设定是否正确 ■ 重试
41	A F E	PID 断线（ACI） 排除方式 ■ 检查 PID 回授配线 ■ 检查 PID 参数是否设定恰当
42	P G F 1	PG 反馈异常 排除方式 ■ 检查设定为有 PG 回授控制时，Encoder 设定参数是否正确
43	P G F 2	PG 反馈断线 排除方式 ■ 检查 PG 回授配线
44	P G F 3	PG 反馈失速 排除方式 ■ 检查 PG 反馈配线 ■ 检查 PI 增益及加减速设定是否适当 ■ 送厂维修
45	P G F 4	PG 转差异常 排除方式 ■ 检查 PG 回授配线 ■ 检查 PI 增益及加减速设定是否适当 ■ 送厂维修
48	A C E	ACI 断线 排除方式 ■ 检查 ACI 配线 ■ 检查 ACI 信号是否小于 4 mA
49	E F	外部错误信号输入，当外部多功能输入端子设定为 EF 且动作时，变频器停止输出 排除方式 ■ 清除故障来源后按〈RESET〉键即可
50	E F 1	紧急停止，当外部多功能输入端子设定为 EF1 且动作时，变频器停止输出 排除方式 ■ 清除故障来源后按〈RESET〉键即可
51	b b	外部中断，当外部多功能输入端子设定为 bb 且动作时，变频器停止输出 排除方式 ■ 清除信号来源即可

（续）

ID NO.	面板指示	说　明
52	Pcod	密码连续三次输入错误 排除方式 ■ 参考参数 00-07~00-08 设定 ■ 请关机重开后再输入正确密码
54	CE1	通信异常，不合法通信命令 排除方式 ■ 检查通信命令是否正确（通信命令码为 03, 06, 10, 63）
55	CE2	通信异常，不合法通信数据地址（00 H~254 H） 排除方式 ■ 检查通信数据地址是否正确
56	CE3	通信异常，不合法通信数据值 排除方式 ■ 检查通信数据值是否超出最大/最小值
57	CE4	通信异常，将数据写到只读地址 排除方式 ■ 检查通信地址是否正确
58	CE10	Modbus 传输超时 排除方式 ■ 检查上位机通信是否在参数 09-03 设定的时间内传送通信命令 ■ 检查通信电路的接线、接地线等，建议与主电路分离或成 90° 布线，充分采取抗干扰对策 ■ 确认参数 09-02 的设定和上位机器的设定内容是相同的 ■ 检查通信线的状态或更换通信线
61	Ydc	电动机丫-△切换错误 排除方式 ■ 检查丫-△切换是否错误 ■ 检查参数设定是否正确
62	dEb	只要 07-13 不为零，且电源瞬断或停电，电动机在减速停车过程就会产生 dEb 排除方式 ■ 设定参数 07-13 为零 ■ 检查输入电源是否稳定
63	bb	当滑差超过参数 07-29 设定准位，且时间超过参数 07-30 设定时间，则发生 bb 排除方式 ■ 检查电动机参数是否正确，若为负载过大，则减轻负载 ■ 确认参数 07-29、07-30 的设定值
72	SrL1	S1~DCM 内部回路诊断出有异常 排除方式 ■ 重新确认 S1 接线 ■ 重置紧急开关（ON：导通）并重新上电 ■ 确认输入电压大小，维持至少>11 V ■ 重新确认 S1 与+24 V 接线 ■ 确认所有接线为正确后，重新上电，若还会出现 STL1，则联系当地代理商或原厂
76	Sro	安全转矩输出停止功能动作 排除方式 ■ 重新确认 S1 与 S2 接线 ■ 重置紧急开关（ON：导通）并重新上电 ■ 确认输入电压大小，维持至少>11 V ■ 重新确认 S1/S2 与+24 V 的接线 ■ 确认所有接线正确后，重新上电，若还会出现 STO，则联系当地代理商或原厂

（续）

ID NO.	面板指示	说　明
77	5rL2	S2~DCM 内部电路诊断出有异常 排除方式 ■ 重新确认 S2 接线 ■ 重置紧急开关（ON：导通）并重新上电 ■ 确认输入电压大小，维持至少>11 V ■ 重新确认 S2 与+24 V 的接线 ■ 确认所有接线为正确后，重新上电，若还会出现 STL2，则联系当地代理商或原厂
78	5rL3	内部电路诊断出有异常 排除方式 ■ 确认所有外部接线正确后，重新上电，若还会出现 STL3，则联系当地代理商或原厂
79	Aoc	U 相短路
80	boc	V 相短路
81	coc	V 相短路
82	oPL1	输出欠相 1（U 相） 输出欠相 2（V 相） 输出欠相 3（W 相）
83	oPL2	排除方式 ■ 确认电动机内部配线，若还有错误则更换电动机 ■ 确认电缆线 ■ 选择三相电动机，且选择匹配的变频器与电动机容量
84	oPL3	■ 确认控制板扁平电缆是否有松脱，若有，则重新接好后再运转测试，若还有错误，则返厂维修 ■ 使用电流勾表确认三相电流是否平衡，若是平衡却跳 OPHL 错误，则返厂维修
87	oL3	低频过载保护
89	roPd	转子位置侦测错误 排除方式 ■ 检查变频器 U、V、W 三相输出线是否脱落 ■ 检查电动机线圈是否断路 ■ 检查变频器 U、V、W 三相输出点是否正常输出
101	CGdE	CANopen 软件断线 1 排除方式 ■ 增加 Guarding time 的时间（Index 100C） ■ 检查通信电路的接线、接地线等，建议与主电路分离或成 90° 布线，充分采取抗干扰对策 ■ 确认通信接线方式为串接形式 ■ 使用 CANOpen 专用线及加装终端电阻 ■ 检查通信线的状态或更换通信线
102	CHbE	CANopen 软件断线 2 排除方式 ■ 增加 Heart beat 的时间（Index 1016） ■ 检查通信电路的接线、接地线等，建议与主电路分离或成 90° 布线，充分采取抗干扰对策 ■ 确认通信接线方式为串接形式 ■ 使用 CANOpen 专用线及加装终端电阻 ■ 检查通信线的状态或更换通信线

（续）

ID NO.	面板指示	说　　明
104	CbFE	CANopen 硬件断线 排除方式 ■ 重新安装好 CANopen 卡 ■ 检查通信电路的接线、接地线等，建议与主电路分离或成 90° 布线，充分采取抗干扰对策 ■ 确认通信接线方式为串接形式 ■ 使用 CANOpen 专用线及加装终端电阻 ■ 检查通信线的状态或更换通信线
105	CidE	CANopen 索引错误 排除方式 ■ 重置 CANopen index（Pr. 00-02＝7）
106	CAdE	CANopen 索引错误 排除方式 ■ 禁用 CANopen（Pr. 09-36＝0） ■ 重置 CANopen 设定（Pr. 00-02＝7） ■ 重新设定通信站号（Pr. 09-36）
107	CFrE	CANopen 内存错误 排除方式 ■ 禁用 CANopen（Pr. 09-36＝0） ■ 重置 CANopen 设定（Pr. 00-02＝7） ■ 重新设定通信站号（Pr. 09-36）
121	CP20	内部通信专用错误码
123	CP22	内部通信专用错误码
124	CP30	内部通信专用错误码
126	CP32	内部通信专用错误码
127	CP33	固体版本异常错误
128	ot3	过转矩 3
129	ot4	过转矩 4
134	EoL3	电子热过载继电保护器 3 保护动作
135	EoL4	电子热过载继电保护器 4 保护动作
140	Hd6	上电侦测到 GFF
141	b4GFF	起动前 GFF 对地短路异常
142	AuE1	电动机自学习错误 1（直流测试阶段）
143	AuE2	电动机自学习错误 2（高频堵转阶段）
144	AuE3	电动机自学习错误 3（旋转测试阶段）

参 考 文 献

［1］ 满永奎，韩安荣．通用变频器及其应用［M］.3 版．北京：机械工业出版社，2012.

［2］ 邢建中．施耐德变频器的应用［M］．北京：机械工业出版社，2011.

［3］ 王兆宇．施耐德电气变频器原理与应用［M］．北京：机械工业出版社，2009.

［4］ 李鸿儒，于霞，孟晓芳，等．西门子系列变频器及其工程应用［M］.2 版．北京：机械工业出版社，2013.

［5］ 三菱电机株式会社．变频器原理与应用教程［M］．北京：国防工业出版社，1998.

［6］ 吴忠智，吴加林．变频器应用手册［M］.3 版．北京：机械工业出版社，2007.

［7］ 杨公源．常用变频器应用实例［M］．北京：电子工业出版社，2006.

［8］ 周志敏，纪爱华．变频器工程应用［M］．北京：化学工业出版社，2013.

［9］ 姜绍军，闫刚，刘传政，等．球磨机变频器调速控制改造及应用［J］．黄金，2019（10）：44-46.

［10］ 孟庆明．台达变频器 C2000 系列在球磨机上的应用［J］．电器工业，2016，183（02）：80-81.

［11］ 王青龙．施工升降机变频调速控制系统的实现［J］．变频器世界，2014（04）：104-105.

［12］ 张希星．变频器在建筑施工升降机上的应用［J］．自动化技术与应用，2009（08）：99-101，104.

［13］ 中达电通股份有限公司．台达泛用型向量控制变频器 C2000 系列使用手册［Z］.

［14］ 中达电通股份有限公司．台达精巧标准型向量控制变频器 MS300 系列使用手册［Z］.

［15］ 中达电通股份有限公司.EtherCAT 通信卡操作手册［Z］.

［16］ 中达电通股份有限公司.DeviceNet 从站通信模块操作手册［Z］.

［17］ 中达电通股份有限公司.PROFIBUS DP 从站通信卡操作手册［Z］.